C/C++案例教程

（第2版）

王朝晖 凌云 周克兰 张志强 ◎ 编著

清华大学出版社
北京

内 容 简 介

本书以 C/C++ 语言程序设计为蓝本，阐述了计算机程序设计的方法。全书内容丰富，由浅入深，例题经典。全书共 17 章，每章包括知识要点、例题分析与解答、测试题和实验案例 4 部分内容。为方便自学，附录部分给出测试题的参考答案。

本书可作为高等院校本、专科计算机程序设计实验课教材，也可供广大师生参考。

图书在版编目(CIP)数据

C/C++ 案例教程/王朝晖等编著. —2 版. —北京：清华大学出版社，2023.2（2024.1重印）
ISBN 978-7-302-62674-9

Ⅰ. ①C… Ⅱ. ①王… Ⅲ. ①C 语言－程序设计－高等学校－教材 Ⅳ. ①TP312.8

中国国家版本馆 CIP 数据核字(2023)第 015732 号

责任编辑：刘向威　张爱华
封面设计：文　静
责任校对：胡伟民
责任印制：刘海龙

出版发行：清华大学出版社
网　　址：https://www.tup.com.cn，https://www.wqxuetang.com
地　　址：北京清华大学学研大厦 A 座　　**邮　　编**：100084
社 总 机：010-83470000　　**邮　　购**：010-62786544
投稿与读者服务：010-62776969，c-service@tup.tsinghua.edu.cn
质量反馈：010-62772015，zhiliang@tup.tsinghua.edu.cn
课件下载：https://www.tup.com.cn，010-83470236
印 装 者：北京同文印刷有限责任公司
经　　销：全国新华书店
开　　本：185mm×260mm　　**印　　张**：24.5　　**字　　数**：612 千字
版　　次：2019 年 4 月第 1 版　2023 年 2 月第 2 版　　**印　　次**：2024 年 1 月第 3 次印刷
印　　数：3501～5500
定　　价：69.00元

产品编号：098112-01

第2版前言

C/C++ 语言在程序设计语言中的地位毋庸置疑。许多高等院校在计算机专业和非计算机专业都开设了“C/C++ 语言程序设计”课程。为了帮助学生更好地掌握 C/C++ 语言程序设计的特点，理解和掌握常用的程序设计算法和思想，从而建立起用计算思维去解决问题的理念。本书作者结合 30 多年一线教学的实践经验，参照 2022 年全国计算机等级考试二级程序设计大纲规定的考试要求编写了本书。

本书是《C/C++ 案例教程》(ISBN：9787302524380)的升级和完善，具体修订内容如下：

第 1～12 章的实验案例部分增加了程序设计结构图的描述方式，使读者对算法的理解更加直观；把例题分析和测试题中的部分偏题、难题替换为强化基本知识点的常规题目；把容易出错的自增、自减运算符的技巧性的使用修改为单一的、简单形式的使用；书中所有 C 程序的编辑、编译和运行环境由基于 Visual C++ 6.0 改为 Dev C++ 来实现。

第 13～15 章中完善和更新了约半数的测试题目，这三章的知识点也有更新。

第 16 章编程技术基础，根据 2022 年的全国计算机等级考试二级公共基础知识的教材，增加了计算机系统一节。本章的例题分析和测试题也补充和调整了一些题目，其他部分做了微调和完善。

第 17 章全国二级考试模拟，将全国计算机二级考试(C 语言)大纲(2018 年版)更新为全国计算机二级考试(C 语言)大纲(2022 年版)，并根据新大纲精心选择了模拟题目。

本书由王朝晖、张志强、凌云和周克兰四位老师合作完成，由王朝晖负责统稿。第 1～12 章由王朝晖编写，第 13 章至第 15 章由张志强编写，第 16 章由周克兰编写，第 17 章由凌云编写。

限于编者水平，书中难免有错误与不当之处，敬请各位读者批评指正。

编　者

2022 年 10 月

第1版前言

C/C++语言是国内外广泛使用的计算机程序设计语言，其功能强、可移植性好，既具有高级语言的优点，又具有低级语言的特点，特别适合编写系统软件。

C/C++语言不仅受到计算机专业人士的喜欢，也受到非计算机专业人士的青睐。许多高等院校在计算机专业和非计算机专业都开设了"C/C++语言程序设计"课程。全国的计算机等级考试、江苏省的计算机等级考试以及其他各省的计算机等级考试都把C/C++语言列入了二级考试范围。为了帮助学生更快、更好地掌握C/C++语言程序设计的特点，理解和掌握常用的程序设计算法和思想，本书作者结合三十年一线教学的实践经验，参照《全国计算机等级考试二级C/C++语言程序设计大纲》和《江苏省高等学校非计算机专业学生计算机知识与应用能力等级考试大纲》规定的二级C/C++语言考试要求编写了本书。

本书的内容由易到难、循序渐进，列举了大量的典型题目，同时给出了详细的分析和解答。为了使读者能进一步自主进行强化训练，书中根据每一个C语言的知识点给出相应的练习题目，同时在附录中也给出了相应的参考答案，方便读者判断自己解题正确与否，提高学习效率。

全书共分17章。每章知识要点部分都对相应章节的重点内容进行了归纳和总结。在例题分析和解答部分列举了一些容易出错、具有一定难度的选择题和填空题，对其给予详尽的分析和解答。之后，为了强化和掌握本章的知识，给出了相关的测试题目和参考答案。在每章实验里，针对每个实验题目，都提出实验要求、给出算法提示，要求学生给出完整的代码；同时，根据题目内容，提出了相关的思考问题，帮助学生更加深刻、透彻地理解该实验的知识要点。如果初学者能够认真做好本书提供的每个题目，那么就一定能够掌握C/C++语言程序设计的基本要领和技巧，进而也就掌握了计算机程序设计的基本思想，通过国家和各省C/C++语言程序设计二级考试也就更加顺利了。

本书在编写过程中得到了苏州大学东吴学院计算机系所有老师的大力支持和参与，他们提出了宝贵建议，在此表示衷心的感谢！

本书由王朝晖、凌云、周克兰和张志强四位老师合作完成，王朝晖负责统稿。第1～12章由王朝晖编写，第13～15章由张志强编写，第16章由周克兰编写，第17章由凌云编写。

感谢为本书提供直接或间接帮助的每一位朋友，你们的帮助和鼓励促成了本书的顺利完成。

尽管编者试图把本书写得更加完善，但因水平有限，书中难免会有错误、疏漏和不妥之处，恳请读者批评指正。

编　者

2022年7月11日

目　录

第1章

C语言导论

1.1 知识要点

1.1.1 程序设计语言概述

1. 程序设计语言的发展

程序设计语言的发展经历了以下几个阶段。

1）机器语言

机器语言是直接用二进制代码指令表达的计算机语言，指令是用0和1组成的一串代码。用机器语言编写的程序可以被计算机直接执行，但不直观，且难记、难理解、不易掌握。

2）汇编语言

汇编语言是用一些助记符号来代替机器语言中由0和1所组成的操作码，如ADD、SUB分别代表加、减等。用汇编语言编写的程序不能被计算机直接执行，要翻译成机器语言程序才能执行。

汇编语言和机器语言都依CPU的不同而异，统称为面向机器的语言。

3）高级语言

高级语言接近于自然语言和数学语言，是不依赖任何机器的一种容易理解和掌握的语言。

用高级语言编写的程序称为“源程序”。源程序不能在计算机上直接运行，必须将其翻译成由0和1组成的二进制程序才能执行。翻译过程有两种方式：一种是翻译一句执行一句，称为“解释执行”方式，完成翻译工作的程序称为“解释程序”；另一种是全部翻译成二进制程序后再执行，称为“编译执行”，完成翻译工作的程序称为“编译程序”，编译后的二进制程序称为“目标程序”。

2. 结构化的程序设计方法

结构化的程序设计方法强调程序结构的规范化，一般采用顺序结构、分支结构和循环结构三种基本结构。结构化的程序设计可以总结为“自顶向下、逐步细化”和“模块化”的设计方法。

所谓“自顶向下、逐步细化”是指先整体后局部的设计方法。即先求解问题的轮廓，然后再逐步求精，是先整体后细节、先抽象后具体的过程。

所谓“模块化”是将一个大任务分成若干较小任务，即复杂问题简单化。每个小任务完成一定的功能，称为“功能模块”。各个功能模块组合在一起就解决了一个复杂的大问题。

1.1.2 C语言的特点

C语言是一种结构紧凑、使用方便、程序执行效率高的编程语言，它有9种控制语句、

32个关键字和34种运算符。C语言的主要特点如下：

（1）语言表达能力强；

（2）语言简洁、紧凑，使用灵活，易于学习和使用；

（3）数据类型丰富，具有很强的结构化控制性；

（4）语言生成的代码质量高；

（5）语法限制不严格，程序设计自由度大；

（6）可移植性好。

C语言的32个关键字如下：auto，break，case，char，const，continue，default，double，else，enum，extern，float，for，goto，int，long，register，return，short，signed，sizeof，do，if，static，struct，switch，typedef，union，unsigned，void，volatile和while。

1.1.3 C语言程序的构成

（1）C语言的源程序是由函数构成的，每个函数完成相对独立的功能，其中至少必须包括一个main()函数。

（2）C语言程序总是从main()函数开始执行的。

（3）C语言规定每个语句以分号“;”结束，分号是语句组成不可缺少的部分。

（4）程序的注释部分应位于/ * 与 * /之间，注释部分可以出现在程序的任何位置。

1.1.4 C源程序的编辑、编译、链接与执行

C语言的源程序必须先由源文件(f.c)经编译生成目标文件(f.obj)，再经过链接方可生成可执行的文件(f.exe)，如图1-1所示。

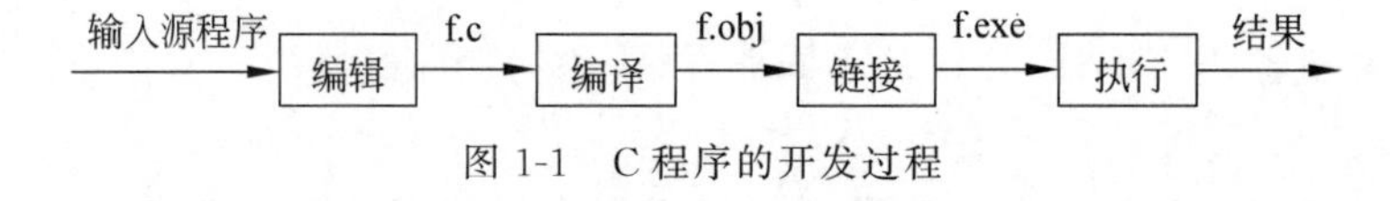

图1-1 C程序的开发过程

1.2 例题分析与解答

一、选择题

1. 以下叙述中正确的是________。

A. 程序设计的任务就是编写程序代码并上机调试

B. 程序设计的任务就是确定所用数据结构

C. 程序设计的任务就是确定所用算法

D. 以上3种说法都不完整

分析：程序设计的任务是根据实际的需求，设计解决问题的算法和所用的数据结构，然后编写程序代码并上机调试，最终完成解决实际问题的计算机程序。

答案：D

2. C语言源程序文件名的扩展名是________。

A. .exe　　B. .c　　C. .obj　　D. .cpp

分析：C语言源程序文件名的扩展名是.c或.C；扩展名为.exe的文件是可执行文件；扩展

名为.obj 的文件是目标文件;C++ 源程序文件的扩展名为.cpp。

答案:B

3. 以下叙述错误的是________。

A. C 语言源程序经编译后生成扩展名为.obj 的目标程序

B. C 语言源程序经过编译、链接步骤之后才能生成一个真正可执行的二进制机器指令文件

C. 用 C 语言编写的程序称为源程序,它以 ASCII 码形式存放在一个文本文件中

D. C 语言中的每条可执行语句和非执行语句最终都将被转换为二进制的机器指令

分析:C 语言源程序经过编译后生成.obj 目标程序;C 语言程序经过编译、链接后才能形成一个可执行的二进制机器指令文件;用 C 语言编写的程序称为源程序,它以 ASCII 码形式存放在一个文本文件中,如.c 文件;C 语言中的每条可执行语句将被转换为二进制的机器指令;非执行语句不能被转换为二进制的机器指令。

答案:D

4. 一个 C 语言程序的执行是从________。

A. 本程序的 main()函数开始,本程序的 main()函数结束

B. 本程序的第一个函数开始,本程序的最后一个函数结束

C. 本程序的 main()函数开始,本程序的最后一个函数结束

D. 本程序的第一个函数开始,本程序的 main()函数结束

分析:一个 C 语言程序总是从 main()函数开始执行的,而不论 main()函数在整个程序中的位置如何。main()函数可以放在程序的最前头,也可以放在程序最后,或在一些函数之前及在另一些函数之后。一个 C 语言程序的结束也是在本程序的 main()函数中结束的。

答案:A

5. 以下叙述不正确的是________。

A. 一个 C 语言源程序可由一个或多个函数组成

B. 一个 C 语言源程序必须包含一个 main()函数

C. C 语言程序的基本组成单位是函数

D. 在 C 语言程序中,注释说明只能位于一条语句的后面

分析:在 C 语言中,/ * … * /表示注释部分,为便于理解,我们常用汉字表示注释,当然也可以用英语或拼音作为注释。注释是给人看的,对编译和运行不起作用。注释可以加在程序中的任何位置。

答案:D

6. C 语言规定,在一个源程序中,main()函数的位置________。

A. 必须在最开始　　B. 必须在系统调用的库函数的后面

C. 可以在任意位置　　D. 必须在最后

分析:一个 C 语言程序至少包含一个 main()函数,也可以包含一个 main()函数和若干其他函数。main()函数可以在整个程序中的任意位置,可以放在程序的最前头,也可以放在程序最后,或在一些函数之前及在另一些函数之后。

答案:C

7. 一个 C 语言程序是由________的。

A. 一个主程序和若干子程序构成　　B. 函数构成

C. 若干过程构成　　　　　　　　D. 若干子程序构成

分析：C语言程序是由函数构成的。一个C语言程序至少包含一个main()函数，也可以包含一个main()函数和若干其他函数。因此，函数是C语言程序的基本单位。被调用的函数可以是系统提供的库函数(如printf()和scanf()函数)，也可以是用户根据需要自己编写的函数(自定义函数)。C语言中的函数相当于其他语言中的子程序。

答案：B

二、填空题

1. 用C语言编写的源程序必须通过________程序翻译成二进制程序才能执行，这个二进制程序称为________程序。

分析：用高级语言编写的源程序有两种执行方式：一是利用"解释程序"，翻译一条语句，执行一条语句，这种方式不会产生可以执行的二进制程序，例如BASIC语言；二是利用"编译程序"一次翻译形成可以执行的二进制程序，例如C语言。凡是编译后生成的可执行二进制程序都称为"目标程序"。

答案：编译　目标

2. C语言源程序的基本单位是________。

分析：C语言程序是由函数组成的。一个C语言程序至少包含一个main()函数，也可以包含一个main()函数和若干其他函数。因此，函数是C语言程序的基本单位。

答案：函数

3. 一个C语言源程序中至少应包括一个________。

分析：一个C语言程序至少包含一个main()函数，也可以包含一个main()函数和若干其他函数。

答案：main()函数

4. 在一个C语言源程序中，注释部分两侧的分界符分别为________和________。

分析：在C语言中，位于/*和*/之间的内容表示注释内容，为便于理解，常用汉字表示注释，当然也可以用英语或拼音作为注释。注释是给人看的，对编译和运行不起作用。

答案：/*　*/

5. 在C语言中，输入操作是由库函数________完成的，输出操作是由库函数________完成的。

分析：在C语言中输入源数据用格式输入函数scanf()来完成，而输出数据由printf()函数来负责。语法格式见教材说明。

答案：scanf()　printf()

1.3 测　试　题

一、选择题

1. 以下叙述正确的是________。

A. 用C语言程序实现的算法必须要有输入输出操作

B. 用C语言程序实现的算法可以没有输出但必须要有输入

C. 用C语言程序实现的算法可以没有输入但必须要有输出

D. 用C语言程序实现的算法可以既没有输入也没有输出

2. 以下叙述错误的是________。

A. 算法正确的程序最终一定会结束

B. 算法正确的程序可以有0个输出

C. 算法正确的程序可以有0个输入

D. 算法正确的程序对于相同的输入一定有相同的结果

3. 以下叙述正确的是________。

A. C语言程序是由函数构成的

B. C语言程序是由过程构成的

C. C语言程序是由函数和过程构成的

D. 一个C语言程序可以有多个main()函数

4. 以下不是算法特点的是________。

A. 有穷性　　B. 确定性

C. 有效性　　D. 有一个输入或多个输入

5. 表示一个算法,可以用不同的方法,不常用的有________。

A. 自然语言　　B. 传统流程图

C. 结构化流程图　　D. ASCII码

6. 以下不属于结构化程序设计特点的是________。

A. 自顶向下　　B. 逐步细化

C. 模块化设计　　D. 使用无条件goto语句

二、填空题

1. 一个C语言程序是由一个主函数和若干________构成的。

2. C语言提供的合法关键字有________个。

3. 在C语言程序中,主函数的名字是________。

4. C程序的编译过程一般分成5个步骤:编译预处理、________、优化、汇编和链接。

5. 在C语言程序中,经常使用________函数输入数据。

6. 在C语言程序中,经常使用________函数输出结果。

7. 把高级语言源程序翻译成等价的机器语言程序的软件被称为翻译程序或________。

8. 用户编写的程序可能存在的错误有3大类,分别是________、逻辑错误和运行错误。

9. ________错误是用户编写的程序违背了C语言的语法规则,这些错误通常在程序编译、链接过程中可以发现。

三、编程题

1. 参照教材例题,编写一个C语言程序,输出信息“Very　good!”。

2. 编写C语言程序,输入两个数,计算这两个数的和、乘积,并输出结果。

第2章

基本数据类型、运算符与表达式

2.1 知识要点

2.1.1 C语言的数据类型

C语言的数据类型如图2-1所示。

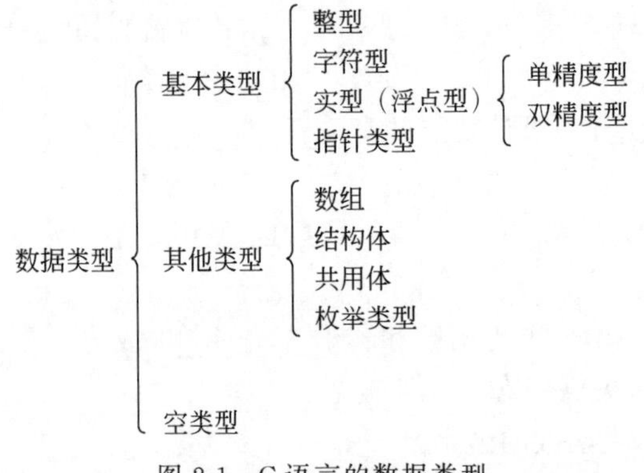

图2-1 C语言的数据类型

在C语言中，表达数据分别用常量和变量，它们都属于以上这些类型。在程序中对用到的所有变量都必须指定其数据类型。本章主要介绍基本数据类型。

2.1.2 常量与变量

1. 常量

在程序运行过程中，其值不能被改变的量称为常量。如12、0、34为整型常量，1.4、−2.3为实型常量，'a'、'1'为字符型常量，"china"为字符串常量。也可以用一个标识符代表一个常量，称为符号常量。整型常量有3种形式：十进制整型常量、八进制整型常量和十六进制整型常量。带前缀0的整型常量表示为八进制形式，前缀为0x或0X则表示十六进制形式。例如，十进制数31写成八进制形式为037，写成十六进制形式为0x1f或0X1F。

2. 变量

在程序运行过程中，其值可以改变的量称为变量。一个变量有一个名字，在内存中占据一定的存储单元。在该存储单元中存放变量的值。在C语言中，变量名只能由字母、数字和下画线3种字符组成，且第一个字符必须为字母或下画线，如sum、_total、x1等。注意，在变量的名字中出现的大写字母和小写字母被认为是两个不同的字符，所以sum和SUM、a和A分别是两个不同的变量名。

2.1.3 C语言运算符

C语言中数据的计算是由运算符实现的，C语言的运算符有如下几种。

(1) 算术运算符：＋、－、＊、/、％。

(2) 关系运算符：＞、＜、＝＝、＜＝、＞＝、!＝。

(3) 逻辑运算符：!、&&、||。

(4) 赋值运算符：＝。

(5) 条件运算符：?:。

(6) 逗号运算符：,。

(7) 指针运算符：＊、&。

(8) 位运算符：＜＜、＞＞、～、|、^、&。

(9) 求字节数运算符：sizeof。

(10) 强制类型转换运算符：(类型)。

(11) 分量运算符：.、－、＞。

(12) 下标运算符：[]。

2.1.4 C语言运算符的结合性和优先级

C语言运算符是有一定的优先级的，使用中应该注意运算符的结合性。

(1) 在C语言的运算符中，所有的单目运算符、条件运算符、赋值运算符及其扩展运算符结合方向都是从右向左，其余运算符的结合方向是从左向右。

(2) 各类运算符的优先级比较：单目运算符＞算术运算符(先乘除后加减)＞关系运算符＞逻辑运算符(不包括"!")＞条件运算符＞赋值运算符＞逗号运算符。

说明：以上优先级别由左到右递减，算术运算符优先级最高，逗号运算符优先级最低。

2.1.5 C语言表达式

用运算符和括号将运算对象(操作数)连接起来的、符合C语法规则的式子称为C语言表达式。运算对象包括常量、变量和函数等。例如，a＊b/c＋1.5(算术表达式)、a＝a＋2(赋值表达式)、3＋5,7＋8(逗号表达式)。

2.2 例题分析与解答

一、选择题

1. 在C语言中，5种基本数据类型的存储空间长度的排列顺序一般为________。

A. char＜int＜long int＜＝float＜double

B. char＝int＜long int＜＝float＜double

C. char＜int＜long int＝float＝double

D. char＝int＝long int＜＝float＜double

分析：char在内存中一般占用1字节，int一般占用2字节，long int一般占用4字节，float一般至少占用4字节，double一般占用8字节。

答案：A

2. 若 x、i、j 和 k 都是 int 型变量，则计算下面表达式后，x 的值为________。

```
x=(i=4,j=16,k=32)
```

A. 4　　B. 16　　C. 32　　D. 52

分析：(i＝4，j＝16，k＝32)是逗号表达式，它的求解过程是：先求 i＝4 的值为 4，再求 j＝16 的值为 16，最后求 k＝32 的值为 32。整个表达式(i＝4，j＝16，k＝32)的值为表达式 k＝32 的值 32。

答案：C

3. 以下程序的输出结果是________。

```
#include  <stdio.h>`
int  main()
{   int i=4,a;
    a=i++;
  printf("a=%d,i=%d",a,i);
  return  0;
}
```

A. a＝4，i＝4　　B. a＝5，i＝4　　C. a＝4，i＝5　　D. a＝5，i＝5

分析：本题考查的是自增运算符及赋值运算符的综合使用问题。自增运算符是一元运算符，其优化级比赋值运算符高，要先计算。把表达式 i＋＋的值赋予 a，由于 i＋＋的结果为当前 i 的值(当前 i 的值为 4)，因此 i＋＋的值为 4，得到 a 的值为 4。同时，计算了 i＋＋后，i 由 4 变为 5。

答案：C

4. 下述程序的输出结果是________。

```
#include stdio.h`
int main()
{   char a=3,b=6,c;
c=a^b<<2;
printf("\n%d",c);
return 0;
}
```

A. 27　　B. 10　　C. 20　　D. 28

分析：本例中的关键是位运算符的优先次序问题。因为“＜＜”运算符优先于“^”运算符，即 c＝a^(b＜＜2)＝3^(6＊4)＝3^24＝00000011^00011000＝27。

答案：A

5. 若变量已正确定义并赋值，符合 C 语言语法的表达式是________。

A. a＝a＋7；　　B. a＝7＋b＋c，a＋＋

C. int(12.3/4)　　D. a＝a＋7＝c＋b

分析：选项 A 中，“a＝a＋7；”赋值表达式的最后有一个分号“；”，C 语言规定，语句以分号结束，所以“a=a+7;”是一条赋值语句。选项B中，“a=7+b+c,a++”是一个逗号表达式，它由“a=7+b+c”和“a++”两个表达式组成，前者是一个赋值表达式，后者是一个自增1的赋值表达式，所以它是一个合法的表达式。选项C中，“int(12.3/4)”看似是一个强制类型转换表达式，但语法规定，类型名应当放在一对圆括号内才构成强制类型转换运算符，因此写成“(int)(12.3/4)”才是正确的。在使用强制类型转换运算符时，需要注意运算符的优先级，例如，“(int)(3.6*4)”和“(int)3.6*4”中，因为“(int)”的优先级高于“*”运算符，所以它们将有不同的计算结果。选项D中，“a=a+7=c+b”看似是一个赋值表达式，但是在“a+7=c+b”中，赋值号的左边是一个算术表达式“a+7”。按规定，赋值号的左边应该是一个变量或一个代表某个存储单元的表达式，以便把赋值号的右边的值放在该存储单元中，因此赋值号的左边不可以是算术表达式，它不能代表内存中的任何一个存储单元。

答案：B

6. 若a为整型变量，则以下语句________。

```
a=-2L;
printf("%d\n",a);
```

A. 赋值不合法　　B. 输出值为-2　　C. 输出为不确定值　D. 输出值为2

分析：本题的关键是要清楚C语言中常量的表示方法和有关赋值规则。在一个整型常量后面加一个字母l或L，则认为是long int型常量。一个整型常量，如果其值在-32768～+32767范围内，可以赋给一个int型或long int型变量；但如果整型常量的值超出了上述范围，而在-2147483648～2147483647范围内，则应将其赋值给一个long int型变量。本例中-2L虽然为long int型常量，但其值为-2，因此可以通过类型转换把长整型转换为短整型，然后赋给int型变量a，并按照“%d”格式输出该值。

答案：B

7. 若有说明语句“char c='\0';”，则变量c ________。

A. 包含1个字符　　B. 包含2个字符

C. 包含3个字符　　D. 说明不合法，c的值不确定

分析：'\0'代表ASCII码为0的字符，从ASCII码表中可以查到，ASCII码为0的字符不是一个可以显示的字符，而是一个“空操作符”，即它什么也不干。它是C语言中字符串的结束标识符，只起一个供辨别的标志的作用。

答案：A

8. 已知字符A的ASCII码值是65，关于以下程序的叙述正确的是________。

```
#include <stdio.h`>
int main()
{char a='A';
 int b=20;
 printf("%d,%o",(a=a+1,a+b,b),a+'a' - 'A');
 return  0;
}
```

A. 表达式非法，输出0或不确定值　　B. 无输出或输出不确定值

C. 输出结果为20,142　　　　D. 输出结果为20,1541,20

分析:首先注意到printf()函数有2个实参数,即(a=a+1,a+b,b)和a+'a'-'A',并没有问题,可见选项A错误。由于格式控制符串"%d,%o"中有两个描述符项,而后面又有表达式,因此,必定会产生输出,选项B也是错误的。既然控制字符串中只有两个格式描述符,输出必然只有两个数据,故选项D错误。

答案:C

9. 对于条件表达式(M)? (a++):(a--),其中的表达式M等价于________。

A. M==0　　B. M==1　　C. M!=0　　D. M!=1

分析:因为条件表达式e1? e2:e3的含义是e1为真时,其值等于表达式e2的值,否则为表达式e3的值。"为真"就是"不等于假",因此M等价于M!=0。

答案:C

10. 若k为int型变量,则以下语句________。

```
k=6789
printf("|%-6d |",k);
```

A. 输出格式描述不合法　　　　B. 输出为|006789|

C. 输出为|6789　　|　　　　D. 输出为|-6789|

分析:输出格式符是"%-6d",含义是输出占6个位置,左边对齐,右边不满6个补空格,其他都原样输出。

答案:C

11. 在x值处于-2～2,4～8时,值为"真",否则为"假"的表达式是________。

A. (2>x>-2)||(4>x>8)

B. !(((x<-2||(x>2))&&((x<4)||(x>8)))

C. (x<2)&&(x>=-2)&&(x>4)&&(x<8)

D. (x>-2)&&(x>4)||(x<8)&&(x<2)

分析:首先要了解数学上的区间在C语言中的表示方法,如x在[a,b]区间,其含义是x既大于或等于a又小于或等于b,相应的C语言表达式是"x>=a&&x<=b"。本例中给出了两个区间,一个数只要属于其中一个区间就可以了,这是"逻辑或"的关系。在选项A中,区间的描述不正确。选项B把"!"去掉,剩下的表达式描述的是原问题中给定的两个区间之外的部分,加上"!"否定题中的两个区间的部分,是正确的。选项C是恒假的,它的含义是x同时处于两个不同的区间内。选项D所表达的也不是题目中的区间。

答案:B

12. 以下程序的输出结果是________。

```
#include <stdio.h>
int  main()
{   char x=040;
printf("%o\n",x<<1);
}
```

A. 100　　B. 80　　C. 64　　D. 32

分析：题目中将八进制数040左移1位后按八进制输出，040的二进制数是00100000，左移1位后，变为01000000，转换为八进制是0100。

答案：A

13. 整型变量x和y的值相等，且为非0值，则以下选项中，结果为0的表达式是(　　)。

A. x||y　　B. x|y　　C. x&y　　D. x^y

分析：选项A中，两个非0值表示两个逻辑真，进行或运算，结果仍然是逻辑真，在C语言里就是1。选项B中，两个相等的数进行按位或运算，其值不变。选项C中，两个相等的数进行按位与运算，其值也不变。选项D中，两个相同的数进行按位异或运算，因为每一位都相等，所以计算结果为0。

答案：D

14. 下面语句：

```
printf("%d\n",12&012);
```

的输出结果是________。

A. 12　　B. 8　　C. 6　　D. 012

分析：本题涉及按位运算，表达式12&012中，12是十进制数，其二进制数是00001100，012是八进制数，其二进制数是00001010，两数按位进行与运算，计算结果为00001000。

答案：B

15. 假设“int b=2;”，则表达式(b>>2)/(b>>1)的值是________。

A. 0　　B. 2　　C. 4　　D. 8

分析：题目中变量b赋初值2，即00000010，表达式b>>2表示右移2位，变为00000000，表达式b>>1表示右移1位，变成00000001，最后计算结果为0。

答案：A

二、填空题

1. 若i为int型变量且赋值为6，则运算i++后表达式的值是________，变量i的值是________。

分析：i++是自加运算，因为加号在后面，所以先取i的值，之后再i=i+1，因此表达式i++的值是6，i经过自加后本身的值已变为7。

答案：6,7

2. 设二进制数a是00101101，若想通过异或运算a^b使a的高4位取反，低4位不变，则二进制数b应是________。

分析：本题考查的是位运算中的按位异或运算表达式的计算方法。根据二进制按位进行异或运算的原则，只有对应的两个二进制位不同时，结果的相应的二进制位才为1，否则为0。很容易得到b的值为11110000。

答案：11110000

3. 若有以下定义，则计算表达式y+=y-=m*=y后的y值是________。

```
int m=5,y=2;
```

分析：复合赋值运算符的优先级与赋值运算符相同。先计算m*=y，相当于m=m*y=

5 * 2＝10；再计算 y－＝10，相当于 y＝y－10＝2－10＝－8；最后计算 y＋＝－8，相当于 y＝y＋(－8)，注意，上一步计算结果是 y＝－8，所以 y＝－8＋(－8)＝－16。

答案：－16

4. 假设一个 signed short int 型数据在内存中占 2 字节，则 signed short int 型数据的取值范围为________。

分析：数据在内存中的存储形式是最高位为符号位，其余为数值位。因为计算机中数据的存储是用二进制表示的，所以数值位最大值为 15 个 1，即 111111111111111，对应十进制值是 32767，又因为大部分计算机中的数据是用补码表示，而＋0 和－0 对应一个补码 16 个 0，即 0000000000000000，为了一一对应，所以补码系统中增加一个数－32768，故 signed short int 型数据取值范围为－32768～＋32767。

答案：－32768～＋32767

2.3 测 试 题

一、选择题

1. 下列选项中，用户标识符均不合法的是________。

A. A	B. float	C. b－a	D. _123
P_ 0	1a0	goto	t
do	_A	int	INT

2. 下列选项中，均是合法整型常量的是________。

A. 160	B. －0Xcdf	C. －018	D. －0X48eg
－0xffff	01a	999	2e5
011	12,456	5e2	0x

3. 已知各变量的类型说明如下：

```
int k,a,b;
unsigned  long  w=5;
double  x=1.42;
```

则以下不符合 C 语言语法的表达式是________。

A. x%(－3)　　B. w＋＝－2
C. k＝(a＝2,b＝3,a＋b)　　D. a＋＝a－＝(b＝4) * (a＝3)

4. 以下叙述不正确的是________。

A. 在 C 语言程序中，逗号运算符的优先级最低
B. 在 C 语言程序中，APH 和 aph 是两个不同的变量
C. 若 a 和 b 类型相同，在计算了赋值表达式 a＝b 后，b 中的值将放入 a 中，而 b 中的值不变
D. 当从键盘输入数据时，对于整型变量只能输入整数，对于实型变量只能输入实数

5. 已知字母 A 的 ASCII 码值为十进制数 65，且 c2 为字符型，则执行语句“c2＝'A'＋'6'－'3';”后，c2 中的值为________。

A. 'D'　　B. 69　　C. 不确定的值　　D. C

6. 若有定义“int a=7;float x=2.5,y=4.7;”,则表达式“x+a%3*(int)(x+y)%2/4”的值为________。

A. 2.5　　B. 2.75　　C. 3.5　　D. 0

7. 在 C 语言中,char 型数据在内存中的存储形式是________。

A. 补码　　B. 反码　　C. 原码　　D. ASCII 码

8. 以下程序的运行结果是________。

```
#include <stdio.h>
int  main()
{   int y=3,x=3,z=1;
        printf("%d  %d \n",(x=x+1,y+1),z+2);
}
```

A. 3　4　　B. 4　2　　C. 4　3　　D. 3　3

9. 判断 char 类型数据 c1 是否为大写字母的最简单且正确的表达式为________。

A. 'A'<=c1<='Z'　　B. (c1>='A')&(c1<='Z')

C. ('A'<=c1)AND('Z'>=c1)　　D. (c1>='A')&&(c1<='Z')

10. 以下程序的输出结果是________。

```
#include  <stdio.h>
int main()
{   int i=010,j=10;
        printf("%d,%d\n",i,j);
}
```

A. 11,10　　B. 8,10　　C. 010,9　　D. 10,9

11. 以下程序的输出结果是________。

```
#include "stdio.h"
int  main()
{   int x=35; char z='A';
        printf("%d\n",(x>15)&&(z<'a'));
}
```

A. 0　　B. 1　　C. 2　　D. 3

12. 以下程序的输出结果是________。

```
#include "stdio.h"
int  main()
{   int a=5,b=6,c=7,d=8,m=2,n=2;
        printf("%d\n",(m=a>b)&&(n=c>d));
}
```

A. 0　　B. 1　　C. 2　　D. 3

二、填空题

1. x 和 y 均为 int 型,则(y=6,y+1,x=y,x+1)的值是________。

2. a 为任意整数，能将变量 a 清 0 的表达式是________。

3. 若“int k=7,x=12;”，则(x%=k)-(k%=5)的值是________。

4. 若有代数式$\sqrt{y^x+\lg y}$，则正确的 C 语言表达式是________。

5. 若有代数式$|x^3+\lg x|$，则正确的 C 语言表达式是________。

6. 若 a 是 int 型变量，且 a 的初值为 6，则计算 a+=a-=a*a 表达式后 a 的值为________。

2.4 实验案例

1. 整型、实型和字符型变量的使用

1) 实验要求

(1) 掌握整型、实型和字符型变量的使用方法。

(2) 熟悉 C 语言中整型常量、实型常量和字符型常量的表达方式。

(3) 了解 C 语言中输出函数 printf()的简单用法。

2) 实验内容

(1) 问题描述。

在 main()函数中定义整型变量 a、实型变量 b 和字符型变量 c，分别将其赋值为 12、1.5 和 'A'，用输出函数将 3 个变量的值输出。

(2) 编写程序代码。

(3) 调试程序。

(4) 保存程序。

思考：

(1) 变量类型和常量类型不相同时，可以给变量赋值吗？

(2) 在 C 语言中变量可以不声明而直接使用吗？

2. 算术表达式、赋值表达式和逗号表达式的使用

1) 实验要求

(1) 掌握算术运算符的使用。

(2) 掌握赋值表达式的使用。

(3) 掌握逗号表达式的使用。

2) 实验内容

(1) 输入并运行下面的程序：

```
#include "stdio.h"
int  main()
{   int a,b,c,d,e;
char s1,s2,s3;
a=100;
b=32;
c=a+b;
d=c/3;
e=a%b;
s1='a';
```

```
s2='b';
printf("%d,%d,%d\n",c,d,e);
printf("%c,%c\n",s1,s2);
}
```

(2) 输入并运行下面程序：

```
#include "stdio.h"
int main()
{   int i,j,m,n;
i=1.4;
j=10;
m=++i,j++;
printf("%d,%d,%d",i,j,m);
}
```

思考：

(1) %运算符的作用是什么？

(2) n=n+1 的含义是什么？

(3) ++i 和 i++有什么区别？

3. 指针运算符的使用

1) 实验要求

(1) 掌握指针的概念。

(2) 掌握指针运算符的使用方法。

2) 实验内容

读程序写结果：

```
#include "stdio.h"
int main()
{   int a=80;
int *p;
p=&a;
*p=*p+1;
printf("%d\n",a);
return 0;
}
```

思考：

(1) & 运算符的作用是什么？

(2) * 运算符的作用是什么？

4. 关系运算符和逻辑运算符的使用

1) 实验要求

(1) 掌握关系运算符的用法。

(2) 掌握逻辑运算符的用法。

2) 实验内容

读程序写结果：

```
#include "stdio.h"
int main()
{   int x=11,y=6,z=1;
char c='k',d='y';
printf("%d\n",x>9 && y!=3);                    //结果是__________
printf("%d\n",x= =y||z!=y);                    //结果是__________
printf("%d\n",!(x>8&&c!='k'));                 //结果是__________
printf("%d\n",x<=1&&y= =6||z<4);               //结果是__________
printf("%d\n",c>='a'&& c<='z');                //结果是__________
printf("%d\n",x>y>z);                          //结果是__________
printf("%d\n",x>y&&y>z);                       //结果是__________
printf("%d\n",c>='z' &&c<='a');                //结果是__________
return  0;
}
```

第3章

顺序程序设计

3.1 知识要点

3.1.1 C语句

一个源程序通常包含若干语句,这些语句用来完成一定的操作任务。C程序的语句按照在程序中出现的顺序依次执行,由此构成的程序结构称为顺序结构。

3.1.2 C语句分类

1. 控制语句

C语言中常用的控制语句如表3-1所示。

表3-1 控制语句

语句	名称
if()…else…	条件语句
switch	多分支选择语句
for()…	循环语句
while()…	循环语句
do…while()	循环语句
continue	结束本次循环语句
break	终止执行switch语句或者循环语句
return	返回语句

说明:以上语句中,"()"表示一个条件,"…"表示内嵌语句。

2. 函数调用语句

由函数调用加分号构成,如"scanf("%d",&a);""printf("%d\n",a);"。

3. 表达式语句

由表达式加分号构成,如"a=b;""i++;"。

4. 空语句

C语言中所有语句都必须由一个分号(;)结束,如果只有一个分号,如main(){;},这个分号也是一条语句,称为空语句,程序执行时不产生任何动作。

5. 复合语句

在C语言中,用花括号"{ }"将两条或两条以上语句括起来的语句称为复合语句。复合语句在语法上视为一条语句。

3.1.3 输入输出的实现

C语言的输入输出是由函数调用语句实现的，一般分为以下两类。

1. 单个字符的输入输出

(1) 字符输入函数 getchar()：从终端输入一个字符。

(2) 字符输出函数 putchar()：向终端输出一个字符。

说明：如果在一个函数中要调用 getchar()和 putchar()函数，在该函数之前要有包含命令"#include <stdio.h>"。

2. 数据的输入输出

(1) scanf()函数：从键盘输入数据。

(2) printf()函数：向终端(或系统隐含指定的输出设备)按指定格式输出若干数据。

3.2 例题分析与解答

一、选择题

1. 若有声明"double a;"，则正确的输入语句为________。

A. scanf("%lf",a);　　B. scanf("%f",&a);

C. scanf("%lf",&a)　　D. scanf("%lf",&a);

分析：选项A中使用的是变量a，而不是变量a的地址，是错误的；选项B中应该用%lf或%le格式，因为a是double型；选项C中句末没有加分号，不是语句。

答案：D

2. 阅读以下程序：

```
#include "stdio.h"
int  main()
{   char str[10];
scanf("%s",str);
printf("%s\n",str);
return 0;
}
```

运行该程序，输入"HOW DO YOU DO"，则程序的输出结果是________。

A. HOW DO YOU DO　　B. HOW

C. HOWDOYOUDO　　D. how do you do

分析：当从键盘输入字符串"HOW DO YOU DO"时，由于scanf()函数输入时遇到空格结束，只将HOW三个字符送到字符数组str中，并在其后自动加上结束符'\0'。

答案：B

3. 若有以下程序段：

```
#include  "stdio.h"
int main()
```

```
{   int a=2,b=5;
printf("a=%%%d,b=%%%d\n",a,b);
return 0;
}
```

其输出结果是________。

A. a=%2,b=%5　　B. a=2,b=5

C. a=%%d,b=%%d　　D. a=%d,b=%d

分析：C语言规定，连续的两个百分号(%%)将按一个%字符处理，所以%%被解释为输出一个%。在格式中%d用于整型数输出格式说明符，因此答案是A。

答案：A

4. 若有以下程序段：

```
float  a=3.1415;
printf("|%6.0f|\n",a);
```

则输出结果是________。

A. |3.1415 |　　B. | 3.0|　　C. |　　　　　3|　　D. |3.|

分析：在输出格式中，最前面的"|"号和"\n"前的"|"号按照原样输出。当在输出格式中指定输出的宽度时，输出的数据在指定宽度内右对齐。对于实型数，当指定小数位为0时，输出的实型数将略去小数点和小数点后的小数。

答案：C

5. 若有以下定义语句：

```
int u=010,v=0x10,w=10;
printf("%d,%d,%d\n",u,v,w);
```

则输出结果是________。

A. 8,16,10　　B. 10,10,10　　C. 8,8,10　　D. 8,10,10

分析：本题考查了两个知识点：一是整型常量的不同表示法；二是格式输出函数printf()的字符格式。题中"int u=010、v=0x10、w=10;"语句中的变量u、v、w分别是八进制数、十六进制数和十进制数表示法，对应着十进制数的8、16和10。而printf()函数中的"%d"是格式字符，表示以十进制形式输出。

答案：A

二、填空题

1. 复合语句在语法上被认为是________。空语句的形式是________。

分析：按C语言语法规定，在程序中，用一对花括号把若干语句括起来称为复合语句；复合语句在语法上被认为是一条语句。空语句由一个单独的分号组成，当程序遇到空语句时，不产生任何操作。

答案：一条语句，分号";"

2. C语言语句句尾用________结束。

分析：按C语言语法规定，C语言语句用分号";"作为语句结束标志。一个语句必须在最后出现分号“;”,分号是语句中不可缺少的一部分。

答案：分号“;”

3. 以下程序段：

```
int k;  float  a;  double  x;
scanf("%d%f%lf",&k,&a,&x);
printf("k=%d,a=%f,x=%f\n",k,a,x);
```

要求通过 scanf 语句给变量赋值,然后输出变量的值。运行时给 k 输入 100,给 a 输入 25.82,给 x 输入 1.89234 的 3 种可能的输入形式为________、________和________。

分析：当调用 scanf()函数从键盘输入数据时,输入的数据之间用间隔符隔开。合法的间隔符可以是空格、制表符和回车符。只要在输入数据之间使用如上所述的合格的分隔符即可。

答案：(1)100　25.82　1.89234

(2) 100＜回车符＞
25.82＜回车符＞
1.89234＜回车符＞

(3) 100＜制表符＞25.82＜制表符＞1.89234＜回车符＞

3.3　测　试　题

一、选择题

1. 以下叙述正确的是________。

A. 在 C 语言程序中,每行只能写一条语句

B. 若 a 是实型变量,C 语言程序中允许赋值 a=10,因此实型变量中允许存放整型数

C. 在 C 语言程序中,无论是整数还是实数,都能被准确无误地表示

D. 在 C 语言程序中,%是只能用于整数运算的运算符

2. printf()函数中用到格式符“%5s”,其中数字 5 表示输出的字符串占 5 列。如果字符串长度大于 5,则输出按方式________;如果字符串长度小于 5,则输出按方式________。

A. 从左起输出该字符串,右补空格

B. 按原字符长从左向右全部输出

C. 右对齐输出该字符串,左补空格

D. 输出错误信息

3. 根据下面的程序及数据的输入和输出形式,程序中输入语句的正确形式应该为________(__表示空格字符)。

```
#include  <stdio.h>
int main()
{   char ch1,ch2,ch3;
输入语句
printf("%c%c%c",ch1,ch2,ch3);
}
```

输入形式：A␣B␣C

输出形式：A␣B

A. scanf("%c%c%c",&ch1,&ch2,&ch3);

B. scanf("%c,%c,%c",&ch1,&ch2,&ch3);

C. scanf("%c %c %c",&ch1 &ch2 &ch3);

D. scanf("%c%c",&ch1,&ch2,&ch3);

4. 以下能正确地定义整型变量a、b和c并为其赋初值5的语句是________。

A. int a=b=c=5;　　B. int a,b,c=5;

C. int a=5,b=5,c=5;　　D. a=b=c=5;

5. 已知ch是字符型变量，下面不正确的赋值语句是________。

A. ch='a+b';　　B. ch='\0'　　C. ch='7'+'9';　　D. ch=5+9;

6. 已知ch是字符型变量，下面正确的赋值语句是________。

A. ch='123';　　B. ch='\xff';　　C. ch='\08';　　D. ch="\";

7. 若有以下定义，则正确的赋值语句是________。

```
int a,b=1;   float  x;
```

A. a=1,b=2,　　B. b++;　　C. a=b=5　　D. b=int(x);

8. 设x、y均为float型变量，则以下不合法的赋值语句是________。

A. ++x;　　B. y=(x%2)/10;　　C. x*=y+8;　　D. x=y=0;

9. 设x、y和z均为int型变量，则执行语句“x=(y=(z=10)+5)-5;”后，x、y和z的值是________。

A. x=10
y=15
z=10　　B. x=10
y=10
z=10　　C. x=10
y=10
z=15　　D. x=10
y=5
z=10

10. 已知“char a;int b;float c;double d;”，则表达式a*b+c-d的结果为________型。

A. double　　B. int　　C. float　　D. char

二、填空题

1. 以下程序的输出结果为________。

```
#include  <stdio.h>
int main()
{   printf("%f,%4.3f",3.14,3.1415);
    return 0;
}
```

2. 已有定义“int a;float b,x;char c1,c2;”，为使a=3,b=6.5,x=12.6,c1='a',c2='A'，正确的scanf()函数调用语句是【1】，输入数据的方式为【2】。

三、编程题

1. 编写程序，输入3个数，求它们的乘积，并输出。

2. 编写程序，输入2个整数，求这两个整数的商，并输出。

3.4 实验案例

1. 读程序,掌握单个字符的输出函数

输入下列程序代码,并运行。

```
#include  <stdio.h>
int main()
{   char a,b,c;
    a='B'; b='Q'; c='Y';
    putchar(a);putchar(b);putchar(c);
}
```

思考:

(1) 若最后一行改为:

```
putchar(a);putchar('\n');putchar(b);putchar('\n');putchar(c);
```

则输出的结果是什么?

(2) '\n'的作用是什么?

2. 读程序,掌握单个字符的输入函数

输入下列程序代码,并运行。

```
#include  <stdio.h>
int main()
{   char c;
    c=getchar();
    putchar(c);
}
```

思考:

(1) 包含命令#include <stdio.h>可以省略吗?为什么?

(2) getchar()能接收字符串"ab"吗?

3. 编写程序,求三角形的面积

1) 实验要求

输入三角形的三条边的长度a,b,c,求出三角形的面积(假定三条边能够构成三角形)。计算三角形面积公式:

$$A=\sqrt{s(s-a)(s-b)(s-c)}$$

其中,$s=(a+b+c)/2$。

2) 算法分析

输入三角形三条边的长度a,b,c,先计算出周长s,再代入三角形面积公式求出面积,注意,要用数学库函数sqrt()开平方根,此函数包含在math.h头文件中。其算法如图3-1所示。

输入三边 a、b、c
s=(a+b+c)/2
A=sqrt(s(s-a)(s-b)(s-c))
输出面积 A

图 3-1　计算三角形面积的算法

4. 编写程序，实现温度转换

1）实验要求

输入一个华氏温度，要求输出摄氏温度。公式为：$C=\frac{5}{9}(F-32)$，输出结果保留 2 位小数。

2）算法分析

用 scanf()函数输入华氏温度 F，代入转换公式即可。

思考：

(1) C 语言表达式 5/9 的值是多少？为什么？

(2) C 语言表达式 5.0/9 的值是多少？为什么？

第 4 章

选择结构程序设计

4.1 知识要点

4.1.1 关系运算符和关系表达式

1. 关系运算符

C 语言提供了 6 种关系运算符，如表 4-1 所示。

表 4-1 关系运算符

关系运算符	名　　称	关系运算符	名　　称
＜	小于	＞＝	大于或等于
＜＝	小于或等于	＝＝	等于
＞	大于	!＝	不等于

2. 关系表达式

由关系运算符连接而成的表达式称为关系表达式。

当关系运算符两边的值类型不一致时，系统将自动把它们转换为相同类型，然后再进行比较。转换原则为按照从低级类型向高级类型进行转换。例如，一边是整型，另一边是实型，系统将把整型数转换为实型数再比较，如图 4-1 所示。

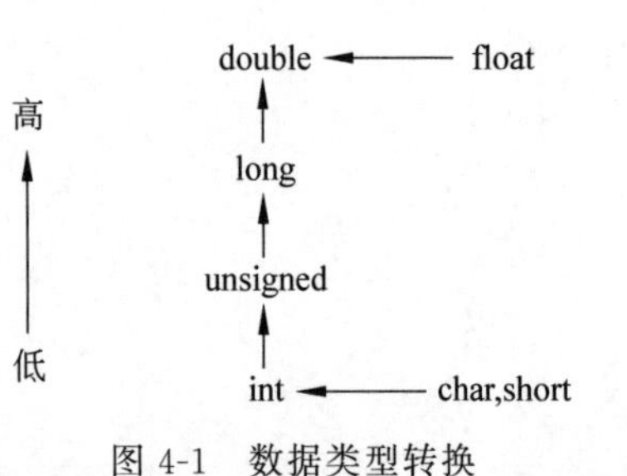

图 4-1　数据类型转换

4.1.2 逻辑运算符和逻辑表达式

1. 逻辑运算符

C 语言提供了 3 种逻辑运算符，如表 4-2 所示。

表 4-2 逻辑运算符

逻辑运算符	名　　称
&&	逻辑与
||	逻辑或
!	逻辑非

说明：“&&”和“||”是双目运算符，而“!”是单目运算符，后者只要求有一个操作数。算术运算符、关系运算符和逻辑运算符的优先级是：!（逻辑非）＞算术运算符＞关系运算符＞&&＞||＞赋值运算符。

2. 逻辑表达式

逻辑表达式由逻辑运算符和运算对象组成，其中，运算对象可以是一个具体的值，也可以是C语言任意合法的表达式，逻辑表达式的运算结果是1(真)或者0(假)。但是在判断一个量是否为“真”时，以0代表“假”，以非0代表“真”，即将一个非0的数值认为“真”。例如，a=5，则“!a”的值为0。

4.1.3 if语句

if语句用来判断所给定的条件是否满足，并根据判断结果(真或假)来决定执行分支给出的两种操作中哪一种，具有以下3种形式：

(1) if(表达式)语句

(2) if(表达式)语句1 else 语句2

(3) if(表达式1)语句1

else if(表达式2)语句2

else if(表达式3)语句3

⋮

else if(表达式m)语句m

else 语句n

说明：else不能独立成为一条语句，它是if语句的一部分，不允许单独出现在程序中。else必须与if配对，共同组成if…else语句。

4.1.4 if语句的嵌套

在if语句中又包含一个或多个if语句的结构，称为if语句的嵌套，形式如下：

```
if()
    if()语句1
    else 语句2
else
    if()语句3
    else 语句4
```

注意：else总是与它上面最近的if配对。

4.1.5 由条件运算符构成的选择结构

由条件运算符构成的选择结构形式如下：

```
(x<y)?x:y
```

其中，(x<y)? x:y是一个条件表达式，“?:”是条件运算符。该表达式是这样执行的：如果(x<y)条件成立，则整个条件表达式取值x，否则取值y。

条件运算符的优先级高于赋值运算符，但低于逻辑运算符、关系运算符和算术运算符。

4.1.6 switch语句

switch语句是C语言提供的多分支选择语句，用来实现多分支选择结构，形式如下：

```
switch (表达式)
{   case 常量表达式 1:  语句 1
    case 常量表达式 2:  语句 2
    ⋮
    case 常量表达式 n:  语句 n
    default:           语句 n+1
}
```

4.2 例题分析与解答

一、选择题

1. 下列错误的语句是________。

A. if(a>b)printf("%d",a);　　B. if (&&);a=m;

C. if (1)a=m;else　a=n;　　D. if (a>0);else a=n;

分析：选项A中，当a>b成立时执行语句“printf("%d",a);”，所以A是正确的。选项B中的“if(&&);”后面的分号表示它是一条空语句，而不是if语句的结束标志，但&&是运算符，不是表达式，所以B是错误的。选项C中的1表示条件恒为真，所以C是正确的。选项D中条件为真时执行空语句，条件为假时执行“a=n;”，所以D是正确的。

答案：B

2. 读下列程序：

```
#include  stdio.h
void main()
{   float a,b,t;
    scanf("%f,%f",&a,&b);
    if ( a>b){t=a;  a=b;  b=t;  }
    printf ("%5.2f,%5.2f",a,b );
}
```

运行时从键盘输入3.8和-3.4，则正确的输出结果是________。

A. -3.40,-3.80　　B. -3.40,3.80

C. -3.4,3.8　　D. 3.80,-3.40

分析：此程序是输入两个实数，按值由小到大的顺序输出这两个数。

答案：B

3. 读下列程序：

```
#include  stdio.h
int main()
{   int x,y;
    scanf("%d",&x);
    y=0;
    if (x!=0)
        {if (x>0) y=1;}
    else  y= -1;
```

```
    printf ("%d",y);
}
```

当从键盘输入 32 时,程序输出结果为________。

A. 0　　B. −1　　C. 1　　D. 不确定

分析:此程序可以转换为如下的数学公式。

$$y=\begin{cases}1(x<0)\\0(x=0)\\1(x>0)\end{cases}$$

首先输入 x 值,然后使 y=0,再进行判断,if(x>=0){if (x>0)y=1;}的实质是:如果 x>0,使 y=1,else 否定的是 if(x>=0),而不是{if(x>0)y=1;}中的 if(x>0),即 x<0,则使 y=−1。

答案:C

4. 对下述程序,________是正确判断。

```
#include stdio.h
int main()
{   int x,y;
    scanf("%d,%d",&x,&y);
    if(x>y)
        x=y;y=x;
    else
        x++;y++;
    printf("%d,%d",x,y);
}
```

A. 有语法错误,不能通过编译　　B. 若输入数据 3 和 4,则输出 4 和 5

C. 若输入数据 4 和 3,则输出 3 和 4　　D. 若输入数据 4 和 3,则输出 4 和 4

分析:if 语句称为条件语句或分支语句,其基本形式只有以下两种。

```
if(表达式)语句
if(表达式)语句 1   else 语句 2
```

不管 if 语句中的条件是真还是假,只能执行一条语句,而程序中的"x=y;y=x;"是两条语句,故选项 A 是正确的。改正的办法是用花括号把"x=y;y=x;"括起来,即{ x=y;y=x;},构成一个复合语句。题中的其他选项是在假定"x=y;y=x;"为复合语句的基础上产生的。

答案:A

5. 以下程序的输出结果是________。

```
#include stdio.h
int main()
{   int x=1,y=0,a=0,b=0;
        switch (x)
            {case 1:
```

```
            switch (y)
                {case 0:a++;break;
                 case 1:b++;break;
                }
          case 2:a++;b++;break;
          case 3:a++;b++;
        }
      printf("\na=%d,b=%d",a,b);
}
```

A. a=1,b=0　　B. a=2,b=1　　C. a=1,b=1　　D. a=2,b=2

分析：程序执行时，x=1，执行内嵌的 switch 语句，因为 y=0，执行“a++;”，使 a 的值为 1 并终止内层 switch 结构，回到外层。因为“case 1”后没有 break 语句，程序继续执行“case 2:”后面的语句“a++;b++;”，使变量 a、b 的值分别为 2 和 1，外层 switch 语句结束。

答案：B

6. 不等式 x≥y≥z 对应的 C 语言表达式是________。

A. (x>=y)&&(y>=z)　　B. (x>=y)and(y>=z)

C. (x>=y>=z)　　D. (x>=y)&(y>=z)

分析：选项 D 中，表达式(x>=y)& (y>=z)中的运算符“&”是一个位运算符，不是逻辑运算符，因此不可能构成一个逻辑表达式。选项 B 中，表达式(x>=y)and(y>=z)中的运算符“and”不是 C 语言中的运算符，因此这不是一个合法的 C 语言表达式。选项 C 中，(x>=y>=z)在 C 语言中是合法的表达式，但在逻辑上，它不能代表 x≥y≥z 的关系。

答案：A

7. 以下程序的输出结果是________。

```
#include stdio.h
int main()
{   int a=2,b=-1,c=2;
    if (a<b)
        if(b<0)c=0;
    else  c+=1;
    printf ("%d\n",c);
}
```

A. 0　　B. 1　　C. 2　　D. 3

分析：本题涉及如何正确理解 if…else 语句的语法。按 C 语言语法规定，else 子句总是与前面最近的不带 else 的 if 语句相结合，与书写格式无关。本题中的 if 语句是一个 if…else 语句，else 应当与内嵌的 if 配对，第一个 if 语句其实并不含有 else 子句。如果按正确的缩进格式重新写出以上程序段就更易理解。首先执行 if(a<b)，由于 a<b 不成立，因而不执行其内部的子句，接着执行下面的 printf 语句，所以变量 c 没有被重新赋值，其值仍为 2。

答案：C

8. 以下程序的输出结果是________。

```
#include stdio.h
int main()
```

```
{   int w=4, x=3, y=2, z=1;
    printf("%d\n",(w<x? w:z<y? z:x));
}
```

A. 1　　　　B. 2　　　　C. 3　　　　D. 4

分析：本题的 printf 语句输出项是一个复合条件表达式。为了清晰起见，可用圆括号将此表达式中的各个运算项括起来，即(w＜x? (w))：(z＜y? z：x))，第一个条件表达式是“w＜x? (w)：(第二个条件表达式)”。按现有数据，w＜x 不成立，因此执行第二个条件表达式“z＜y? (z)：(x)”，其值作为整个表达式的值；由于条件 z＜y 成立，其值为 1，因而求出 z 的值作为整个表达式的值。

答案：A

二、填空题

1. 在 C 语言中，关系运算符的优先级是________。

分析：关系运算符＜、＞、＜＝、＞＝的优先级别相同，＝＝、!＝的优先级别相同。前 4 种优先级高于后两种。

答案：＜,＞,＜＝,＞＝,＝＝,!＝

2. 在 C 语言中，逻辑运算符的优先级是________。

分析：C 语言中的逻辑运算符按由高到低的优先级是：!(逻辑非)、&&(逻辑与)、||(逻辑或)。

答案：!,&&,||

3. 以下程序的输出结果是________。

```
#include stdio.h
int main()
{   int a=100;
    if(a>100)
        printf("%d\n",a>100);
    else
    printf("%d\n",a<=100);
}
```

分析：由于 a 已在定义时赋了初值 100，因此接下来 if 语句中的关系表达式 a＞100 的值是 0，不执行其后的输出语句，而执行 else 子句中的 printf 语句，它的输出项是 a＜＝100。由于 a＝100，因此表达式值为 1。注意，无论是逻辑表达式还是关系表达式，结果为“真”时，它们的值就是确切地等于 1，而不是“非 0”。

答案：1

4. 写出与以下表达式等价的表达式________。

! (x＞0)，! 0

分析：表达式“! (x＞0)”的含义是，如果 x＞0，此表达式的值就为“假”，即为 0；如果 x 的值小于或等于 0，则此表达式的值为“真”，即为 1。在 C 语言中，用 1 代替! 0。

答案：x＜＝0,1

4.3 测 试 题

一、选择题

1. 已知 x、y 和 z 是 int 型变量，且 x＝3、y＝4、z＝5，则下面表达式中值为 0 的是________。

A. 'x'&&'y'　　B. x<＝y

C. x||y＋z&&y－z　　D. ！((x<y)&&！z||1)

2. 判断 char 型变量 ch 是否为大写字母的正确表达式是________。

A. 'A'<＝ch<＝'Z'　　B. (ch>＝'A')&(ch<＝'Z')

C. (ch>＝'A')&&(ch<＝'Z')　　D. ('A'<＝ch)AND('Z'>＝ch)

3. 当 A 的值为奇数时，表达式的值为“真”；当 A 的值为偶数时，表达式的值为“假”。则以下不能满足要求的表达式是________。

A. A%2＝＝1　　B. ！(A%2＝＝0)　　C. ！(A%2)　　D. A%2

4. 当 a＝1，b＝3，c＝5，d＝4 时，执行完下面一段程序后 x 的值是________。

```
if (a<b)
    if(c<d) x=1;
        else
    if(a<c)
        if(b<d) x=2;
            else x=3;
    else x=6;
else x=7;
```

A. 1　　B. 2　　C. 3　　D. 6

5. 若有条件表达式(exp)？a＋＋：b－－，则以下表达式中能完全等价于表达式(exp)的是________。

A. (exp＝＝0)　　B. (exp！＝0)　　C. (exp＝＝1)　　D. (exp！＝1)

6. 执行以下程序段后，变量 a，b，c 的值分别为________。

```
int x=10,y=9;
int a,b,c;
a=(--x==y++)? --x:++y;
b=x++;
c=y;
```

A. a＝9，b＝9，c＝9　　B. a＝8，b＝8，c＝10

C. a＝9，b＝10，c＝9　　D. a＝10，b＝11，c＝10

二、填空题

1. 当 a＝3，b＝2，c＝1 时，表达式 a>b>c 的值是<u>【1】</u>，表达式 a>b&&b>c 的值是<u>【2】</u>。

2. 在 C 语言中，表示逻辑“真”值用________表示。

3. C 语言提供的 3 种逻辑运算符是<u>【1】</u>、<u>【2】</u>、<u>【3】</u>。

4. 已知 A＝7.5，B＝2，C＝3.6，表达式 A＞B&&C＞A ||A＜B&&！C＞B 的值是________。

三、编程题

1. 输入三角形的三条边长 a、b、c，编程判断是否能构成三角形，若可以构成三角形，则求三角形的面积并判断三角形的类型(等边、等腰或一般三角形)。

2. 输入年份，编程判断其是否为闰年。

判断是闰年的条件：

(1) 年份能被 400 整除；

(2) 年份能被 4 整除但不能被 100 整除。

3. 有 3 个数 a、b、c，要求编程实现从大到小的顺序输出。

4. 编程序：根据下列函数关系，对输入的每个 x 值，计算出相应的 y 值。

$$y=\begin{cases}0 & (x<0)\\ 10 & (0<x<10)\\ -0.5x+20 & (10<x<20)\\ x & (20<x<40)\end{cases}$$

5. 编程序，对于给定的一个百分制成绩，输出相应的五分制成绩。设 90 分及以上为 A，80～89 分为 B，70～79 分为 C，60～69 分为 D，60 分以下为 E(用 switch 语句实现)。

4.4　实验案例

1. 编写程序，求方程根

1) 实验要求

求 $ax^2+bx+c=0$ 方程的根。a、b、c 由键盘输入。

2) 算法分析

根据判别式 b^2-4ac 的值，求出一元二次方程 $ax^2+bx+c=0$ 的实根。具体算法如图 4-2 所示。

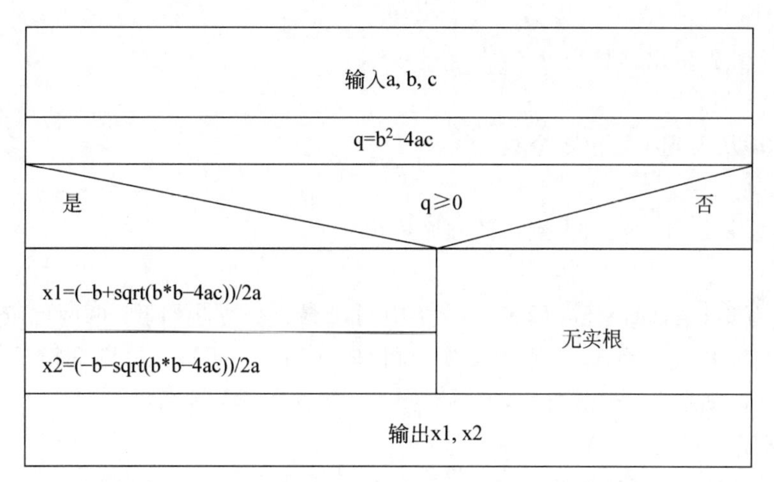

图 4-2　求方程根的算法

思考：顺序结构程序执行的特点是什么？

2. 编写程序，按照从大到小的顺序输出两个数

1）实验要求

输入两个数，按照从大到小的顺序输出。

2）算法分析

方法 1：用 a 和 b 代表输入的两个数，如果 a 大于 b 则先输出 a，后输出 b；否则先输出 b，后输出 a。

方法 2：a 和 b 表示输入的两个数，如果 a 小于 b 则 a 和 b 交换（保证 a 大于或等于 b），否则不交换，输出 a 和 b。

3）完善代码

方法 1：

```
#include "stdio.h"
int main()
{   float a,b;
        scanf("%f,%f",&a,&b);
        if (_______)printf("%f ,%f\n",a,b);
               else  printf("%f ,%f\n",b,a);
}
```

方法 2：

```
#include "stdio.h"
int main()
{   float  a,b,t;
        scanf("%f,%f",&a,&b);
        if (a<b){_______;_______;_______;  }
        printf("%f ,%f\n",a,b);
}
```

4）调试程序

输入数据：1,2，输出结果为________。

输入数据：2,1，输出结果为________。

3. 编程实现从大到小输出 3 个数

1）实验要求

输入 3 个数 a、b 和 c，按由大到小的顺序输出。

2）算法分析

输出顺序为 a、b、c，即保证 a 最大，b 位于中间，c 最小。方法如下：两两比较，先比较 a 和 b，如果 a<b，则 a 和 b 互换值，否则不交换；再比较 a 和 c，如果 a<c，则交换其值，此时，a 最大；再比较 b 和 c，如果 b<c，则交换，否则不交换。算法如图 4-3 所示。

3）调试程序

输入数据：1,2,3，结果如何？

输入数据：3,2,1，结果如何？

输入数据：3,1,2，结果如何？

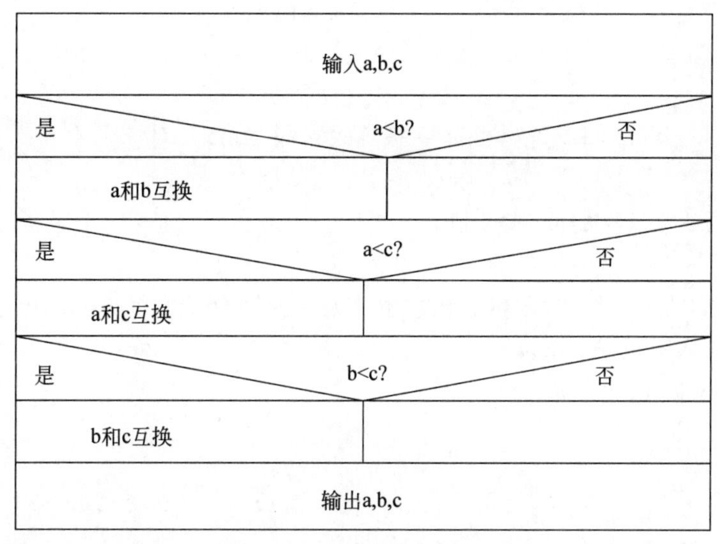

图 4-3　3 个数排序的算法

4. 编写程序,求成绩等级

1）实验要求

给出一个百分制成绩,要求输出成绩等级 A、B、C、D、E。90 分及以上为 A,80～89 分为 B,70～79 分为 C,60～69 分为 D,60 分以下为 E。

2）算法分析

用条件语句控制输入数据的范围,也可以用 switch 语句和 break 语句来控制输入数据范围。算法如图 4-4 所示。

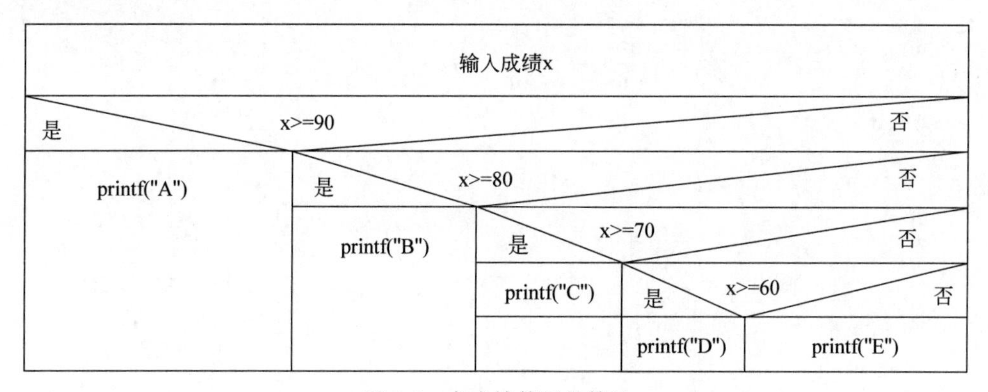

图 4-4　求成绩等级的算法

分别用 switch 语句和 if 语句两种方法实现。运行程序,并检查结果是否正确。

要求:输入分数为负值(如－90),这显然是输入错误,不应该给出等级。修改程序,使之能正确处理任何数据。当输入数据大于 100 或小于 0 时,通知用户“输入数据错误”,程序结束。

5. 编程,求分段函数值

1）实验要求

有一个函数:

$$y=\begin{cases} x & (x<1) \\ 2x-1 & (5<x<10) \\ 3x+4 & (10<x<15) \\ 90-5x & (20<x<30) \\ 80+3x & (x>60) \end{cases}$$

用 scanf()函数输入 x 的值，求 y 值。

2）算法分析

注意条件语句的表达形式，逻辑表达式中的条件要写全。if 和 else 的内在逻辑关系要清楚。运行程序，输入 x 的值（分为 $x<1$，$5<x<10$，$10<x<15$，$20<x<30$，$x>60$ 共 5 种情况），检查输出的 y 值是否正确。

第5章

循环程序设计

5.1 知识要点

5.1.1 循环结构的3种形式

1. for循环结构

一般形式：

```
for(表达式1;表达式2;表达式3)
语句
```

执行过程：

(1) 求表达式1的值。

(2) 求表达式2的值，若其值为真(非0)，则执行for语句中指定的内嵌语句，然后执行步骤(3)。若其值为假(为0)，则结束循环，转到步骤(5)。

(3) 求解表达式3。

(4) 转回步骤(2)继续执行。

(5) 循环结束，执行for语句下面的一个语句。

2. while循环结构

一般形式：

```
while(表达式)语句
```

当表达式为非0时，执行while语句中的内嵌语句。

3. do…while循环结构

一般形式：

```
do
循环体语句
while(表达式);
```

执行过程：先执行一次指定的循环体语句，执行完后，判别while后面的表达式的值，当表达式的值为非0(真)时，重新执行循环体语句。如此反复，直到表达式的值等于0为止，此时循环结束。

4. 几种循环的比较

前面讲的几种循环都可以处理同一问题，一般情况下它们可以互相代替。但最好根据每种循环的不同特点选择最合适的。

do…while构成的循环和while循环十分相似，它们的主要区别是：while循环的控制出现在循环体前，只有当while后面的表达式的值为非0时，才执行循环体；在do…while构成的循环体中，总是先执行一次循环体，然后再求表达式的值，因此无论表达式的值是否为0，循环体至少要被执行一次。

5.1.2 continue语句和break语句

在循环语句的循环体中，经常用到continue语句和break语句。

1. continue语句

continue语句结束本次循环，即跳过循环体中下面尚未执行的语句，而转去重新判定循环条件是否成立，从而确定下一次循环是否继续执行。

2. break语句

在选择结构中，break语句可以使流程跳出switch结构，继续执行switch语句下面的语句。在循环结构中，break语句可以使流程跳出循环体，提前结束循环。

说明：break语句使循环终止；continue语句结束本次循环，而不是终止整个循环。

5.2 例题分析与解答

一、选择题

1. 设i和x都是int类型，则下面的for循环语句________。

```
for(i=0,x=0;i<=9&&x!=876;i++) scanf("%d",&x);
```

A. 最多执行10次　B. 最多执行9次　C. 是无限循环　D. 一次也不执行

分析：此题中for循环的执行次数取决于逻辑表达式“i<=9&&x!=876”，只要i<=9且x!=876，循环就执行。结束循环取决于两个条件：i>9或者x=876。只要在执行scanf("%d",&x)时，从终端输入876，循环就结束。如果未输入876，则i的值一直增加，每次加1，循环10次时i=10，即i>9时，循环结束。

答案：A

2. 下述for循环语句________。

```
int i,k;
for(i=0,k=-1;k=1;i++,k++)
printf("***");
```

A. 判断循环结束的条件非法　B. 是无限循环

C. 只循环一次　D. 一次也不循环

分析：本题的关键是赋值表达式k=1。由于表达式2是赋值表达式k=1，为真，因此执行循环体，使k增1，但循环再次计算表达式2时，又使k为1，如此反复。

答案：B

3. 在下述程序中，判断语句 i>j 共执行了________次。

```
#include "stdio.h"
int main()
{   int i=0,j=10,k=2,s=0;
    for(;;)
        {   i+=k;
            if(i>j)
                {   printf("%d",s);
                    break;}
            s+=i;
        }
}
```

A. 4　　　　B. 7　　　　C. 5　　　　D. 6

分析：本例的循环由于无外出口，只能借助 break 语句终止。鉴于题目要求说明判断语句 i>j 的执行次数，只需考查 i+=k 运算如何累计 i 的值(每次累计 i 的值，都会累计判断 i>j 一次)，i 的值分别是 i=2,4,6,8,10,12，当 i 的值为 12 时判断 i>j 为真，程序输出 s 的值并结束，共循环 6 次。

答案：D

4. 以下程序段的输出结果是________。

```
int x=3;
do
{   printf("%d",x=x-2);
}while(!(--x));
```

A. 1　　　　B. 30　　　　C. 1−2　　　　D. 死循环

分析：在以上程序段中，进入循环体前 x 的值是 3，执行 x=x−2 后，x 的值变成 1，然后输出该值。在 while 控制表达式“!(−−x)”中，x 的值先减 1，变为 0，再进行“逻辑非”运算，! 0 的值为 1，循环继续。因 x=0，第二次执行 x=x−2 后，x 的值变为 −2，再次输出。在 while 控制表达式“!(−−x)”中，x 的值先减 1 变成 −3，再进行“!(−3)”运算，其值为 0，退出循环。

答案：C

二、填空题

1. 以下程序段的输出结果是________。

```
#include "stdio.h"
int main()
{   int x=2;
    while(x--);
    printf("%d\n",x);
}
```

分析：由程序可知，x 的初值为 2，它的值在 while 循环控制表达式中发生改变。在执行 while 循环时，每循环一次，循环控制表达式先判断 x 的值，然后 x 值减 1。注意，只要循环控制表达式的值为非0，循环就继续；当x的值为0时，循环结束，同时因再一次执行x－－，x的值再减1。因此退出循环去执行printf语句时，x的值已是－1。

答案：－1

2. 以下程序的功能是：从键盘上输入若干学生的成绩，统计并输出最高成绩和最低成绩，当输入负数时结束输入，请填空。

```
#include "stdio.h"
int main()
{   float x,amax,amin;
    scanf("%f",&x);
    amax=x;amin=x;
    while(【1】)
        {   if(x>amax)amax=x;
            if(【2】)amin=x;
            scanf("%f",&x);
        }
    printf("\namax=%f\n amin=%f\n",amax,amin);
}
```

分析：由以上程序可知，最高成绩放在变量amax中，最低成绩放在amin中。while循环用于不断读取数据放入x中，并通过判断，把大于amax的数放于amax中，把小于amin的数放入amin中。因此在【2】处应填入x＜amin。while后的表达式用以控制输入成绩是否为负数，若是负数，读入结束并且退出循环，因此在【1】处应填入x＞＝0，即当读入的值大于或等于0时，循环继续，小于0时循环结束。

答案：【1】x＞＝0　【2】x＜amin

3. 以下程序段的输出结果是________。

```
int k,n,m;
n=10;m=1;k=1;
while(k<=n)
    m*=2;
printf("%d\n",m);
```

分析：由程序段可知，m的值在while循环中求得。while循环的控制表达式(k＜＝n)中，k和n的初值分别是1和10，但在整个while循环中，控制表达式中的变量k或n中的值都没有在循环过程中有任何变化，因此，表达式k＜＝n的值永远为1，循环将无限地进行下去。

答案：程序段无限循环，没有输出结果

4. 下述程序的运行结果是________。

```
#include "stdio.h"
int main()
{   int s=0,k;
    for(k=7;k>4;k--)
        {   switch(k)
            {   case 1:
```

```
            case 4:
            case 7:s++;break;
            case 2:
            case 3:
            case 6:break;
            case 0:
            case 5:s+=2;break;
        }
    }
  printf("s=%d",s);
}
```

分析：本题主要考查 switch 的用法。先看循环，一共有 3 次，k＝7 时，执行“s＋＋;”，switch 结束，使 s＝1；当 k＝6 时，break 终止 switch；当 k＝5 时，执行“s＋＝2;”，switch 结束，s＝3。

答案：s＝3

5.3 测　试　题

一、选择题

1. 语句“while(E);”中的条件“E”等价于________。

A. E＝＝0　　B. E!＝1　　C. E!＝0　　D. ～E

2. 下面有关 for 循环的正确描述是________。

A. for 循环只能用于循环次数已经确定的情况

B. for 循环时先执行循环体语句，后判别表达式

C. 在 for 循环中，不能用 break 语句跳出循环体

D. for 循环的循环体中，可以包含多条语句，但必须用花括号括起来

3. 设有程序段：

```
int k=10;
while(k=0)k=k-1;
```

则下面描述中正确的是________。

A. while 循环执行 10 次　　B. while 循环为无限循环

C. 循环体语句一次也不执行　　D. 循环体语句执行一次

4. 下面程序段的运行结果是________。

```
a=1;b=2;c=2;
while(a<b<c){t=a;a=b;b=t;c--;}
printf("%d,%d,%d",a,b,c);
```

A. 1,2,0　　B. 2,1,0　　C. 1,2,1　　D. 2,1,1

5. 下面程序的功能是，从键盘输入的一组字符中统计出大写字母的个数 m 和小写字母的个数 n，并输出 m 和 n 中的较大者，请选择填空。

```
#include "stdio.h"
int main()
{   int m=0,n=0;
    char c;
    while((【1】)!= '\n')
    {   if(c>='A'&&c<='Z')m++;
        if(c=>'a'&&c<='z')n++;
    }
    printf("%d\n",m<n?【2】);
}
```

【1】A. c=getchar()　　B. getchar()　　C. c=putchar()　　D. scanf("%c",c)

【2】A. n:m　　B. m:n　　C. m:m　　D. n:n

6. 下面程序的功能是在输入的一批正整数中求出最大值，输入0结束循环，请选择填空。

```
#include "stdio.h"
int main()
{   int a,max=0;
    scanf("%d",&a);
    while(_______)
    {   if(max>a)max=a;
        scanf("%d",&a);
    }
    printf("%d",max);
}
```

A. a==0　　B. a　　C. ! a==1　　D. ! a

7. C语言中while和do…while循环的主要区别是________。

A. do…while的循环体至少无条件执行一次，while的循环体可能一次也不执行

B. while的循环控制条件比do…while的循环控制条件严格

C. do…while允许从外部转到循环体内

D. do…while的循环体不能是复合语句

8. 下面程序的功能是计算正整数2345的各位数字的平方和，请选择填空________。

```
#include "stdio.h"
int main()
{   int n,sum=0;
    n=2345;
    do{   sum=sum+【1】;
          n=【2】;
    }while(n);
    printf("sum=%d",sum);
}
```

【1】A. n%10　　B. (n%10)*(n%10)　　C. n/10　　D. (n/10)*(n/10)

【2】A. n/1000　　B. n/100　　C. n/10　　D. n%10

9. 若运行以下程序时，从键盘输入ADescriptor<CR>(CR表示回车，即按Enter键)，则

下面程序的运行结果是________。

```
#include "stdio.h"
int main()
{   char c;
    int v0=0,v1=0,v2=0;
    do{switch(c=getchar())
            {   case 'a':case 'A':
                case 'e':case 'E':
                case 'i':case 'I':
                case 'o':case 'O':
                case 'u':case 'U':v1+=1;
                default:v0=v0+1;v2+=1;
            }
    }while(c!='\n');
    printf("v0=%d,v1=%d,v2=%d\n",v0,v1,v2);
}
```

A. v0＝7,v1＝4,v2＝7　　B. v0＝8,v1＝4,v2＝8

C. v0＝11,v1＝4,v2＝11　　D. v0＝12,v1＝4,v2＝12

10. 对 for(表达式 1;;表达式 3)可理解为________。

A. for(表达式 1;0;表达式 3)　　B. for(表达式 1;1;表达式 3)

C. for(表达式 1;表达式 1;表达式 3)　　D. for(表达式 1;表达式 3;表达式 3)

11. 下面程序段的功能是将从键盘输入的偶数写成两个素数之和。请选择填空________。

```
#include "stdio.h"
int main()
{   int a,b,c,d;
    scanf("%d",&a);
    for(b=2;b<=a-1;b++)
        {   for(c=2;c<=b-1;c++)
                if(b%c==0)break;
            if(c>b-1)
                {   d=________;
                    for(c=2;c<=d-1;c++)
                    if(d%c==0)break;
                    if(c>d-1))
                        {printf("%d=%d+%d\n",a,b,d);break;}
                }
        }
}
```

A. a＋b　　B. a－b　　C. a＊b　　D. a/b

二、填空题

1. 下面程序段的功能是从键盘输入的字符中统计数字字符的个数,用换行符结束循环。请填空________。

```
int n=0,c;
c=getchar();
while(【1】)
{   if (【2】)n++;
    c=getchar();
}
```

2. 下面程序的功能是用公式$\frac{\pi^2}{6}\approx\frac{1}{1^2}+\frac{1}{2^2}+\frac{1}{3^2}+\cdots+\frac{1}{n^2}$，求π的近似值，直到最后一项的值小于$10^{-6}$为止。请填空。

```
#include "stdio.h"
#include "math.h"
int main()
{   long i=1;
    【1】pi=0;
    while(i*i=10e+6){pi=【2】;i++;}
    pi=sqrt(6.0*pi);
    printf("pi=%10.6f\n",pi);
}
```

3. 有1020个西瓜，第一天卖掉一半多2个，以后每天卖掉剩下的一半多2个，问几天以后能卖完？请填空。

```
#include  "stdio.h"
int main()
{   int day,x1,x2;
    day=0;x1=1020;
    while(【1】){x2=【2】;x1=x2;day++;}
    printf("day=%d\n",day);
}
```

4. 下面程序的功能是用“辗转相除法”求两个正整数的最大公约数，请填空。

```
#include "stdio.h"
int main()
{   int r,m,n;
    scanf("%d%d",&m,&n);
    if(m<n){r=m;【1】n=r;}
    r=m%n;
    while(r){m=n;n=r; r=【2】;}
    printf("%d\n",n);
}
```

5. 鸡兔共有30只，脚共有90只，下面程序段用于计算鸡兔各有多少只，请填空。

```
for(x=1;x<=29;x++)
{   y=30-x;
```

```
    if(________)printf("%d,%d\n",x,y);
}
```

6. 下面程序的功能是计算 1－3＋5－7＋…－99＋101 的值，请填空。

```
#include "stdio.h"
int main()
{   int i,s=0,sgn=1;
    for(i=1;i<=101;i+=2)
          {s=s+sgn*i;________;}
    printf("%d\n",s);
}
```

7. 以下程序是用梯形法求 sin(x) * cos(x)的定积分。求定积分的公式为：

$$s=\frac{h}{2}[f(a)+f(b)]+h\sum_{i=1}^{n-1}f(x_i)$$

其中，$x_i=a+ih$，$h=(b-a)/n$。

设 a＝0，b＝1.2 为积分上限，积分区间分割数 n＝100，请填空。

```
#include "stdio.h"
#include "math.h"
int main()
{   int i,n;  double  h ,s, a, b;
    printf("input a,b:");
    scanf("%lf%lf",【1】);
    n=100;h=【2】;
    s=0.5*(sin(a)*cos(a)+sin(b)*cos(b));
    for(i=1;i<=n-1;i++)s+=【3】;
    s*=h;
    printf("s=%10.4f\n",s);
}
```

8. 以下程序的功能是根据公式 $e=1+\frac{1}{1!}+\frac{1}{2!}+\frac{1}{3!}+\frac{1}{4!}+\cdots$，求 e 的近似值，精度要求为 10^{-6}。请填空。

```
#include "stdio.h"
int main()
{   int i;double e,new;
    【1】;new=1.0;
    for(i=1;【2】;i++)
       {new=new/(double)(i);e=e+new;
       }
}
```

9. 下面程序的功能是求 1000 以内的所有完全数(一个数如果恰好等于它的因子(除自身外)之和，则该数为完全数，如 6＝1＋2＋3，6 为完全数)。请填空。

```
#include "stdio.h"
int main()
{   int a,i,m;
    for(a=1;a<=1000;a++)
    {   for(【1】;i=a/2;i++ )if(!(a%i))【2】;
        if(m==a)printf("%4d",a);
    }
}
```

10. 下面程序的功能是完成用1000元人民币换成10元、20元、50元的所有兑换方案。请填空。

```
#include "stdio.h"
int main()
{   int i,j,k,L=1;
    for(i=0;i<=20;i++)
        for(j=0;j<=50;j++)
        {   k=【1】;
            if(【2】)
                {   printf(" %2d%2d%2d",i,j,k);
                    L=L+1;
                    if(L%5==0)printf("\n");
                }
        }
}
```

三、编程题

1. 输入一行字符，分别统计出其中英文字母、空格、数字和其他字符的个数。

2. 输入两个正整数m和n，求其最大公约数和最小公倍数。

3. 求1！+2！+3！+…+20!。

4. 打印出所有的"水仙花数"。所谓"水仙花数"是指一个3位数，其各位数字立方和等于该数本身。例如，153是一个水仙花数，因为$153=1^3+5^3+3^3$。

5. 有一分数数列

$$\frac{2}{1},\frac{3}{2},\frac{5}{3},\frac{8}{5},\frac{13}{8},\cdots$$

求出这个数列的前20项之和。

6. 用牛顿迭代法求下面方程在1.5附近的根。

$$2x^3-4x^2+3x-6=0$$

说明：用牛顿迭代法求方程$f(x)=0$的根的近似值，其公式为$X_{k+1}=X_k-f(X_k)/f'(X_k)$，$k=0,1,2,\cdots$当$|X_{k+1}-X_k|$的值小于$10^{-6}$时，$X_{k+1}$为方程的近似根。

5.4 实验案例

1. 编写程序，求累加和

1) 实验要求

求1+2+3+…+99+100，并输出结果(用while语句、do…while语句实现1～100的累

加。注意两种循环的区别)。

2) 算法分析

定义变量 sum 记录 1 到 100 的累加和,sum 初值为 0。变量 n 初值为 1,用 sum=sum+n 实现累加,每次加完后,使 n=n+1,重复 sum=sum+n 和 n=n+1,直到 n=100 为止。

2. 编写程序,求两个数的最大公约数和最小公倍数。

1) 实验要求

输入两个正整数 m 和 n,求它们的最大公约数和最小公倍数。

2) 算法分析

最大公约数:既能被 m 整除又能被 n 整除的最大整数 k,k 的范围为 1~m 与 n 的较小数。

最小公倍数:既能整除 m 又能整除 n 的最小整数 k,k 的范围为(m 与 n 的较大数)~m * n。

实际上,最小公倍数=m * n/最大公约数。

最大公约数的另一种求法是"欧几里得法",也叫"辗转相除法"。用 r 表示余数,r=m% n,如果 r 不为 0,则"m=n;n=r;",再次求 r=m%n,重复以上步骤,直到 r=0 时停止,此时 n 为最大公约数。

用"辗转相除法"求 m 和 n 最大公约数和最小公倍数代码如下(完善以下代码):

```
#include <stdio.h>
int main()
{   int p,r,n,m,k;
    scanf("%d,%d",&m,&n);
    p=m*n;                  /*保存 m*n 的积,以便求最小公倍数时使用*/
    r=m%n;
    while(    )             /*求 m 和 n 的最大公约数*/
    {                 ;
                      ;
                      ;
    }
    printf("它们的最大公约数为: %d\n",________);
    k=________;
    printf("它们的最小公倍数为: %d\n",k);
}
```

3) 程序调试

在运行时,先输入 m>n 的值,观察结果是否正确。再输入 m<n 的值,观察结果是否正确。

3. 编程统计不同字符个数

1) 实验要求

输入一行字符,分别统计出其中的英文字母、数字和其他字符的个数,并输出它们的值。

2) 算法分析

用一个 for 循环控制字符串中的每个字符,变量 c 存放字符串中的某个字符,判断 c 的值,如果是英文字母则符合条件 c>='a'&&c<='z'||c>='A'&&c<='Z';如果为数字字符则满足条件 c>='0'&&c<='9'。

要求：在得到正确结果后，请修改程序使之能分别统计大小写字母、空格、数字和其他字符的个数。

4. 编写程序，求级数的值

1）实验要求

输入 x 的值，求下列级数的值：

$$y=x+\frac{x^2}{2!}+\frac{x^3}{3!}+\cdots+\frac{x^n}{n!}\quad (n=1,2,3,\cdots)$$

当第 n 项小于或等于 10^{-6}时，停止累加。

2）算法分析

对于一个确定的 x 值，随着 n 的增大，通项的值逐渐减小，当通项的值小于或等于 10^{-6} 时，则不再累加。因为无法预测要累加多少项，所以用 do…while 循环解决较合适。

3）调试程序

输入 x：3，输出结果：19.08554。

5. 编写程序，统计单词个数

1）实验要求

输入一串字符文本，找出所有单词并统计单词的个数。假设字符文本中只包含字母和空格，单词之间以空格分开。

2）算法分析

因为一个或多个连续的空格作为单词之间的分隔符，所以第一个非空格字符是一个单词的开始，而其后出现的第一个空格是单词的末尾，这两个空格之间的字符即为一个单词。

3）调试程序

输入：You are a good student，输出结果：5。

6. 加密解密

1）实验要求

分别将字母 A～Z、a～z 围成一圈，设原文或密文由大小写英文字母组成，编写程序，将原文加密或将密文解密。加密和解密规则方法如下。

原文→密文的过程：将原文中的每个字符后面第 3 个字符作为密文字符，倒序后成密文。如原文是 AByz，则密文是 cbED。

密文→原文的过程：将密文中的每个字符前面第 3 个字符作为原文字符，倒序后成原文。如密文是 cbED，则原文是 AByz。

2）算法分析

将 a～z 围成一圈后，z 后面的字符是 a。同理将 A～Z 围成一圈后，Z 后面的字符是 A。加密时，a 后面的第 3 个字符是 d，…，z 后面的第 3 个字符是 c；A 后面的第 3 个字符是 D，…，Z 后面的第 3 个字符是 C。

7. 编写程序，求勾股数

1）实验要求

求出 100 以内的勾股数。

所谓勾股数，是指满足条件 $a^2+b^2=c^2(a\neq b)$的自然数。

2）算法分析

用“穷举法”分别搜索 a、b、c 在 1～100 满足条件的值，采用循环嵌套形式。

第6章

数　　组

6.1　知 识 要 点

6.1.1　数组的概念

数组是一种构造数据类型,即由基本类型数据按照一定的规则组合而成的类型。它是由一组相同类型的数据组成的序列,该序列使用一个统一的名字来标志。

6.1.2　一维数组的定义和引用

1. 一维数组的定义

一维数组的定义形式如下:

```
类型说明符数组名[常量表达式];
```

例如,"int a[5];"定义一个包含5个元素的一维数组,最小下标是0,最大下标是4,包括a[0]、a[1]、a[2]、a[3]和a[4]共5个元素。

2. 一维数组元素的引用

一维数组元素的表示形式如下:

```
数组名[下标]
```

例如,a[1]表示a数组中的第2个元素。

3. 一维数组的初始化

可以在定义数组时为所包含的数组元素赋初值,如:

```
int a[6]={0,1,2,3,4,5};
```

则a[0]=0,a[1]=1,a[2]=2,a[3]=3,a[4]=4,a[5]=5。

C语言规定可以通过赋初值来定义数组的大小,这时"[]"内可以不指定数组大小。

6.1.3　二维数组的定义和引用

1. 二维数组的定义

二维数组的定义形式如下:

```
类型说明符 数组名[常量表达式][常量表达式];
```

2. 二维数组的引用

二维数组元素的表示形式如下：

```
数组名[下标][下标]
```

例如，“float b[3][4]”定义一个3行4列的二维数组，第一个数组元素是a[0][0]，最后一个数组元素是a[2][3]，共包含3×4=12个元素。

注意：数组的下标可以是整型表达式；数组元素可以出现在表达式中。

3. 二维数组的初始化

可以在定义时赋初值，如：

```
float b[2][3]={{1,2,3},{4,5,6}};
```

则第一行的值是1,2,3；第二行的值是4,5,6。

C语言规定可以通过赋初值来定义数组的大小，对于二维数组，只可以省略第一个方括号中的常量表达式，而不能省略第二个方括号中的常量表达式。如：

```
int a[][3]={{1,2,3},{4,5},{6},{8}};
```

在所赋初值中，含有4个花括号，则第一维的大小由花括号的个数决定。因此，该数组其实是与a[4][3]等价的。如：

```
int c[][3]={1,2,3,4,5};
```

第一维的大小按以下规则决定：

(1) 当初值的个数能被第二维的常量表达式的值除尽时，所得的商数就是第一维的大小。

(2) 当初值的个数不能被第二维的常量表达式的值除尽时，则第一维的大小＝所得商数＋1。

因此，以上c数组的第一维的大小应该是2，也就是等同于“int c[2][3]={1,2,3,4,5};”。

6.1.4 字符数组的定义和引用

1. 字符数组的定义

字符数组就是数组中的每个元素都是字符型数据。

2. 字符数组的初始化及引用

(1) 用字符型数据对数组进行初始化。如：

```
char a[5]={'C', 'h', 'i', 'n', 'a'};
```

(2) 用字符串常量直接对数组初始化。如：

```
char a[6]= "China";
```

初始化时，系统在字符串尾自动加上'\0'作为字符串结束标志，即 a[5]= '\0'。

(3) 引用一维数组名，可以代表字符串。如对于(2)中定义的数组 a，有以下语句：

```
printf("%s",a);
```

则输出：

```
China
```

6.2 例题分析与解答

一、选择题

1. 若有定义“int a[10];”，则对 a 数组中元素的引用正确的是________。

A. a[10]　　B. a[3.5]　　C. a(5)　　D. a[0]

分析：从数组定义可知，数组元素只能从 a[0]到 a[9]，所以选项 A 是错误的。在引用数组元素时，数组元素的下标只能是整型表达式，故选项 B 是错误的。对数组元素引用时，整型表达式只能放在一对方括号中，不能用圆括号，故选项 C 是错误的。因为数组元素的最小下标默认为 0，所以选项 D 是正确的。

答案：D

2. 合法的数组定义语句是(　　)。

A. int a[]="string";　　B. int a[5]={0,1,2,3,4,5};

C. char a="string";　　D. int a[]={0,1,2,3,4,5};

分析：A 中定义的数组类型和赋值类型不一致，所以不正确。B 中赋初值的个数超出数组大小，所以不正确。C 中字符型的变量只能存放一个字符，不能存储字符串。D 中 a 数组的大小是由初值个数决定的，故大小为 6，因此是正确的。

答案：D

3. 若有以下语句，则描述正确的是________。

```
char x[]= "12345";
char y[]={'1','2','3','4','5'};
```

A. x 数组和 y 数组的长度相同　　B. x 数组的长度大于 y 数组的长度

C. x 数组的长度小于 y 数组的长度　　D. x 数组等价于 y 数组

分析：由于语句“char x[]= "12345";”说明是字符型数组并进行初始化，按照对字符串处理的规定，在字符串的末尾自动加上结束标记'\0'，因此数组的长度是 6；而数组 y 是按照字符方式对数组进行初始化的，Visual C++ 6.0 系统不会自动加字符串结束标记'\0'，所以 y 的长度是 5。

答案：B

4. 已知“int a[][3]={1,2,3,4,5,6,7};”,则数组 a 的第一维的大小是________。

A. 2　　B. 3　　C. 4　　D. 无确定值

分析：由于数组定义中已给出了列的大小,因此根据初始化数据,“1,2,3”构成数组的第一行,“4,5,6”构成数组的第二行,“7”构成数组的第三行(不足部分补 0),所以数组第一维大小为 3。

答案：B

5. 若二维数组 a 有 m 列,则在 a[i][j]之前的元素个数为________。

A. j * m+i　　B. i * m+j　　C. i * m+j−1　　D. i * m+j+1

分析：二维数组在内存中是按照行优先的顺序存储的,且下标的起始值为 0,因此在 a[i][j]之前的元素有 i * m+j 个。

答案：B

6. 在 C 语言中,引用数组元素时,其数组下标的值允许是________。

A. 实型常量　　B. 字符串　　C. 整型表达式　　D. 负数

分析：C 语言规定,下标可以是整型表达式,故答案是 C。

答案：C

7. 以下能对一维数组 a 进行初始化的语句是________。

A. int a[5]=(0,0,0,0,0);　　B. int a[5]=[0,0,0,0,0];

C. int a[]={0,0,0,0,0};　　D. int a[5]={5 * 0};

分析：对数组初始化,将元素的初值依次放在一对花括号内,故 A、B 错。如果全部元素初值为 0,可以写成 int a[5]={0,0,0,0,0},而不能写成 inta[5]={5 * 0};故 D 错。

答案：C

8. 以下能对二维数组 a 进行正确初始化的语句是________。

A. int a[2][]={{1,0,1},{5,2,3}};

B. int a[][3]={{1,2,3},{4,5,6}};

C. int a[][3]={{1,0,1}{ },{1,1}};

D. int a[2][4]={1,2,3},{4,5},{6}};

分析：A 中 int a[2][]定义错误;C 中初始化的花括号中少一个逗号;D 中少一个花括号;B 中 a 数组由 2 行 3 列的数组元素组成,故正确。

答案：B

二、填空题

1. 在 C 语言中,一维数组的定义方式为：类型说明符　　数组名________

分析：本题考查一维数组的定义。注意,不能把数组的定义与数组元素的引用混为一谈。一维数组的定义为“类型名数组名[常量表达式];”,而引用数组元素时,数组元素的下标可以是整型表达式,二者要严格区别。

答案：[常量表达式]

2. 下面程序的运行结果是________。

```
char c[5]={'a', 'b', '\0', 'c', '\0'};
printf("%s",c);
```

分析：由于字符数组 c 的元素 c[2]中保存的是字符'\0'(串结束标记),因此将数组 c 作为字符串处理时,遇到字符'\0'输出就结束。

答案:ab

3. 阅读程序,写出执行结果________。

```
#include <stdio.h>
int main()
{   char str[30];
    scanf("%s",str);
    printf("%s",str);
    return 0;
}
```

运行程序,输入:

```
Fortran Language
```

分析:在 scanf()函数中,使用空格作为分隔符,如果输入含有空格的字符串,则不能使用 scanf()函数。

答案:Fortran

6.3　测　试　题

一、选择题

1. 设有数组定义"char array[]="China";",则数组 array 所占的空间为________。

A. 4 字节　　B. 5 字节　　C. 6 字节　　D. 7 字节

2. 以下程序的输出结果是________。

```
#include <stdio.h>
int main()
{   int x,a[]={1,2,3,4,5,6,7,8,9};
    int i,s=0;
    for(i=3;i<7;i=i+2) s=s+a[i];
    printf("%d\n",s);
}
```

A. 10　　B. 18　　C. 8　　D. 15

3. 当执行下面的程序时,如果输入 ABC<CR>(CR 代表回车符),则输出结果是________。

```
#include <stdio.h>
#include <string.h>
int main()
{   char ss[10];
    gets(ss);strcat(ss, "6789");printf("%s\n",ss);
}
```

A. ABC6789　　B. ABC67　　C. 12345ABC6　　D. ABC456789

4. 对以下说明语句理解正确的是________。

```
int a[10]={6,7,8,9,10};
```

A. 将5个初值依次赋给a[1]到a[5]

B. 将5个初值依次赋给a[0]到a[4]

C. 将5个初值依次赋给a[6]到a[10]

D. 因为数组大小与初值的个数应该一致,因此此语句不正确

5. 程序运行后的输出结果是________。

```
#include <stdio.h>
int main()
{   int a[10]={1,2,3,4,5,6,7,8,9,10},i,t,j;
    for(i=0;i<=9;i++)
    for(j=i+1;j<10;j++)
        if(a[i]<a[j]){t=a[i];a[i]=a[j];a[j]=t;}
    for(i=0;i<10;i++)
        printf("%d,",a[i]);
    printf("\n");
}
```

A. 1,2,3,4,5,6,7,8,9,10,　　B. 10,9,8,7,6,5,4,3,2,1,

C. 1,2,3,8,7,6,5,4,9,10　　D. 1,2,10,9,8,7,6,5,4,3

6. 以下程序的运行结果是________。

```
#include <stdio.h>
int main()
{   int a[10]={1,2,3,4,5,6,7,8,9,10},i,t;
    for(i=0;i<5;i++){t=a[i];a[i]=a[9-i];a[9-i]=t;}
    for(i=0;i<10;i++)
        printf("%d ",a[i]);
}
```

A. 1,2,3,4,5,6,7,8,9,10　　B. 2,3,4,5,6,7,8,9,10,1

C. 10,9,8,7,6,5,4,3,2,1　　D. 1,2,3,4,5,9,8,7,6,10

7. 若有定义“int a[][4]={0,0,0,0,0};”,则下面叙述不正确的是________。

A. 数组a的每个元素都可得到初值0

B. 二维数组a的第一维大小为2

C. 因为二维数组a中初值的个数不能被第二维大小的值整除,则第一维的大小等于所得商数1再加1,故数组a的行数为2

D. 只有前5个元素可得到初值0,其余元素均得不到初值0

8. 下列程序执行后的输出结果是________。

```
#include <string.h>
```

```
#include <stdio.h>
int main()
{   char arr[2][4];
    strcpy(arr[0],"you");strcpy(arr[1], "me" );
    arr[0][3]='&';
    printf("%s\n",arr);
}
```

A. you&me　　B. you　　C. me　　D. err

9. 判断字符串 s1 是否大于字符串 s2，应当使用________。

A. if(s1>s2)　　B. if(strcmp(s1,s2))

C. if(strcmp(s2,s1)>0)　　D. if(strcmp(s1,s2)>0)

10. 当运行以下程序时，从键盘输入“AhaMA[空格]Aha<回车符>”，则下面程序的运行结果是________。

```
#include <stdio.h>
int main()
{   char s[80],c='a';
    int i=0;
    scanf("%s",s);
    while(s[i]!= '\0')
    {   if(s[i]==c)s[i]=s[i]-32;
            else if(s[i]==c-32)s[i]=s[i]+32;
        i++;
    }
    puts(s);
}
```

A. ahAMa　　B. AhAMa　　C. AhAMa ahA　　D. ahAMa ahA

11. 下述对 C 语言字符数组的描述中错误的是________。

A. 字符数组可以存放字符串

B. 对数组中的字符串可以整体输入输出

C. 在赋值语句中可以通过赋值运算符“=”对字符数组进行整体赋值

D. 不可以用关系运算符对字符串进行比较

12. 有以下程序：

```
#include "stdio.h"
int main()
{   int a[5]={4,0,2,3,1},i,j,t;
    for(i=1;i<5;i++)
    {   t=a[i];j=i-1;
        while(j>=0&&t>a[j])
            {a[j+1]=a[j];j--;}
        a[j+1]=t;
    }
    for(i=0;i<5;i++)
        printf("%4d",a[i]);
```

```
    printf("\n");
}
```

该程序的功能是________。

A. 对数字 a 进行插入排序(升序)　　B. 对数组 a 进行插入排序(降序)

C. 对数组 a 进行选择排序(升序)　　D. 对数组 a 进行选择排序(降序)

13. 下面描述正确的是________。

A. 两个字符串所包含的字符个数相同时,才能比较字符串

B. 字符个数多的字符串比字符个数少的字符串大

C. 字符串"STOP"与"stop"相等

D. 字符串"That"小于字符串"The"

14. 有下面程序(每行前面的数字表示行号),则________。

```
#1 #include "stdio.h"
#2 {int a[3]={0},i;
#3  for(i=0;i<3;i++)scanf("%d",&a[i]);
#4  for(i=0;i<4;i++)a[0]=a[0]+a[i];
#5  printf("%d\n",a[0]); }
```

A. 没有错误　　B. 第 3 行有错误　　C. 第 4 行有错误　　D. 第 5 行有错误

15. 下面程序的功能是从键盘输入一行字符,统计其中有多少个单词,单词之间用空格分隔。请选择填空。

```
#include <stdio.h>
int main()
{   char s[80],c1,c2;
    int i=0,num=0;
    gets(s);
    while(s[i]!='\0')
    {   c1=s[i];
        if(i==0)c2=' ';
            else c2=s[i-1];
        if(_______)num++;
        i++;
    }
    printf("%d\n",num);
}
```

A. c1!=' '&&c2==' '　　B. c1==' '&&c2==' '

C. c1!=' '&&c2!=' '　　D. c1==' '&&c2!=' '

16. 下面程序的功能是将字符串 s 中的所有字符'c'删除。请选择填空。

```
#include <stdio.h>
int main()
{   char s[80];
    int i,j;
    gets(s);
```

```
    for(i=j=0;s[i]!='\0';i++)
        if(s[i]!= 'c')________;
    s[j]= '\0';
    puts(s);
}
```

A. s[j++]=s[i]　　　　B. s[++j]=s[i]

C. s[j]=s[i];j++　　　　D. s[j]=s[i]

二、填空题

1. 在C语言中,二维数组元素在内存中的存放顺序是________。

2. 若有定义“double x[3][5];”,则x数组中行下标的下限为【1】,列下标的上限为【2】。

3. 若有定义“int a[3][4]={{1,2},{0},{4,6,8,10}};”,则初始化后,a[1][2]得到的初值是【1】,a[2][1]得到的初值是【2】。

4. 下面程序将二维数组a的行和列元素互换(矩阵转置)后存到另一个二维数组b中。请填空。

```
#include <stdio.h>
int main()
{   int a[2][3]={{1,2,3},{4,5,6}};
    int b[3][2],i,j;
    for(i=0;i<=1;i++)
    {   for(j=0;【1】;j++)
        {   printf("%5d",a[i][j]);
            ____【2】____;}
        printf("\n");}
    }
    printf("arrayb:\n");
    for(i=0;【3】;i++)
    {   for(j=0;j<=1;j++)
        printf("%5d",b[i][j]);
        printf("\n");}
}
```

5. 下面程序用“快速顺序查找法”查找数组a中是否存在某个数。请填空。

```
#include <stdio.h>
int main()
{   int a[5]={25,57,34,56,12};
    int i,x;
    scanf("%d",&x);
    for(i=0;i<5;i++)
    if(x==a[i])
    {   printf("Found! \n");【1】;}
    if(【2】)printf("Can not found! ");
}
```

6. 下面程序用插入法对数组a中的数据进行降序排序,请补齐其中的空白处。

```
#include <stdio.h>
int main()
{   int a[5]={4,7,2,5,1};
    int i,j,m;
    for(i=1;i<5;i++)
    {   m=a[i];j=【1】;
        while(j>=0&&m>a[j])
        { 【2】;j--;}
    【3】=m;
    }
    for(i=0;i<5;i++)
    printf("%d",a[i]);
    printf("\n");
}
```

7. 程序用“两路合并法”把两个已按升序排列的数组合并成一个升序数组。请填空。

```
#include <stdio.h>
int main()
{   int a[3]={5,9,19};
    int b[5]={12,24,26,34,56};
    int c[8],i=0,j=0,k=0;
    while(i<3&&j<5)
        if(【1】)
        {    c[k]=b[j];k++;j++;}
        else
        {    c[k]=a[i];k++;i++;}
        while(【2】)
        {    c[k]=a[i];i++;k++;}
        while(【3】)
        {    c[k]=b[j];k++;j++;}
        for(i=0;i<k;i++)
        printf("%3d",c[i]);
}
```

8. 若有以下输入：(1_2_3_4_5_6<CR>，_代表空格符，<CR>代表回车符)，则下面程序的运行结果是________。

```
#include <stdio.h>
int main()
{   int a[6],i,j,k,m;
    for(i=0;i<6;i++)
    scanf("%d",&a[i]);
    for(i=5;i>=0;i--)
    {   k=a[5];
        for(j=4;j>=0;j--)
            a[j+1]=a[j];
        a[0]=k;
        for(m=0;m<6;m++)
            printf("%d ",a[m]);
```

```
        printf("\n");
    }
}
```

9. 下面程序段的运行结果是________。

```
char ch[]="600";
int a,s=0;
for(a=0;ch[a]>='0'&&ch[a]<='9';a++)
    s=10*s+ch[a]-'0';
printf("%d",s);
```

10. 下面程序的功能是在一个字符数组中查找一个指定的字符,若数组含有该字符则输出该字符在数组中第一次出现的位置(下标值);否则输出-1。请填空。

```
#include <stdio.h>
#include <string.h>
int main()
{   char c='a',t[5];
    int n,k,j;
    gets(t);
    n=【1】;
    for(k=0;k<n;k++)
        if(【2】){j=k;break;}
            else j=-1;
    printf("%d",j);
}
```

11. 下面程序的功能是在3个字符串中找出最小的。请填空。

```
#include <stdio.h>
#include <string.h>
int main()
{   char s[20],str[3][20];
    int i;
    for(i=0;i<3;i++)gets(str[i]);
        strcpy(s,【1】);
    if(strcom(str[1],s)<0)【2】;
    if(strcom(str[2],s)<0)strcpy(s,str[2]);
    printf("%s\n",【3】);
}
```

三、编程题

1. 求Fibonacci数列的前20项(数列的前两项分别是1,从第3项开始每一项都是前两项的和。如1,1,2,3,5,8,…)。

2. 用3种方法对10个数按由小到大的顺序排序。

3. 找出100以内的所有素数,存放在一维数组中,并将所找到的素数按每行10个的形式输出。

4. 设有一个二维数组 a[5][5]，试编程计算：

(1) 所有元素的和。

(2) 所有靠边元素之和。

(3) 两条对角线元素之和。

5. 按金字塔形状打印杨辉三角形。

```
        1
      1   1
    1   2   1
  1   3   3   1
1   4   6   4   1
```

6. 有一个4行5列的矩阵，求出矩阵的行的和为最大与最小的行，并调换这两行的位置。

7. 求一个 n×n 阶的矩阵 A 的转置矩阵 B(一个矩阵的对应的行列互换后即为该矩阵的转置矩阵)。

8. 输入一行字符串，统计其中有多少个单词，单词之间用空格分隔开。

9. 找出一个二维数组中的马鞍点(即该位置上的数在该行最大，在该列最小)，也可能没有马鞍点。

10. 有10个数，按由大到小的顺序存放在一个数组中，输入一个数，要求用折半查找法找出该数是数组中的第几个数。如果该数不在数组中，则打印出“无此数”。

11. 有3行英文，每行有60个字符。要求分别统计出其中英文大写字母、英文小写字母、数字、空格和其他字符的个数。

12. 编程打印 N(N 为奇数)阶魔方阵。

魔方阵是有 $1 \sim N^2$ 个自然数组成的奇次方阵，方阵的每一行、每一列及两条对角线上的元素和相等。魔方阵的编排规律如下：

(1) 1放在最后一行的中间位置。即 I=N,J=(N+1)/2,A(I,J)=1。

(2) 若 I+1>N，且 J+1≤N，则下一个数放在第一行的下一列位置。

(3) 若 I+1≤N，且 J+1>N，则下一个数放在下一行的第一列位置。

(4) 若 I+1>N，且 J+1>N，则下一个数放在前一个数的上方位置。

(5) 若 I+1≤N,J+1≤N，但右下方位置已存放数据，则下一个数放在前一个数的上方。

(6) 重复步骤(1)，直到 N^2 个数都放入方阵中。

下面图6-1是一个3阶魔方阵的示例：

4	9	2
3	5	7
8	1	6

图6-1　3阶魔方阵

13. 编写一个程序，将两个字符串连接起来，不要用 strcat()函数。

14. 编写一个程序，将字符数组 s2 中的全部字符复制到字符数组 s1 中。不用 strcpy()函数。复制时，'\0'后面的字符不复制。

15. 输入10个字符串，编写程序将其按字典顺序输出。

6.4 实验案例

1. 求最大值和最小值

1）实验要求

编写程序，输入 10 个数，找出其中的最大值和最小值。

2）算法分析

设变量 max1 和 min1 分别存放最大值和最小值。首先将 10 个数存放在 a 数组中，将 a[0]分别赋给 max1 和 min1，然后将 a[1]～a[9]的值依次与 max1 和 min1 进行比较，如果发现某个元素大于 max1，将其赋给 max1；如果发现某个元素小于 min1，将其赋给 min1。全部比较结束后，max1 和 min1 的数值就是这 10 个数中的最大值和最小值，算法如图 6-2 所示。

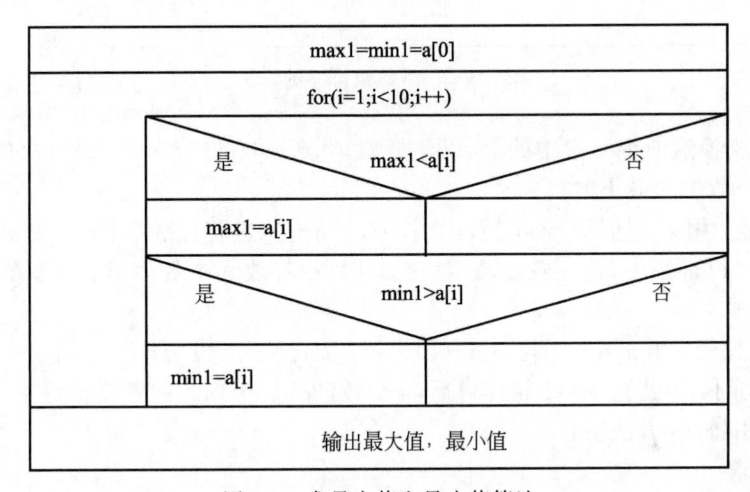

图 6-2 求最大值和最小值算法

2. 一维数组排序（方法一）

1）实验要求

编写程序，用起泡法将 10 个数按从小到大的顺序排序。

2）算法分析

将相邻的两个数进行比较，将小的调到前面。如果有 n 个数，则要进行 n－1 轮比较。在第 1 轮比较中要进行 n－1 次相邻的两个数的比较，将最大的数调到最后位置。在第 2 轮比较中要进行 n－2 次比较，最后一个数不参加比较，比较范围从第 1 个数开始到第 n－1 个数结束。比较结果是第 2 大的数调到倒数第 2 个位置，以此类推，比较范围缩小到只有 1 个数时停止比较，即得到排序结果。可以用两重嵌套的 for 循环实现，外层循环控制比较的轮数，内层循环控制每一轮中比较的次数。注意，每轮比较的次数是依次递减的，算法如图 6-3 所示。

3. 一维数组排序（方法二）

1）实验要求

编写程序，用顺序法将 10 个数按从小到大的顺序排序。

2）算法分析

设在数组 a 中存放 n 个无序的数，要将这 n 个数按升序重新排列。第一轮比较：用 a[0]和 a[1]进行比较，若 a[0]＞a[1]，则交换这两个元素中的值，然后继续用 a[0]和 a[2]比较，若

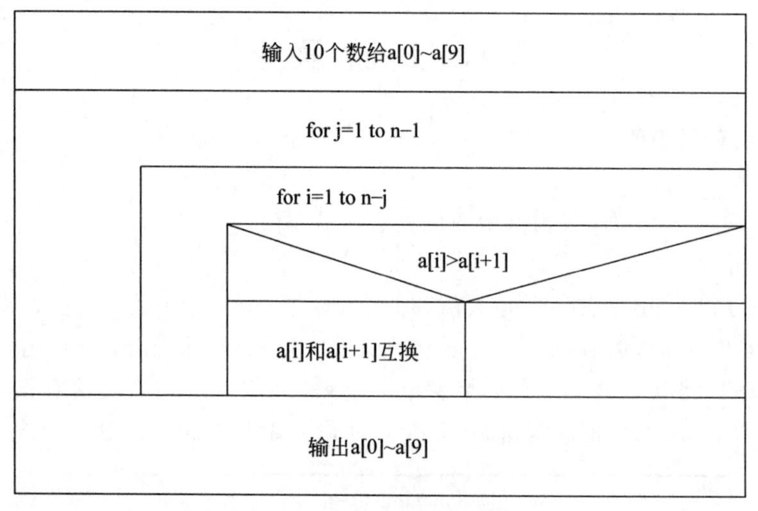

图 6-3　一维数组排序的算法

a[0]>a[2]，则交换这两个元素中的值，以此类推，直到 a[0]与 a[n−1]进行比较处理后，a[0]中就存放了 n 个数中的最小数。

第二轮比较：用 a[1]依次与 a[2]，a[3]，…，a[n−1]进行比较，处理方法相同，每次比较总是取小的数放到 a[1]中，这一轮比较结束后，a[1]中存放 n 个数中第 2 小的数。

…

第 n−1 轮比较：用 a[n−2]与 a[n−1]比较，取小者放到 a[n−2]中，a[n−1]中的数则是 n 个数中的最大的数。经过 n−1 轮比较后，n 个数已按从小到大的顺序排好了。

4. 一维数组排序(方法三)

1) 实验要求

编写程序，用插入法将 10 个数按从小到大的顺序排序。

2) 算法分析

设数组 a 存放了 10 个数据，首先将 a[1]作为一个已排好序的子数列，然后依次将 a[2]，a[3]，a[4]，…，a[10]插入已排好序的子数列中。插入元素 a[i]的步骤如下：

(1) 将 a[i]的值保存到变量 t 中。

(2) 寻找 a[i]的插入位置 k，若 a[i]<a[1]，则插入位置 k 为 1，否则将 a[i]依次与 a[1]，a[2]，a[3]，…，a[j]，…，a[i−2]，a[i−1]进行比较，若 a[i]>a[j]，则插入位置 k 为 j+1。

(3) 为 a[i]腾出位置，依次将 a[k]，a[k+1]，…，a[i−2]，a[i−1]后移一个位置，即 a[i−1]→a[i]，a[i−2] →a[i−1]，…，a[k+1] →a[k+2]，a[k] →a[k+1]。

(4) 将变量 t 的值送到 a[k]中。

5. 查找素数

1) 实验要求

编写程序，找出 100 以内的所有素数，存放在一维数组中，并将所找到的素数按每行 10 个数的形式输出。

2) 算法分析

因为 2 以外的素数都是奇数，所以只需对 100 以内的每个奇数进行判断即可。本程序可以采用一个双重循环结构，通过外循环的控制变量 i 每次向内循环提供一个 100 以内的奇数，让内循环进行判断。根据素数的定义，内循环的控制变量 k 的初值为 2，终值为外循环的控制变量 i

的平方根，步长为1；在内循环中判断i能否被k整除，如果能整除，则表明i不是素数，就用break语句强制退出内层循环。如果内层循环正常结束，则说明除了1和i本身外没有其他数能整除i，i是一个素数。利用循环正常结束时，循环控制变量的值总是超出循环终值的特性，在内循环的外面判断循环的控制变量k是否大于内循环的终值，从而就能确定i的值是否为素数。

6. 报数问题

1）实验要求

编写程序，给10名学生编号1～10，按顺序围成一圈，1～3报数，凡报到3者出列，然后继续，直到所有学生都出列，按顺序输出出列学生的编号。

2）算法分析

定义一个学生编号的数组NO，下标从1到10，其中下标1对应编号为1的学生，下标2对应编号为2的学生，……，下标10对应编号为10的学生。将数组中所有元素的值初始化为1，如果某学生出列，则对应下标的元素值赋为0。

报数的过程即为将对应数组元素相加的过程，每当和为3时，就将该元素的值置为0，同时将圈中学生的总数减1，直到圈中无学生为止。

7. 求二维数组元素的和

1）实验要求

设有一个5×5的二维数组，编写程序，求：

(1) 所有元素的和。

(2) 主对角线元素之和。

(3) 副对角线元素之和。

(4) 所有靠边元素之和。

2）算法分析

用一个双重循环，外层循环控制变量i和内层循环控制变量j分别作为数组元素的行下标和列下标，在内层循环中用if语句判断，当i等于j时，a[i][j]表示的是主对角线上的元素；当i+j等于4时，a[i][j]表示的是副对角线上的元素。

8. 矩阵转置

1）实验要求

编写程序，将一个3×4的二维数组a的行和列元素互换；互换后仍存放在a数组中。

2）算法分析

用二重for循环的循环控制变量作为数组的行下标和列下标，外层循环控制变量i从0到2，内层循环控制变量j从0到i(注意，不是3)，在内层循环中将数组元素a[i][j]和a[j][i]的值交换，当循环结束时，矩阵转置成功。

思考：

(1) 内层循环变量(即列下标j)为什么不是从0到3?

(2) 内层循环变量(即列下标j)从i到3可以吗?

9. 求二维数组中的最大值和最小值

1）实验要求

有一个4×4的方阵，编写程序，求出其中的最大值和最小值，以及它们的行号和列号(即位置)。

2）算法分析

略。

第7章

函　　数

7.1 知识要点

7.1.1 函数的概念

一个C程序可由一个主函数和若干其他函数构成,并且只能有一个主函数。由主函数调用其他函数,其他函数也可以互相调用。同一个函数可以被一个或多个函数调用多次。

C程序的执行总是从main()函数开始。调用其他函数完毕后,程序流程回到main()函数,继续执行主函数中的其他语句,直到main()函数结束,则整个程序运行结束。

所有函数都是平行的,即在函数定义时它们是互相独立的,函数之间并不存在从属关系。也就是说,函数不能嵌套定义,函数之间可以互相调用,但不允许调用main()函数。

7.1.2 函数的种类

根据函数的定义方式不同,可将函数分为以下两类:

(1) 标准函数,即库函数。该类函数由系统提供,可直接使用。

(2) 自定义函数。该类函数由用户根据需要编写。

7.1.3 函数定义的一般形式

C语言中函数定义的一般形式如下:

```
函数返回值的类型名 函数名(类型名 形式参数 1,类型名 形式参数 2,…)
{声明部分
  语句
  ...
}
```

1. 形式参数和实际参数

在定义函数时,函数名后面括号中的变量称为“形式参数”(简称“形参”);在主调函数中,函数名后面括号中的参数(可以是表达式)称为“实际参数”(简称“实参”)。

2. 函数返回值

函数的返回值就是通过函数调用使主调函数能得到一个确定的值。通过return语句返回函数的值。return语句有以下3种形式:

- return 表达式;
- return(表达式);

• return;

说明：return 语句中的表达式的值就是所求的函数值。此表达式值的类型必须与函数首部所说明的类型一致。若类型不一致，则以函数值的类型为准，由系统自动转换。

7.1.4　函数的调用

函数调用的一般形式为：

```
函数名(实参列表);
```

说明：

(1) 调用可分为无参函数调用和有参函数调用两种。如果调用无参函数，则不用“实参列表”，但括号不能省略。在调用有参函数时，实参列表中的参数个数、类型、顺序要与形参保持一致。

(2) 把函数调用作为一个语句，这时该函数只需完成一定的操作而不必有返回值。

(3) 若函数调用出现在一个表达式中，参与表达式的计算，则要求该函数有一个确定的返回值。

(4) 函数调用可作为另外一个函数的实参出现。

7.1.5　C 语言中数据传递的方式

C 语言中数据传递的方式如下：

(1) 实参与形参之间进行数据传递。

(2) 通过 return 语句把函数值返回到主调函数中。

(3) 通过全局变量进行数据传递。

7.1.6　函数的嵌套调用和递归调用

1. 函数的嵌套调用

C 语言的函数定义都是独立的，不允许嵌套定义函数，即一个函数内不能定义另一个函数。但可以嵌套调用函数，即在调用一个函数的过程中，又调用另一个函数。

2. 函数的递归调用

在调用一个函数的过程中又直接或间接地调用该函数本身，称为函数的递归调用。

当一个问题在采用递归法解决时，必须符合以下两个条件：

(1) 可以把要解决的问题转换为一个新的问题，这个新问题的解决方法与原来的解决方法相同，只是所处理的对象有规律地递增或递减；

(2) 必须有一个明确的结束递归的条件。

7.1.7　全局变量和局部变量

1. 全局变量

在函数之外定义的变量称为全局变量，也称外部变量。全局变量可以为本文件中其他函数所共用，它的有效范围从定义处开始到本文件结束。

2. 局部变量

在一个函数内部定义的变量，它们只在本函数范围内有效，即只能在本函数内部才能使用它们,其他函数不能使用这些变量。不同函数中可以使用相同名字的局部变量,但它们代表不同的对象,在内存中占不同的单元,互不干扰。

说明:如果在同一个程序中,全局变量与局部变量同名,则在局部变量的作用范围内,全局变量被“屏蔽”,即它不起作用,局部变量起作用。

7.1.8 变量的存储类别

变量的存储类别如下。

(1) 静态存储:在程序运行期间分配固定的存储空间。

(2) 动态存储:在程序运行期间根据需要动态分配存储空间。

变量的种类有自动(auto)、静态(static)、寄存器(register)和外部(extern)。其中,自动和寄存器变量的值存放在动态存储区,静态变量和外部变量的值存放在静态存储区。

7.1.9 内部函数和外部函数

1. 内部函数

内部函数是只能被文件中的其他函数所调用的函数。在定义内部函数时,在函数名和函数类型前加 static。其一般形式为:

```
static 类型标识符 函数名(形参表)
```

内部函数只局限于所在文件。

2. 外部函数

在定义函数时,如果在函数名和函数类型前加 extern,则表示此函数是外部函数,可供其他文件的函数使用。其一般形式为:

```
extern 类型标识符 函数名(形参表)
```

C语言规定,如果在定义函数时省略 extern,则默认为外部函数。

7.2 例题分析与解答

一、选择题

1. 以下叙述中正确的是________。

A. C语言程序总是从第一个定义的函数开始执行

B. 在C语言程序中,要调用的函数必须在 main()函数中定义

C. C语言程序总是从 main()函数开始执行的

D. C语言程序中的 main()函数必须放在程序的开始部分

分析:一个C语言程序总是由许多函数组成,main()函数可以放在程序的任何位置。C语言规定,不能在一个函数内部定义另一个函数。无论源程序包含了多少函数,C程序总是从 main()函数开始执行的。对于用户定义的函数,必须遵循先定义后使用的原则。

答案:C

2. 以下函数

```
fun(float x)
{   printf("%d\n",x * x);
}
```

的类型是________。

A. 与参数 x 的类型相同　　B. float 类型

C. int 类型　　D. 无法确定

分析：若函数名的类型没有说明，C 语言默认函数返回值的类型为 int 类型，函数返回值的类型应为 int 类型，因此本题的答案是 C。

答案：C

3. 以下程序的输出结果是________。

```
#include <stdio.h>
fun(int a,int b,int c)
{    c=a * b;   }
int  main()
{   int c;
    fun(2,3,c);
    printf("%d\n",c);
}
```

A. 0　　B. 1　　C. 6　　D. 无定值

分析：函数 fun()中没有 return 语句，因此不返回函数值。在 main()函数中，变量 c 没有赋值；在调用 fun()函数时，c 是第三个实参，但调用时，它没有值传给形参 c。虽然形参 c 被赋值为 6，但形参值不能传给实参，因此在函数调用结束、返回主函数后，主函数中的 c 仍然无确定的值。

答案：D

4. 有如下程序：

```
#include "stdio.h"
int max(int x, int y)
{   int z;
    if(x>y) z=x;
        else z=y;
    return z;}
int main()
{   int a=3,b=5;
    printf("max=%d\n",max(a,b));
}
```

运行结果为________。

A. max=3　　B. max=4　　C. max=5　　D. max=6

分析：C 语言规定函数调用形式可以是函数语句、函数表达式和函数参数。本题目中函数调用形式为函数参数，根据题意得到运行结果 max=5。

答案：C

5. 以下程序的运行结果为________。

```
#include <stdio.h>
f(int a)
{   auto int b=0;
    static c=3;
    b=b+1;c=c+1;
    return(a+b+c);
}
int  main()
{   int a=2,i;
    for(i=0;i<3;i++)
        printf("%d",f(a));
}
```

A. 678　　B. 789　　C. 567　　D. 无输出结果

分析：本程序中，f()函数内的 b 为局部变量，c 为静态变量，第一次调用开始时 b＝0，c＝3，在函数执行中 c＝c＋1，c 变成 4。第二次调用时，c 保持上次调用结束时的值 4，在执行完 c＝c＋1 后，c 的值为 5，b 重新赋值为 0，以此类推。

答案：B

6. 以下程序的运行结果是________。

```
#include  <stdio.h>
func(int a, int b)
{   int temp=a;
    a=b;
    b=temp;
}
int  main()
{   int x,y;
    x=10;  y=20;
    func(x,y);
    printf("%d,%d\n",x,y);
}
```

A. 10，20　　B. 10，10　　C. 20，10　　D. 20，20

分析：这里是传值调用，不会改变实参的值。

答案：A

7. 以下程序的运行结果是________。

```
#include <stdio.h>
int func(int n)
{   if(n==1)return 1;
        else    return(n*func(n-1));
}
int  main()
{   int x;
    x=func(3);
```

```
    printf("%d\n",x);
}
```

A. 5　　B. 6　　C. 7　　D. 8

分析：func()是递归函数，func(3)=3 * func(2)=3 * 2 * func(1)=3 * 2 * 1=6。

答案：B

8. 以下只有在使用时才为该类型变量分配内存的存储单元说明是________。

A. auto 和 static　　B. auto 和 register

C. register 和 static　　D. extern 和 register

分析：auto 和 register 属于动态存储分配，在程序执行时分配内存单元，程序结束时释放存储单元，extern 和 static 是静态存储分配，在程序执行之前就进行内存单元的分配。

答案：B

9. 以下正确的说法是________。

A. 用户若需调用标准库函数，则调用前必须重新定义

B. 用户可以重新定义标准库函数，若如此，则该标准库函数将失去原有含义

C. 系统不允许用户重新定义标准库函数

D. 用户若需调用标准库函数，则调用前不必使用预编译命令将该函数所在文件包括到用户源文件中，系统会自动去调用

分析：标准库函数调用前不需要重新定义，A 错；但要用 # include 命令将函数所在的文件包含在源文件中，D 错；用户可以重新定义标准库函数，原函数失去意义，B 正确。

答案：B

10. 若有以下程序：

```
#include "stdio.h"
int  main()
{   int f(int n);
    f(5);
}
int f(int n)
{   printf("%d\n",n);}
```

则以下叙述中不正确的是________。

A. 若只在主函数中对函数 f 进行声明，则只能在主函数中正确调用函数 f

B. 如果被调用函数的定义出现在主调函数之前，则可以不必加声明

C. 对于以上程序，编译时系统会提示出错信息，提示对 f 函数重复声明

D. 函数 f 无返回值，所以可用 void 将其类型定义为空类型

分析：选项 A 正确，因为若子函数定义出现在后面，之前调用此函数时，需提前声明，选项 B 也正确；原理同选项 A，选项 C 不正确，编译时不会产生函数重复声明的出错信息，根据 C 语言的规定，其后定义的函数，之前若要使用，需要提前使用函数声明语句声明；选项 D 正确，C 语言规定，若函数无返回值，可以将函数类型定义为空类型 void。

答案：C

11. 下列程序执行后的输出结果是________。

```
#include  <stdio.h>
char st[]="hello"
int fun1(int i)
{   int fun2(int i);
    printf("%c",st[i]);
    if(i<3)
    { i=i+2;fun2(i);}
}
int fun2(int i)
{   printf("%c",st[i]);
    if(i<3)
    {i=i+2;fun1(i);}
}
int  main()
{   fun1(0);printf("\n");}
```

A. hello　　B. hel　　C. hlo　　D. hlrn

分析：本题函数调用属于间接递归，主函数中调用 fun1(0)，输出字符 h，之后调用 fun2(2)，输出字符 l，然后再次调用 fun1(4)，输出字符 o，此时递归结束条件满足，结束递归执行。

答案：C

12. 以下程序的输出结果是________。

```
#include <stdio.h>
int fun(int a[])
{   a[0]=100;
    a[4]=200;
}
int  main()
{   int a[5]={1,2,3,4,5},i;
    fun(a);
    for(i=0;i<5;i++)
        printf("%d ",a[i]);
}
```

A. 100 2 3 4 200　　B. 1 2 3 4 5　　C. 100 2 3 4 5　　D. 1 2 3 4 200

分析：数组名作参数，传地址，即形参数组和实参数组共用同一个存储单元，因此，形参数组中 a[0]和 a[4]的值修改为 100 和 200，实参数组中 a[0]和 a[4]的值也改为 100 和 200。

答案：A

二、填空题

1. 以下函数用以求 x 的 y 次方，请填空。

```
double fun(double x,int y)
{   int i;
    double z=1.0;
    for(i=1;i【1】;i++)
        z=【2】;
```

```
    return z;
}
```

分析：求x的y次方就是把y个x连乘。z的初值为1,在for循环体中z=z*x执行y次。因此,在【1】处填<=y,在【2】处填z*x(或x*z)。遇到累加或累乘问题时,很重要的任务就是确定累加或累乘项的表达式,并确定累加或累乘的条件。

答案：【1】<=y　【2】z*x

2. 阅读以下程序并填空,该程序是求阶乘的累加和。

```
s=0!+1!+2!+…+n!
#include <stdio.h>
long f(intn)
{   int i;
    long s;
    s= 【1】;
    for(i=1;i<=n;i++)
            s=【2】;
    return s;
}
int main()
{   long  s;
    int  k,n;
    scanf("%d",&n);
    s=【3】;
    for(k=0;k<=n;k++)
        s=s+ 【4】;
    printf("%ld\n",s);
}
```

分析：本题要求进行累加计算,但每一个累加项是一个阶乘值。函数f()用于求阶乘值n!(n为形参)。求得阶乘的值存于变量s中,因此s的初值应为1,【1】空处填1。连乘的算法可用表达式s=s*i(i从1变化到n)表示,因此【2】空处填s*i。累加运算是在主函数中完成的,累加的值放在主函数的s变量中,因此s的初值应为0,在【3】空处填0。累加放在for循环中,循环控制变量k的值确定了n的值,调用一次f()函数可求出一个阶乘的值,所以在【4】空处填f(k)(k从0变化到n)。在进行累加及连乘时,存放乘积或累加和的变量必须赋初值;求阶乘时,存放乘积的变量的初值不能是0。

答案：【1】1　【2】s*i　【3】0　【4】f(k)

7.3　测　试　题

一、选择题

1. C语言允许函数值类型缺省定义,此时该函数值隐含的类型是________型。

　A. float　　B. int　　C. long　　D. double

2. 若调用一个函数,且此函数中没有return语句,则正确的说法是________。

　A. 该函数没有返回值　　B. 该函数返回若干系统默认值

C. 该函数返回一个用户所希望的函数值 D. 该函数返回一个不确定的值

3. C语言中函数返回值的类型由________决定。

A. return语句中的表达式类型 B. 调用函数的主调函数类型

C. 调用函数时的临时类型 D. 定义函数时所指定的函数类型

4. C语言规定，简单变量做实参时，它和对应形参之间的数据传递方式是________。

A. 地址传递 B. 由实参传给形参，再由形参传回给实参

C. 单向值传递 D. 由用户指定传递方式

5. 以下错误的描述是________。

A. 函数调用可以出现在执行语句中 B. 函数调用可以出现在一个表达式中

C. 函数调用可以作为一个函数的实参 D. 函数调用可以作为一个函数的形参

6. 以下正确的描述是________。

A. C语言程序中，函数的定义可以嵌套，但函数的调用不可以嵌套

B. C语言程序中，函数的定义不可以嵌套，但函数的调用可以嵌套

C. C语言程序中，函数的定义和函数的调用均不可以嵌套

D. C语言程序中，函数的定义和函数的调用均可以嵌套

7. 若用数组名作为函数调用的实参，传递给形参的是________。

A. 数组的首地址 B. 数组第一个元素的值

C. 数组中全部元素的值 D. 数组元素的个数

8. 以下函数值的类型是________。

```
fff(intx)
{   float y;
    y=90+x;
    return  y;
}
```

A. int B. 不确定 C. int D. float

9. 以下不正确的说法是(   )。

A. 在不同函数中可以使用相同名字的变量

B. 在同一函数中不能使用相同名字的变量

C. 在自定义函数中可以多次出现return语句

D. 形参变量和实参变量不能同名

10. 以下程序的输出结果是________。

```
#include  <stdio.h>
int  main()
{   int  i;
    for(i=1;i<=3;i++)
        printf("%d",fun(i));
}
fun(int j)
{   static int x=1;
    x=x+j;
    return x;
```

```
}
```

A. 234　　B. 247　　C. 222　　D. 22 3

11. 函数调用 strcat(strcpy(str1,str2),str3)的功能是________。

A. 将字符串 str1 复制到字符串 str2 中后再连接到字符串 str3 之后

B. 将字符串 str1 连接到字符串 str2 之后再复制到字符串 str3 之后

C. 将字符串 str2 复制到字符串 str1 中后再将字符串 str3 连接到字符串 str1 之后

D. 将字符串 str2 连接到字符串 str1 之后再将字符串 str1 复制到字符串 str3 中

12. 以下正确的函数形式是________。

A. double　fun(int x,int y)
{z=x+y; return z;}

B. fun(int x,y)
{int z;return z;}

C. fun(x,y)
{int x,y; double z;
z=x+y;return z;}

D. double fun(int x,int y)
{double z;
z=x+y;　return z; }

13. 在C语言中,以下不正确的说法是________。

A. 实参可以是常量、变量或表达式　　B. 形参可以是常量、变量或表达式

C. 实参可以为任意类型　　D. 形参应与其对应的实参类型一致

14. 以下正确的说法是________。

A. 定义函数时,形参的类型声明可以放在函数体内

B. return 返回的值不能为表达式

C. 如果函数值的类型与返回值类型不一致,以函数值类型为准

D. 如果形参与实参的类型不一致,以实参类型为准

15. 有以下数组定义“int a[3][4];”和 f()函数调用语句“f(a);”,则在 f()函数的说明中,对形参数组 array 的错误定义方式为________。

A. f(int array[][6])　　B. f(int array[3][])

C. f(int array[][4])　　D. f(int array[2][5])

16. 如果在一个函数中的复合语句中定义了一个变量,则以下正确的说法是________。

A. 该变量只在该复合语句中有效

B. 该变量在该函数中有效

C. 该变量在本程序范围内有效

D. 该变量为非法变量

17. 折半查找法的思路是:先确定待查元素的范围,将其分成两半,然后测试位于中间点元素的值。如果该查找元素的值大于中间点元素的值,就缩小查找范围,只查找中间点之后的元素;反之,测试中间点之前的元素,测试方法相同。函数 fun()的作用是应用折半查找法从含 10 个数的 a 数组中对数据 m 进行查找,若找到,返回其下标值;反之,返回－1。请选择填空。

```
fun(int a[10],int m)
{   int low=0,high=9,mid;
    while(low<=high)
    {   mid=(low+high)/2;
```

```
        if(m<a[mid])【1】;
        else if(m>a[mid])【2】;
                else return mid;
    }
return(-1);  }
```

【1】A. high=mid-1　B. low=mid+1　C. high=mid+1　D. low=mid-1

【2】A. high=mid-1　B. low=mid+1　C. high=mid+1　D. low=mid-1

18. 以下程序的正确运行结果是________。

```
#include <stdio.h>
int num()
{   extern  int  x,y;
    int a=15,b=10;
    x=a-b;
    y=a+b;
}
int x,y;
int  main()
{   int a=7,b=5;
    x=a+b;
    y=a-b;
    num();
    printf("%d,%d\n",x,y);
}
```

A. 12,2　B. 不确定　C. 5,25　D. 1,12

19. C语言中形参的默认存储类别是________。

A. 自动(auto)　B. 静态(static)

C. 寄存器(register)　D. 外部(extern)

20. 关于全局变量的有效范围,下列说法正确的是________。

A. 本程序的全部范围

B. 离定义该变量的位置最接近的函数

C. 函数内部范围

D. 从定义该变量的位置开始到本文件结束

21. 下述程序输出的结果是________。

```
fun(int a,int b,int c)
    {c=a*a+b*b;}
int main()
{   int x=22;
    fun(4,2,x);
    printf("%d",x);
}
```

A. 20　B. 21　C. 22　D. 23

22. 下述程序输出的结果是________。

```
#include <stdio.h>
int s=13;
int fun(int x,int y)
{   int s=3;
    return(x*y-s);
}
int main()
{   int m=7,n=5;
    printf("%d\n",fun(m,n)/s);
}
```

A. 1　　　　B. 2　　　　C. 7　　　　D. 10

23. 下述程序输出的结果是________。

```
#include <stdio.h>
int fun(int n)
{   static int s[3]={1,2,3};
    int i;
    for(i=0;i<3;i++)
        s[i]=s[i]-n;
    for(i=0;i<3;i++)
        printf("%d  ",s[i]);
    printf("\n");
}
int main()
{ fun(1);
  fun(1);
}
```

A. 0　1　2
　 −1　0　1　　　B. 0,1,2
　 −1,0,1　　　C. 1,2,3
　 0,4,8　　　D. 1　3　5
　 1　3　7

24. 以下程序的输出结果是________。

```
#include <stdio.h>
#include <string.h>
char cchar(char ch)
{   if(ch>='A'&&ch=<'Z')
    ch=ch-'A'+'a';
    return ch;
}
int main()
{   int k=0;
    char s[]="ABCDEF";
    for(k=0;k<strlen(s);k++)
        s[k]=cchar(s[k]);
    printf("%s\n",s);
}
```

A. abcDEF　　　　B. abcdefdef　　　　C. abcABCDEF　　　　D. abcdef

二、填空题

1. C语言规定，可执行程序的开始执行点是________。

2. 在C语言中，一个函数一般由两部分组成，它们是【1】和【2】。

3. 凡是函数中未指定存储类别的局部变量，其隐含的存储类别为________。

4. 以下程序的功能是计算函数F(x,y,z)=(x+y)/(x−y)+(z+y)/(z−y)的值。请填空。

```
#include <stdio.h>
int main()
{   float  x,y,z,sum;
    float  f(float a,float b);
    scanf("%f%f%f",&x,&y,&z);
    sum=f(【1】)+f(【2】);
    printf("sum=%f\n",sum);
}
float    f(float a,float b)
{    return    a/b; }
```

5. 以下程序的功能是用二分法求方程 $2x^3-4x^2+3x-6=0$ 的根，并要求绝对误差不超过0.001。请填空。

```
#include  <stdio.h>
#include "math.h"
float    f(float  x)
{   float y;
    y=2*x*x*x-4*x*x+3*x-6;
    return  y;}
int main()
{   float  m=-100,n=100,r;
    r=(m+n)/2;
    while(fabs(n-m)>0.0001)
    {  if(_______)m=r;
       else  n=r;
       r=(m+n)/2;
    }
    printf("%6.3f\n",r);
}
```

6. 若输入一个整数10，则以下程序的运行结果是________。

```
#include <stdio.h>
int main()
{   int a,e[10],c,i=0;
    scanf("%d",&a);
    while(a!=0)
    {  c=sub(a);
       a=a/2;
       e[i]=c;
       i++;
    }
```

```
    for(;i>0;i--)printf("%d",e[i-1]);
}
sub(int a)
{   int  c;
    c=a%2;
    return  c;
}
```

7. 已有函数 pow()，现要求取消变量 i 后 pow()函数的功能不变。请填空。

修改前的 pow()函数：

```
pow(int x,int y)
{   int  i,j=1;
    for(i=1;i<=y;++i)j=j * x;
    return(j);
}
```

修改后的 pow()函数：

```
pow(int x,int y)
{   int  j;
    for(【1】;  【2】;  【3】)j=j * x;
    return(j);
}
```

8. 以下程序的功能是求 3 个数的最小公倍数。请填空。

```
#include <stdio.h>
max(int x,int y,int z)
{   if(x>y&&x>z)return(x);
        else if(【1】)return(y);
                else  return(z);
}
int main()
{   int x1,x2,x3,i=1,j,x0;
    printf("Input3number:  ");
    scanf("%d%d%d",&x1,&x2,&x3);
    x0=max(x1,x2,x3);
    while(1)
    {   j=x0 * i;
        if(【2】)break;
        i=i+1;  }
    printf("%d\n",j);
}
```

9. 函数 fun()的作用是求整数 n1 和 n2 的最大公约数，并返回该值。请填空。

```
#include "stdio.h"
int main()
```

```
{   printf("%d\n",fun(12,24));
}
fun(int n1,int n2)
{   int temp;
    temp=n1%n2;
    while(_______)
    {   n1=n2;n2=temp;temp=n1%n2;}
    return(n2);
}
```

10. 以下程序的运行结果是________。

```
#include "stdio.h"
void main()
{   int a[3][3]={1,3,5,7,9,11,13,15,17},sum;
    sum=func(a);
    printf("sum=%d\n",sum);
}
func(int a[][3])
{   int i,j,sum=0;
    for(i=0;i<3;i++)
        for(j=0;j<3;j++)
        {   a[i][j]=i+j;
            if(i==j)sum=sum+a[i][j];}
    return sum;
}
```

11. 以下程序段的功能是用递归法计算学生的年龄，已知第一位学生年龄最小，为10岁，其余学生一个比一个大2岁，求第5位学生的年龄。请填空。

递归公式如下：

$$\text{age}(n)=\begin{cases}10 & (n=1)\\ \text{age}(n-1)+2 & (n>1)\end{cases}$$

```
#include <stdio.h>
age(int  n)
{   int c;
    if(n==1)c=10;
        else  c=【1】;
    return(c);}
int main()
{   int  n=5;
    printf("%d\n",【2】);
}
```

12. 函数嵌套调用与递归调用的区别是________。

13. 以下fun()函数的功能是：在第一个循环中给前10个数组元素依次赋值1,2,3,4,5,6,7,8,9,10，在第二个循环中使a数组前10个元素中的值对称折叠，变成1,2,3,4,5,5,4,3,2,1。请填空。

```
#include "stdio.h"
int main()
{   int a[10],i;
    fun(a);
    for(i=0;i<10;i++)
        printf("%d ",a[i]);
    printf("\n");
}
fun(int a[])
{   int i;
    for(i=0;i<10;i++)
        【1】=i+1;
    for(i=1;i<=5;i++)
    【2】=a[i-1];
}
```

三、编程题

1. 用自定义函数求任意两个数的和，在主函数中输入两个数，调用自定义函数求和，在主函数中输出结果。

2. 求组合数 C_m^n，其中 $C_m^n=\frac{m!}{n!\ (m-n)!}$。

3. 写一个判断素数的函数，在主函数中输入一个正整数，输出判断结果。

4. 写一个函数，对 10 个数按由小到大的顺序排序。在主函数中输入 10 个数，调用排序函数，输出排序结果。

5. 编写一个找出任一个正整数的因子的函数。

6. 写一个函数，将二维数组(3×3)转置，即行列互换。

7. 用递归法求 n 阶勒让德多项式的值，递归公式为：

$$p(n,x)=\begin{cases}1 & (n=0)\\ x & (n=1)\\ ((2n-1)x-p(n-1,x)-(n-1)p(n-2,x))/n & (n>1)\end{cases}$$

8. 编写一个递归函数，求任意两个整数的最大公约数。

9. 编写程序，验证大于 5 的奇数可以表示成 3 个素数的和。

10. 编写一个将 N 进制数转换为十进制数的通用函数。

11. 编写程序求下面数列的和，计算精确到 $a_n \leqslant 10^{-5}$ 为止。

$$y=\frac{1}{2}+\frac{1}{2\times 4}+\frac{1}{2\times 4\times 6}+\cdots+\frac{1}{2\times 4\times 6\times\cdots\times 2n}+\cdots$$

式中，n=1,2,3,…。

12. 编写一个查找介于正整数 A 和 B 之间所有同构数的程序。若一个数出现在自己平方数的右端，则称此数为同构数。如 5 在 $5^2=25$ 的右端，25 在 $25^2=625$ 的右端，故 5 和 25 都是同构数。

13. 给出年、月、日，计算该日是该年的第几天。

14. 一个 n 位的正整数，其各位数的 n 次方之和等于这个数，称这个数为 Armstrong 数。例如，$153=1^3+5^3+3^3$，$1634=1^4+6^4+3^4+4^4$，试编写程序，求所有的 2、3、4 位的 Armstrong

数(判断一个正整数是由n位数字组成的,由自定义函数完成)。

7.4 实验案例

1. 编写函数判断是否闰年

1）实验要求

编写一个函数,判断某年是否为闰年,若是则返回1,否则返回0。

判断闰年的条件：年份能被4整除但不能被100整除为闰年,年份能被400整除为闰年。

2）算法分析

实参、形参均为年份,main()函数中输入年份,传给形参变量,在自定义函数中判断是否为闰年,判断结果用1和0表示,1代表闰年,0代表非闰年,返回判断结果。输出结果在main()函数中完成。

2. 编写函数计算三角形的面积

1）实验要求

编写计算三角形面积的程序,将计算面积定义成函数。三角形面积公式为：

$$S=\sqrt{p(p-a)(p-b)(p-c)}$$

其中,S为三角形面积,a、b、c为三角形的三条边的长度,p=(a+b+c)/2。

2）实现代码

注意：部分源代码如下。

请勿改动main()函数和自定义函数中的任何内容,仅在函数fun()的花括号中填入所写的若干语句。

```
#include <math.h>
#include <stdio.h>
float fun(float a,float b,float c)
{
    …
}
int main()
{   float a,b,c;
    scanf("%f%f%f",&a,&b,&c);
    printf("area is:%f\n",fun(a,b,c));
}
```

3. 编程求最大公约数和最小公倍数

1）实验要求

编写两个函数,分别求出两个整数的最大公约数和最小公倍数,用主函数调用这两个函数,并输出结果,两个整数由键盘输入。

2）算法分析

用“辗转相除法”求最大公约数(两个数相除,求余数,如果余数为0,则除数为这两个数的最大公约数。如果余数不为0,继续相除,被除数改为上次的除数,除数改为上次的余数,得到新的余数,以此类推,直到余数为0为止)。

最小公倍数：两个数相乘的积除以最大公约数。

注意：部分源代码如下。

请勿改动 main()函数和自定义函数中的任何内容，仅在函数 fmax()的花括号中填入所写的若干语句。

```
#include <math.h>
#include <stdio.h>
int fmax(int m,int n)
{
    …
}
int fmin(int m,int n)
{   return m*n/fmax(m,n);}
int main()
{   int a,b;
    scanf("%d%d",&a,&b);
    printf("fmax is:%d\n",fmax(a,b));
    printf("fmin is:%d\n",fmin(a,b));
}
```

4. 判断素数

1）实验要求

编写函数，判断一个正整数是否为素数。在 main()函数中输入一个正整数，调用自定义函数判断其是否为素数，将判断结果返回给 main()函数，在 main()函数中输出结果。

2）算法分析

简单变量作为实参和形参，用 1 和 0 作为返回值，分别代表是素数和不是素数。

5. 回文数判断

1）实验要求

编写一个函数，判断某一整数是否为回文数，若是则返回 1，否则返回 0。所谓回文数，是指该数正读与反读是一样的。例如，12321 就是一个回文数。

2）算法分析

略。

注意：部分源代码如下，请填空。

```
#include <stdio.h>
#include <math.h>
int fun(int m)
{   int t,n=0;
    t=m;
    while(t)
    {   n++;【1】;}                                    //求出 m 是几位的数
        t=m;
        while(t)
        {   if(t/(int)pow(10,n-1)!=t%10)            //比较其最高位和最低位
                return 0;
            else
            {   t=t%(int)pow(10,n-1);              //去掉其最高位
                【2】;                              //去掉其最低位
```

```
                n=n-2;                              //位数去掉了两位
            }
        }
    return 1;
    }
    int main()
    {   int x;
        scanf("%d",&x);
        if(【3】)
            printf("%d is a huiwen!\n",x);
        else
            printf("%d is not a huiwen!\n",x);
    }
```

6. 求一个数的因子

1）实验要求

编写一个函数，求正整数 m 的所有因子，在 main()函数中输入正整数，调用自定义函数求其因子，在 main()函数中输出所有的因子。例如，6 的因子为 1、2、3。

2）算法分析

在自定义函数中将求出的因子存放在一维数组 a 中，将 a 数组作为形参，把 a 中的数据传递给主调函数中的实参数组 b。实参数组 b 的大小要保证能够存放整数 m 的因子。

7. 编写函数求整数的逆序数

1）实验要求

编写一个函数，求末位数非 0 的正整数的逆序数，例如，reverse(3407)＝7043。

2）算法分析

略。

注意：部分源代码如下。

请勿改动 main()函数和自定义函数中的任何内容，仅在函数 reverse()的花括号中填入所写的若干语句。

```
#include <stdio.h>
int reverse(int m)
{
    …
}
int main()
{   int w;
    scanf("%d",&w);
    printf("%d==%d\n",w,reverse(w));
}
```

8. 统计字符、数字和空格的个数

1）实验要求

fun()函数是统计一个字符串中字母、数字、空格和其他字符的个数的函数，请完善程序。

2）算法分析

略。

注意：部分源代码如下。

请勿改动 main()函数和自定义函数中的任何内容，仅在函数 fun()的花括号中填入所写的若干语句。

```
#include <stdio.h>
int fun(char s[])
{   int i,num=0,ch=0,sp=0,ot=0;
    char c;
    ...
    printf("char:%d,number:%d,space:%d,other:%d\n",ch,num,sp,ot);
}
int main()
{   char s1[81];
    gets(s1);
    fun(s1);
}
```

9. 用冒泡法排序

1）实验要求

编写程序，输入 10 个整数到一维数组中，将其从小到大排序。要求排序由自定义函数完成，在 main()函数中完成输入数据并输出排序结果。

2）算法分析

编写一个函数“intBubbleSort(int Arr[],int n)”，其中 Arr[]是一个数组，n 是数组的长度。要求在该函数中使用冒泡法对数组 Arr 中的 n 个数从小到大排序。

注意：理解使用数组作为函数参数的方法。

10. 用递归方法求累加和

1）实验要求

用递归的方法实现求 1＋2＋3＋…＋n。

2）算法分析

如果 n 为 1，则累加和为 1，否则为前 n－1 个数的和加上第 n 个数。

根据题意填空：

```
#include <stdio.h>
#include <string.h>
int fun(int m)
{   int w;
    if(【1】)
        w=1;
    else
        w=fun(m-1)+m;
    return w;
}
int main()
{   int n,i;
    scanf("%d",&n);
```

```
    printf("1+2+…+%d=%d\n",n, 【2】);
}
```

11. 用递归法将数值转换为字符串

1）实验要求

用递归法编程，将一个整数转换为字符串。例如，输入345，应输出字符串"345"。

2）算法分析

略。

完善下列代码：

```
#include <stdio.h>
int fun(int m)
{   if(m!=0)
    {   fun(m/10);
        printf("%c",'0'+_______);
    }
}
int main()
{   int x;
    scanf("%d",&x);
    printf("%d==",x);
    fun(x);
    printf("\n");
}
```

12. 用递归法求x的n次方

1）实验要求

编写程序，采用递归法计算x的n次方。

2）算法分析

当n=0时，x的n次方为1，否则x的n次方等于x的n－1次方乘以x。递归函数的功能是求x的n次方。

注意：下面是求2^8的部分源代码。

请勿改动main()函数和自定义函数中的任何内容，仅在函数p()的花括号中填入所写的若干语句。

```
#include "stdio.h"
#include "math.h"
float p(float x,int n)
{
    …
}
int main()
{
    printf("%f",p(2,8));
}
```

13. 用递归法求分段函数

1) 实验要求

编写程序，根据勒让德多项式的定义计算 $p_n(x)$。n 和 x 为任意正整数，把 $p_n(x)$ 定义成递归函数。

$$p_n(x)=\begin{cases}1 & (n=0)\\ x & (n=1)\\ (2n-1)p_{n-1}(x)-(n-1)p_{n-2}(x)/n & (n>1)\end{cases}$$

2) 算法分析

略。

完善以下程序：

```
#include "stdio.h"
float p(float x,int n)
{   float f;
    if(n==0)
        f=1;
    else if(n==1)
            【1】
        else
            【2】
    return【3】
}
int main()
{   int x,n;
    scanf("%d%d",&x,&n);
    printf("%f\n",【4】);
}
```

14. 程序的单步跟踪

(1) 输入下面程序，用 Visual C++ 6.0 的单步跟踪功能和 Variables 窗口对该程序进行调试。注意观察函数执行过程(要用 Step Into)和函数参数的变化。

```
include <stdio.h>
int max(int x,int y)
{   if (x>y)
        return x;
    else
    return y;
}
int main()
{   int a,b;
    scanf("%d%d",&a,&b);
    printf("the max of %d and %d is %d\n",a,b,max(a,b));
}
```

(2) 输入下面的程序，用单步跟踪功能和 Variables 窗口对该程序进行调试。注意观察函数执行过程(要用 Step Into)和函数参数的变化，体会为什么没有实现两个参数的交换。

```
#include <stdio.h>
int swap(int x,int y)
{   int temp;
    printf("in swap function before swap:x=%d,y=%d\n",x,y);
    temp=x;
    x=y;
    y=temp;
    printf("in swap function after swap:x=%d,y=%d\n",x,y);
}
int main()
{   int a,b;
    printf("input two integers:");
    scanf("%d%d",&a,&b);
    printf("in main function before swap:a=%d,b=%d\n",a,b);
    swap(a,b);
    printf("in main function after swap:a=%d,b=%d\n",a,b);
}
```

第8章

指　针

8.1 知识要点

C语言中普通变量的数据存储在内存中，存放变量数据的内存空间的首地址称为变量的地址。C语言中有一种特殊的变量，专门用来存放另一个变量的地址，我们称它为指针。

8.1.1 指针变量的定义

在计算机中，所有的数据都存放在存储器中。一般把存储器中的一个字节称为一个内存单元，不同的数据类型所占用的内存单元的个数不等，如在 Visual C++ 环境下，基本整型占4字节，字符型占1字节，单精度实型占4字节等。每个内存单元都有一个编号，根据内存编号可以找到内存单元。这个内存单元的编号就称为地址。C语言把内存单元的地址称为指针。内存单元的地址和内存单元的内容是两个不同的概念，一定要把它们分清楚。

指针就是内存地址，在C语言中，如果一个变量存放的是某个内存单元的地址，我们就形象地把它比喻成这个变量指向该内存单元，把存放地址的变量称为指针变量。指针变量的类型由它指向的内存中存放的数据类型来决定。指针就是存放数据的内存单元的首地址。

通过C语言中的指针类型，用户就能够直接访问(读写)内存，对用户来说，增加了一种方法来访问内存单元中的数据。

指针变量就是用来存放指针数据的变量，指针变量专门用来存放某种类型变量的首地址(指针值)，这种存放某种类型数据的首地址的变量被称为该种类型的指针变量。指针变量的一般定义形式如下：

```
类型说明符 *指针变量名;
```

8.1.2 变量的指针和指向变量的指针变量

变量的指针，就是变量的首地址；指向变量的指针变量，是用来存放变量地址的指针变量的。指针变量的类型是“指针类型”，这是不同于整型或者字符型等其他类型的。指针变量是专门用来存储地址的。

8.1.3 数组的指针和指向数组的指针变量

数组的指针是指数组的起始地址，而数组中某个元素的指针就是这个数组元素的地址。

指向数组的指针变量，其定义与指向变量的指针变量的定义相同，即指针变量内存放的是数组的首地址。

8.1.4 字符串的指针和指向字符串的指针变量

字符串的指针即字符串常量的首地址。指向字符串的指针变量，其变量的类型仍然是指针类型，它保存的是字符串的首地址，或者是字符数组的首地址。

8.1.5 指针数组

一个数组，如果其元素均为指针类型的数据，则称该数组为指针数组。指向同一数据类型的指针组织在一起构成一个数组，这就是指针数组。数组中的每个元素都是指针变量，根据数组的定义，指针数组中每个元素都为指向同一数据类型的指针。指针数组的一般定义形式为：

```
类型说明符 * 数组名[整型常量表达式];
```

8.1.6 函数的指针和指向函数的指针变量

函数的指针：指针变量不仅可以指向整型、实型变量以及字符串、数组，还可以指向一个函数。每个函数都占用一段内存，在编译时被分配一个入口地址，这个入口地址就是函数的指针。可以让一个指针变量指向函数，然后就可以通过调用这个指针变量来调用函数。

指向函数的指针变量的一般定义形式为：

```
类型说明符 (* 指针变量名)();
```

这种指针变量中保存的是函数的入口地址，定义中的类型说明符声明的类型即为所指向的函数的返回值的类型。

8.1.7 用指针作函数参数

函数指针可以作为参数传递到其他函数，可以把指针作为函数的形参。在函数调用语句中，也可以用指针表达式来作为实参。

返回指针值的指针函数是指函数除了可以返回整型、字符型、实型和结构体类型等数据外，还可以返回指针类型的数据。对于返回指针类型数据的函数，在函数定义时，也应该进行相应的返回值类型说明。

8.1.8 指向指针的指针

指向指针的指针记录的是指针变量的首地址。指向指针的指针的一般定义形式为：

```
类型说明符 **指针变量名;
```

8.2 例题分析与解答

一、选择题

1. 若定义“int a=511, * b=&a;”,“则 printf("%d\n", * b);”的输出结果为________。

A. 无确定值　　B. a 的地址　　C. 512　　D. 511

分析：b 是指针变量，并且 b 中存放的是变量 a 的首地址，* b 表示指针变量 b 所指向的对象，其中 * 是指向运算，所以 * b 即代表 a。

答案：D

2. 设有定义语句“float s[10]，* p1＝s，* p2＝s＋5；”，下列表达式错误的是________。

A. p1＝0xffff　　B. p2－－　　C. p1－p2　　D. p1＜＝p2

分析：当两个指针变量指向同一个数组时，每个指针变量都可以进行增 1、减 1 运算，两个指针变量之间可以进行减法运算和关系运算。故选项 B、C、D 是正确的。选项 A 是错误的，因为 C 语言规定，所有的地址表达式中，不允许使用具体的整数来表示地址。

答案：A

3. 以下程序调用 findmax()函数返回数组中的最大值，在下画线处应填入的是________。

```
#include "stdio.h"
findmax(int *a,int n)
{   int *p, *s;
    for(p=a,s=a;p-a<n; p++)
        if (    )s=p;
    return(*s);
}
int main()
{   int x[5]={12,21,13,6,18};
    printf("%d\n",findmax(x,5));
}
```

A. p＞s　　B. * p＞ * s　　C. a[p]＞a[s]　　D. p-a＞p-s

分析：题目中已说明 findmax()函数返回数组中的最大值，函数中形参传入的是数组的首地址和数组元素的个数，指针变量 p 和 s 中 p 用作遍历数组，s 用作记录较大元素的地址，能看出 if 语句的条件是比较数据的大小。选项 A 和 D 是比较指针大小，显然不符合题意；选项 C 指针用法错误；选项 B 正确，利用指针的指向运算，比较数据大小。

答案：B

4. 有下列定义语句“chars[]＝"12345"，* p＝s；”，下列表达式中错误的是________。

A. *(p＋2)　　B. *(s＋2)　　C. p＝"ABC"　　D. s＝"ABC"

分析：选项 A 中，指针变量 p 已指向数组 s 的首地址，则 p＋2 代表数组元素 s[2]的地址，*(p＋2)就代表数组元素 s[2]，故选项 A 正确。选项 B 中，s 是数组名，代表数组的首地址，s＋2 代表数组元素 s[2]的地址，*(s＋2)代表数组元素 s[2]，故选项 B 正确。C 语言规定，在程序中可以使用赋值运算符将字符串常量直接赋予字符型指针变量，故选项 C 正确。D 是错误的，原因是 C 语言规定，在程序中不允许将字符串常量直接赋予字符型数组名。

答案：D

5. 若有定义“int aa[8]；”，则以下表达式中不能代表数组元素 aa[1]的地址的是________。

A. &aa[0]＋1　　B. &aa[1]　　C. &aa[0]＋＋　　D. aa＋1

分析：选项 A 先取 aa[0]的地址，然后进行地址加 1，能表示 aa[1]的地址；选项 B 直接得出 aa[1]的地址；选项 D 将数组的首地址加 1，也能表示 aa[1]的地址；选项 C 错误，因为 &aa[0]不能进行＋＋运算。

答案：C

6. 以下程序的输出结果是________。

```
#include <stdio.h>
#include <string.h>
int main()
{   char b1[8]="abcdefg",b2[8],*pb=b1+3;
    strcpy(b2,pb);
    printf("%d\n",strlen(b2));
}
```

A. 8　　B. 3　　C. 1　　D. 4

分析：本题中 pb 指向 b1 中的第 4 个字母 d，strcpy(b2,pb)的功能是将 pb 所指的位置直到\0 为止的字符串复制到 b2 中，即将字符串"defg\0"复制到 b2 中。strlen()函数求字符串长度时不包括'\0'。故 b2 中字符串长度为 4。

答案：D

7. 设有语句"int x[4][10]，*p=x;"，则下列表达式中不属于合法地址的是________。

A. &x[1][2]　　B. *(p+1*10+2)

C. x[1]　　D. p+1*10+2

分析：选项 A 中，x[1][2]是合法的数组元素，所以 &x[1][2]是数组元素 x[1][2]的地址。选项 B 中，由于指针变量指向二维数组首地址，"*(指针变量+行下标*列长度+列下标)"是表示数组元素 x[1][2]，不是表示地址，该选项错。选项 C 中，x[1]代表数组 x 中行下标为 1 的所有元素组成的一维数组名，即该一维数组的首地址。选项 D 代表数组元素 x[1][2]的地址。

答案：B

8. 设有定义语句"char s[3][20]，(*p)[20]=s;"，则下列语句中错误的是________。

A. scanf("%s",s[2]);　　B. gets(p+2);

C. scanf("%s",*(p+2)+0);　　D. gets(s[2][0])

分析：选项 A 和选项 C 是通过 scanf()函数输入一个字符串，该函数中的第 2 个参数要求是地址。选项 A 中的 s[2]是一个地址，表示输入的字符串存入数组 s 中的第 2 行，故选项 A 正确。选项 C 中的*(p+2)+0 相当于 s[2][0]的地址，故选项 C 正确。选项 B 和 D 通过函数 gets()输入字符串，该函数的参数是地址。选项 B 中的 p+2 是字符数组 s 的第 2 行的首地址，故选项 B 正确。选项 D 中的 s[2][0]是数组元素，不是地址，故选项 D 错误。

答案：D

9. 以下 3 个程序中，________不能对两个整型变量的值进行交换。

A.

```
#include <stdio.h>
int main()
{   int a=10,b=20;
    swap(&a,&b);
    printf("%d %d\n",a,b);
}
```

```
swap(int *p,int *q)
{   int   *t;
    *t=*p;
    *p=*q;
    *q=*t;
}
```

B.

```
#include <stdio.h>
int main()
{   int a=10,b=20;
    swap(a,b);
    printf("%d %d\n",a,b);
}
swap(int p,int q)
{   int t;
    t=p;p=q;q=t;}
```

C.

```
#include <stdio.h>
int main()
{   int a,b;
    a=10;b=20;
    swap(&a,&b);
    printf("%d %d\n",a,b);
}
swap(int *p,int *q)
{   int t;
    t=*p;*p=*q;*q=t;
}
```

分析：选项A中，指针变量t没有指向任何存储单元，也就是没有存放数据的存储单元，当把p指向的数据存放到t指向的存储单元时，系统出错，不能实现交换的效果，故选项A错误。选项B中，传入实参变量a、b的值传给形参p、q，p、q数据交换，但不能把结果传给实参a、b，故a、b没有实现交换，故选项B错误。选项C是标准的数据交换的做法，因为函数调用时，形参指针p、q分别指向变量a、b存储单元，利用指针把存储单元中的数据进行了交换。

答案：C

二、填空题

1. 对于变量x，其地址可以写成【1】；对于数组a[10]，其首地址可以写成【2】或【3】；对于数组元素a[3]，其地址可以写成【4】或【5】。

分析：变量的地址可以写成"& 变量名"。数组的首地址就是数组名，也可以写成第一个元素的地址。数组元素的地址可以写成"& 数组元素"，也可写成数组的首地址+下标。

答案：【1】&x 【2】a 【3】&a[0] 【4】&a[3] 【5】a+3

2. 以下程序的输出结果是________。

```
#include <stdio.h>
int main()
{   char *p="abcdefgh", *r;
    int  *q;
    q=(int*)p;
    q++;r=(char*)q;
    printf("%s\n",r);
}
```

分析：本题中，q=(int *)p是将指针p强制转换为长整型，并且将首地址赋值给q，在Visual C++中，int型占用4字节，作为int型指针q，q++是地址加，所以实际上是地址值加了4字节的位置，即q++之后，q指向字符串中字母e，再将q强制转换为字符指针之后赋值给r，输出r，即从字母e开始输出其后的字符串。

答案：efgh

3. slen()函数的功能是计算str所指字符串的长度，并作为函数值返回，请填空。

```
#include "stdio.h"
int main()
{   char *p="aca", *r;
    printf("%d\n",slen(p));
}
intslen(char *str)
{   int i;
    for(i=0;【1】!='\0';i++);
    return 【2】;
}
```

分析：根据题意，要求计算形参*str所传入的字符串的长度，并且返回字符串长度，程序中for循环应该是遍历统计str所指向的字符串的长度，填入*(str+i)或str[i]用来遍历字符串，判断是否到字符串结尾，遍历结束后，i变量的当前值表示字符串中的字符个数。

答案：【1】*(str+i)或str[i]　【2】i

4. 以下程序求a数组中的所有素数的和，函数isprime()用来判断自变量是否为素数。素数是只能被1和本身整除且大于1的自然数。

```
#include <stdio.h>
int  main()
{   int i,a[10],*p=a,sum=0;
    for(i=0;i<10;i++)
        scanf("%d",&a[i]);
    for(i=0;i<10;i++)
        if(【1】==1)
        {    printf("%d ",*(p+i));sum=sum+*(a+i);}
    printf("\nsum=%d\n",sum);
}
isprime(int x)
{   int i;
    for(i=2;i<=x/2;i++)
```

```
    if(x%i==0)return 0;
      【2】;
}
```

分析：本题主函数中任意输入10个数，依次调用isprime()函数判断是否为素数，然后计算素数的累加和。main()函数中，利用指针*(p+i)遍历数组，子函数isprime(x)中，如果x被i整除，说明不是素数，返回0，否则说明是素数，返回1。

答案：【1】isprime(*(p+i))或者isprime(*(a+i))　【2】return 1或return (1)

8.3　测　试　题

一、选择题

1. 若有定义"int x，*pb;"，则以下正确的赋值表达式是________。

A. pb=&x　　B. pb=x　　C. *pb=&x　　D. *pb=*x

2. 以下程序的输出结果是________。

```
#include <stdio.h>
int main()
{ printf("%d\n",NULL); }
```

A. 因变量无定义输出不定值　　B. 0

C. −1　　D. 1

3. 以下程序的输出结果是________。

```
int sub(int x,int y,int *z)
{   *z=y-x; }
int  main()
{   int a,b,c;
    sub(10,5,&a); sub(7,a,&b); sub(a,b,&c);printf("%d,%d,%d\n",a,b,c);}
```

A. 5,2,3　　B. −5,−12,−7　　C. −5,−12,−17　　D. 5,−2,−7

4. 以下程序的输出结果是________。

```
#include <stdio.h>
int main()
{   int k=2,m=4,n=6;
    int *pb=&k, *pm=&m, *p;
    *(p=&n)=*pb*(*pm);
    printf("%d\n",n);
}
```

A. 4　　B. 6　　C. 8　　D. 10

5. 以下程序的输出结果是________。

```
#include "stdio.h"
```

```
int prtv(int *x)
{   printf("%d%d%d\n",++(*x),++(*x),*x); }
int main()
{   int a=25;
    prtv(&a);
}
```

A. 272625　　B. 252627　　C. 252525　　D. 262725

6. 若有语句“int *point,a=4;”和“point=&a;”，则下面均代表地址的一组选项是________。

A. a,point,*&a　　B. &*a,&a,*point

C. *&point,*point,&a　　D. &a,&*point,point

7. 下面判断正确的是________。

A. “char *a="china";”等价于“char *a;*a="china";”

B. “char str[10]={"china"};”等价于“char str[10];str[]={"china"};”

C. “char *s="china";”等价于“char *s;s="china";”

D. “char c[4]="abc",d[4]="abc";”等价于“char c[4]=d[4]="abc";”

8. 下面能正确进行字符串赋值操作的是________。

A. char s[4]={"ABCD"};

B. char s[4]={'A','B','C','D','\0'};

C. char *s;s="ABCD";

D. char *s;scanf("%s",s);

9. 下面程序段的运行结果是________。

```
char *s="abcde";
s+=2;printf("%s",s);
```

A. cde　　B. 字符'c'　　C. 字符'c'的地址　　D. 无确定的输出结果

10. 以下代码中，count()函数的功能是统计substr在母串str中出现的次数，请将程序补充完整。

```
int count(char *str,char *substr)
{   int  i,j,k,num=0;
    for(i=0;【1】;i++)
    {   for(【2】,k=0;substr[k]==str[j];k++,j++)
        if(substr[【3】]=='\0')
            {num++;break;}
    }
return num;
}
```

【1】A. str[i]==substr[i]　　B. str[i]!='\0'

C. str[i]=='\0'　　D. str[i]>substr[i]

【2】A. j=i+1　　B. j=i　　C. j=i+10　　D. j=1

【3】A. k　　B. k++　　C. k+1　　D. k-1

11. 以下代码中,Delblank()函数的功能是删除字符串 s 中的所有空格(包括 Tab 制表符、回车符和换行符),请将程序补充完整。

```
#include "stdio.h"
#include "ctype.h"
#include "string.h"
int Delblank(char s[])
{   int i,t;
    char c[80];
    for(i=0,t=0;【1】;i++)
        if(!isspace(【2】))c[t++]=*(s+i);
    c[t]='\0';
    strcpy(s,c);
}
int  main()
{   char  s[]="ab b a ";
    Delblank(s);
    printf("%s\n",s);
}
```

【1】A. *(s+i)　　B. ! s[i]　　C. s[i]='\0'　　D. s[i]=='\0'

【2】A. s+I　　B. *c[i]　　C. *(s+i)='\0'　　D. *(s+i)

12. 以下代码中,conj()函数的功能是将两个字符串 s 和 t 连接起来,请将程序补充完整。

```
#include "stdio.h"
int conj(char *s,char *t)
{   while(*s)【1】;
    while(*t)
    {    *s=【2】;s++;t++;}
         *s='\0';
        【3】;
    }

int  main()
{   char  s[10]="ab",s1[]="123";
    conj(s,s1);
    printf("%s\n",s);
}
```

【1】A. s--　　B. s++　　C. s　　D. *s

【2】A. *t　　B. t　　C. t--　　D. *t++

【3】A. return s　　B. return t　　C. return *s　　D. return *t

13. 设有说明“char(*str)[10];”,则标识符 str 的意义是________。

A. str 是一个指向有 10 个 char 型元素的数组的指针

B. str 是一个有 10 个元素的数组,数组元素的类型是指向 char 型的指针

C. str 是一个指向 char 型函数的指针

D. str 是具有 10 个指针元素的一维指针数组

二、填空题

1. 专门用来存放某种类型变量的首地址的变量被称为该种类型的【1】,它的类型是"【2】"。

2. 数组的指针是指数组的【1】,而数组中某个元素的指针就是【2】。

3. 指向字符串的指针变量的类型仍然是【1】,它保存的是字符串的【2】,或者是【3】。

4. 对于变量 x,其地址可以写成【1】;对于数组 y[10],其首地址可以写成【2】或【3】;对于数组元素 y[3],其地址可以写成【4】或【5】。

5. 如果要引用数组元素,可以有两种方法:【1】和【2】。

6. 在C语言中,实现一个字符串的方法有两种:用【1】实现和用【2】实现。

7. 每一个函数都占用一段内存,在编译时被分配一个,这个就是函数的指针。可以让一个指针变量指向函数,然后就可以通过调用这个指针变量来调用函数。

8. 以下程序用指针指向3个整型存储单元,输入3个整数,并保持这3个存储单元中的值不变,选出其中最小值并输出。

```
#include "stdio.h"
int main()
{   int a,b,c, * min;
    scanf("%d%d%d",&a,&b,&c);
    min=&a;
    if(【1】)min=&b;
    if( * min>c)【2】;
    printf("输出最小的整数: %d\n",【3】);
}
```

9. 阅读以下程序:

```
#include "stdio.h"
int main()
{   char str1[]="how do you do",str2[10];
    char * ip1=str1, * ip2=str2;
    scanf("%s",ip2);
    printf("%s",ip2);
    printf("%s\n",ip1);
}
```

运行上面的程序,输入字符串12345<CR>,则程序的输出结果是________。

10. 阅读并运行下面的程序,如果从键盘上输入字符串"china"和字符串"boy",则程序的输出结果是________。

```
#include "stdio.h"
Len(char a[],char b[])
{   int num=0,n=0;
    while( * (a+num)!='\0')
    num++;
    while(b[n])
    {   * (a+num)=b[n];
```

```
        num++;
        n++;}
    return  num;
}
int  main()
{   char str1[81],str2[81], *p1=str1, *p2=str2;
    gets(p1);
    gets(p2);
    printf("%d\n",Len(p1,p2));
}
```

11. 以下程序的输出结果是________。

```
#include "stdio.h"
int  main()
{   int *var,ab;
    ab=100; var=&ab; ab=*var+10;
    printf("%d\n", *var);
}
```

12. 以下程序的输出结果是________。

```
int ast(int x,int y,int *cp,int *dp)
{    *cp=x+y;
     *dp=x-y;
}
int main()
{   int a,b,c,d;
    a=4; b=3;
    ast(a,b,&c,&d);
    printf("%d %d\n",c,d);
}
```

13. 要求得到如下的运行结果：

```
Follow me
Basic
Fortran
Great Wall
Computer design
```

完善下面程序。

```
#include"stdio.h"
int main()
{   char *name[]={"Follow me","Basic", "Fortran",
    "Great Wall","Computer design"};
    int i;
    for(i=0;i<5;i++)
                ;
```

```
}
```

14. 若有定义：

```
char ch, * p;
```

（1）使指针 p 指向变量 ch 的赋值语句是【1】。

（2）通过指针 p 给变量 ch 赋值的 scanf()函数调用语句是【2】。

（3）通过指针 p 给变量 ch 的赋值字符 'a' 的语句是【3】。

（4）通过指针 p 输出 ch 中字符的语句是【4】。

15. 若有 5 个连续的 int 类型的存储单元并赋值，且指针 p 和指针 s 的类型皆为 int，p 已指向存储单元 a[1]，则：

（1）通过指针 p，给 s 赋值，使 s 指向最后一个存储单元 a[4]的语句是【1】；

（2）移动指针 s，使之指向存储单元 a[2]的表达式是【2】；

（3）已知 k=2，指针 s 已指向存储单元 a[2]，表达式 *(s+k)的值是【3】；

（4）指针 s 已指向存储单元 a[2]，不移动指针 s，通过 s 引用存储单元 a[3]的表达式是【4】。

三、编程题

1. 输入 10 个整型数据，按照由大到小的顺序排序。

2. 输入 3 个整数，按照由小到大的顺序排序，排序由自定义函数完成，要求用指针变量作为函数的参数。

3. 设有一数列，包含 10 个数，已按升序排好。现要求编写一个程序，它能够把从指定位置开始的 n 个数按逆序重新排列并输出新的完整数列。进行逆序处理时要求利用指针，试编程（例如，原数列为 1,3,4,5,6,7,9,10,12,14，若要求把从第 4 个数开始的 5 个数逆序重新排列，则得到的新数列为 1,3,4,10,9,7,6,5,12,14）。

4. 有 3 个学生，每个学生学习 3 门课，计算他们总的平均成绩以及第 n 个学生的成绩。要求用函数 ave()求总的平均成绩，用函数 search()找出并输出第 n 个学生的成绩。在编程时要使用二维数组指针作为函数的参数。

5. 在第 4 题的基础上，找出其中有不及格课程的学生及其学号。

6. 用指向指针的指针的方法对 5 个字符串排序并输出。

7. 要求用本章所讲的知识设计 3 个函数，实现下述功能：

（1）将一个字符串中的字母全部变成大写，函数形式为 strlwr(字符串)。

（2）将一个字符串中的字母全部变成小写，函数形式为 strupr(字符串)。

（3）将字符数组 a 中下标为单数的元素值赋给另外一个字符数组 b，然后输出 a 和 b 的内容。

8.4 实验案例

1. 计算两数的和与积

1）实验要求

编写程序，利用指针输入两个整数，并通过指针变量计算它们的和与积。

2）实现代码

```
#include "stdio.h"
int  main()
{   int x,y,sum,cj;
    int  *px, *py;
    【1】;py=&y;
    printf("enter 2 integers:\n");
    scanf("%d%d",px,【2】);
    sum= *px+ *py;
    cj=【3】;
    printf("%d %d\n",sum,cj);
}
```

2. 从字符串中提取数字

1）实验要求

编写一个程序,将用户输入的字符串中的所有数字提取出来。

2）算法分析

判断ch的值是否为数字字符的条件是ch>='0'&& ch<='9'。

完善下面的程序。

```
#include  "stdio.h"
int main()
{   char str[80],digit[80];
    char *ps;
    int i=0;
    gets(str);
    ps=str;
    while(*ps!='\0')
    {   if(*ps>='0'&&*ps<='9')
        {  【1】;
           i++;
        }
        【2】;
    }
    【3】;
    printf("%s\n",digit);
}
```

3. 统计字符串的长度

1）实验要求

编写程序,利用指针求字符串的长度。

2）算法分析

设k为记录字符串长度的变量,初值为0。用for循环实现,当循环开始时,指针p指向字符串中的第一个字符,判断该字符是否为'\0'(字符串结束标志),如果不是则k++,p++(p指向下一个字符)。如果该字符为'\0'则循环结束,输出k值。

4. 将3个数从大到小排序

1）实验要求

编写程序，输入3个整数，利用指针对其从大到小排序。

2）算法分析

方法1：用指针变量p1、p2、p3分别指向待排序的3个数a、b、c，通过指针调整a、b、c的大小顺序，使a＞b＞c，最后输出a、b、c。

方法2：将3个数放到一维数组中，指针指向一维数组，利用指针对一维数组中的数据进行排序。

5. 一维数组的大小值交换问题

1）实验要求

输入10个整数，将其中最小数与第一个数交换，将最大数与最后一个数交换(假定第一个数不是最小值，最后一个数不是最大值)。编写3个函数：

(1) 输入10个数。

(2) 数据处理。

(3) 输出10个数。

在主函数中调用上述3个自定义函数。

2）算法分析

将输入的10个整数存放到一维数组中。在数据处理函数中，指针pmax和pmin初始值是数组中第一个元素的地址，即都指向数组中的第一个元素。用一重循环寻找数组中的最大值和最小值，循环控制变量作为数组元素的下标，用指针pmax和pmin分别指向最大值和最小值。自定义函数的实参和形参使用数组名。利用for循环的循环控制变量i作为数组元素的下标。

6. 逆序排列

1）实验要求

编写程序，将n个数按输入时的顺序逆序排序。要求如下：

(1) 用自定义函数完成n个数的逆序排列。

(2) 在main()函数中输入n的值及n个数，然后调用自定义函数完成逆序排列，并输出逆序排列结果。

2）算法分析

方法1：用两个一维数组完成逆序排列，将一个数组中的数据逆序存放到另一个数组中即可。

方法2：在已知数组中完成逆序排列。用两个指针分别指向数组中的头和尾，进行如下操作：①将指针指向的数据交换；②将指向头的指针后移，指向末尾的指针前移，重复上述①、②操作，直到两个指针相遇为止。

7. 求一维数组中的最小数

1）实验要求

编写程序，求一维整型数组中数据的最小值。要求：

(1) 编写一个函数getmin()求一维整型数组中数据的最小值。

(2) 函数原型：intgetmin(intb[],int * pmin)。

(3) 函数的参数为整型数组的首地址和存储最小值元素的变量地址。

2) 算法分析

在主函数中输入10个整数存放到一维数组a中,通过调用函数getmin(a,&min)将a数组中的数据传递给自定义函数getmin()中的形参数组b,自定义函数中的形参指针pmin指向主函数中的存放最小值变量min(传地址)。在自定义函数中寻找最小值,并将最小值存放在pmin指向的存储单元中。

8. 矩阵转置

1) 实验要求

编写程序,将一个3×3的矩阵转置(行列互换,即矩阵中第一行元素和第一列元素交换,第二行元素和第二列元素交换,第三行元素和第三列元素交换)。

2) 算法分析

以主对角线为对称轴,将主对角线两侧的对称元素互换值即可。

用双重循环嵌套的形式,外层循环控制变量i作为行下标,内层循环控制变量j作为列下标。外层循环控制变量i从1到3,内层循环控制变量j从1到i(或j从i到3),在内层循环体中将a[i][j]与a[j][i]交换。

9. 求二维数组累加和

1) 实验要求

已知5×5的二维数组a,按下列要求编写程序:

(1) 利用指针求其每行的和。

(2) 利用指针求其每列的和。

(3) 利用指针求所有元素的和。

2) 算法分析

求二维数组中各行、各列所有数之和可以用行指针ph(int(*ph)[5];)控制,ph开始时指向第0行(行下标从0开始),即ph为第0行的首地址,则*ph指向第0行第0列(列下标从0开始)元素,即*ph为&a[0][0],(*ph+i)则指向第i行第0列元素,即&a[i][0],(*ph+i)+j指向第i行第j列元素,即&a[i][j]。

求所有元素的和用变量指针p(int *p;)控制,p开始时指向二维数组中第一个元素,p++则指向第二个元素,以此类推,直到p指向最后一个元素为止,把p指向的所有元素累加即可。

10. 统计学生成绩

1) 实验要求

有一个班4个学生,5门课,按下列要求编写程序:

(1) 求第一门课的平均分。

(2) 找出有2门以上课程不及格(60分以下)的学生,输出他们的学号和全部课程成绩。

(3) 找出平均成绩在90分以上或全部课程在85分以上的学生,输出他们的学号、全部课程成绩和平均成绩。

要求:①不用指针,分别编写3个函数实现以上3个要求。②利用指针,分别编写3个函数实现以上3个要求。③输入输出在main()函数中完成。

2) 算法分析

定义一个结构体类型的一维数组a[4],存放4个学生的信息,定义形式如下:

```
struct student
{   int num;                                //学号
    int cj[5];                              //5门课成绩
    int ave;                                //5门课的平均成绩
}a[4];
```

使指针 p 指向数组 a，利用 p 来引用结构体数组中的成员。

11. 字符串排序

1）实验要求

编写程序，用指针数组对 4 个字符串按从小到大的顺序排序。

2）算法分析

定义字符指针数组 pstr，它由 4 个元素组成，分别指向 4 个字符串常量，即初始值分别为 4 个字符串的首地址，用一个双重循环对字符串进行排序（选择排序法）。在内层循环 if 语句的表达式中调用了字符串比较函数 strcmp()，其中，pstr[i]、pstr[j]是要比较的两个字符串的指针。当字符串 pstr[i]大于、等于或小于字符串 pstr[j]时，函数返回值分别为正数、零和负数。最后使用一个单循环将字符串以"%s"的格式按从小到大的顺序输出。

12. 用指针数组处理二维数组

1）实验要求

完善下面程序，输出 2×3 数组中所有元素的值。

2）算法分析

指针数组不仅可以存放多个字符串，也可以存放其他类型变量的地址。

例如："int *p[4];"表示 p 是一个指针数组名，该数组有 4 个数组元素，每个数组元素都是一个指针，指向整型变量。

本题中可定义：

```
int *pa[2];
pa[0]=a[0];pa[1]=a[1];
```

程序如下：

```
#include  <stdio.h>
int main()
{   int a[2][3], *pa[2];
    int i,j;
    pa[0]=a[0];
    pa[1] =a[1];
    for(i=0;i<2;i++ )
        for(j=0;  【1】;j++ )
            a[i][j]=(i+1)*(j+1);
    for(i=0;i<2;i++ )
        for(j=0;j 3;j++ )
        {   printf("a[ %d][ %d]:% 3d\n",i, j, *pa[i]);
            【2】;
        }
}
```

13. 指针参数交换

输入下列程序：

```
int swap(int * p1, int * p2)
{   int temp;
    temp= * p1; * p1= * p2; * p2=temp; }
int main()
{   int * p_max, * p_min, a, b;
    printf("请输入两个数 a 和 b\n");
    scanf("%d,%d", &a, &b);
    p_max=&a;p_min=&b;
    /* 若 a 比 b 小则需交换指针 p_max 和 p_min 所指向的变量 */
    if(a < b)
        swap(p_max, p_min);
    printf("\n%d, %d\n", a, b);
}
```

(1) 利用 Visual C++ 6.0 的单步跟踪和 Variables 窗口调试这个程序，并观察各个变量的变化情况。分析为什么能够实现两个变量的交换。

(2) 使用如下 3 个函数代替 swap()函数，是否能够实现交换？为什么？运行对应的程序来检验你的分析。

函数 1：

```
int swap1(int * p1, int * p2)
{   int  * temp;
     * temp= * p1;
     * p1= * p2;
     * p2= * temp;
}
```

函数 2：

```
int swap2(int i, int j)
{   int temp;
    temp=i; i=j; j=temp; }
```

函数 3：

```
int swap3(int * p1, int * p2)
{   int * temp;
    temp=p1; p1=p2; p2=temp; }
```

14. 字符串程序跟踪

仔细观察并分析下面程序的输出，会有意想不到的收获。

程序 1：

```
#include <stdio.h>
```

```
#include <string.h>
int main()
{   char *p1, *p2,str[50]="ABCDEFG";
    p1="abcd";p2="efgh";strcpy(str+1,p2+1);strcpy(str+3,p1+3);
    printf("%s",str);
}
```

程序2：

```
#include <stdio.h>
#include <string.h>
int main()
{   char b1[18]= "abcdefg",b2[8], *pb=b1+3;
    while(--pb>=b1)
    strcpy(b2,pb);
    printf("%d\n",strlen(b2));
}
```

程序3：

```
#include <stdio.h>
char cchar(char ch)
{   if (ch>='A'&&ch<='Z')
    ch=ch-'A'+'a';
    return ch;
}
int main()
{   char s[]="ABC+abc=defDEF", *p=s;
    while(*p)
    {   *p=cchar(*p);
        p++;
    }
    printf("%s\n",s);
}
```

15. 指针变量跟踪分析

(1) 运用调试功能，单步跟踪运行，观察变量值的变化情况。

运行如下程序，观察并分析运行结果：

```
#include <stdio.h>
int main()
{   short a[10]={0,1}, b[3][4]={0,1,2,3,4};
    short *p1=a, (*p2)[4]=b, *p3=b[0];
    printf("%x %d\n",a,a[0]);
    printf("%x %x %d\n",b,b[0],b[0][0]);
    printf("%x %d %x %d\n",p1, *p1,p1+1, *(p1+1));
    printf("%x %d %x %d\n",p2,p2[0][0],p2+1, *(p2+1)[0]);
    printf("%x %d %x %d\n",p3, *p3,p3+1, *(p3+1));
}
```

(2) 对于如下程序,使用单步跟踪和 Variables 窗口观察并分析变量的变化情况。

```
#include <stdio.h>
int main()
{   char string1[]="Hello,world!";
    printf("%s\n", string1);
    char *string2="Hello, world!";
    printf("%s\n", string2);
    char *string3;
    string3= string1;
    printf("%s\n", string3);
}
```

第9章

结构体、共用体和枚举类型

9.1 知识要点

结构体能将一定数量的不同类型的成分组合在一起，构成一个有机的整体。共用体是一种构造数据类型，是将不同类型的变量存放在同一内存区域内(但不在同一时刻使用)。

9.1.1 结构体的概念

结构体和数组都是属于构造(复合)数据类型，都由多个数据项(也称为元素)复合而成，区别是数组由相同数据类型的数据项组成，结构体由不同数据类型的多个数据项组合而成。

9.1.2 结构体类型的定义

“结构体”是一种构造类型，它是由若干“成员”组成的，每个成员可以是一个基本数据类型或者是一个构造类型。结构体在使用之前必须先定义它。

结构体的定义形式如下：

```
struct 结构体名
{   类型标识符 成员名;
    类型标识符 成员名;
       ⋮
};
```

例如：

```
struct student
{   int num;
    char name[20];
    char gender;
    float score;
};
```

9.1.3 结构体类型成员的引用

C语言系统中除了允许具有相同类型的结构体变量相互赋值以外，一般对结构体变量的使用，包括赋值、存取、运算等都是通过结构体变量的成员来实现的。对结构体变量成员的一般引用形式是：

```
结构体变量名.成员名
```

例如：

```
struct student stu1,stu2;          /* 定义两个结构体类型的变量 */
stu1.num                           /* 即第一个变量的学号 */
stu2.gender                        /* 即第二个变量的性别 */
```

9.1.4　结构体变量的指针和结构体指针变量

结构体变量的指针就是结构体变量所占据的内存段的起始地址。结构体指针变量的值就是结构体变量的起始地址。指针变量可以指向单个的结构体变量，当然也可以指向结构体数组中的元素。定义结构体指针变量的一般形式是：

```
struct 结构体名 *结构体指针变量名;
```

例如：

```
struct student *pstu;
```

定义了结构体指针变量以后，就可以通过该变量来访问结构体变量了。访问的一般形式如下：

```
结构体指针变量名->成员名
```

或

```
(*结构体指针变量名).成员名
```

其中，“－＞”称为指向运算符，这样就得到了3种等价的形式：

```
结构体变量名.成员名;
结构体指针变量名->成员名;
(*结构体指针变量名).成员名;
```

9.1.5　指向结构体数组的指针

对于结构体数组及其元素，可以用指针或者指针变量来指向，即结构体指针变量可以指向一个结构体数组，这时结构体指针变量的值是整个结构体数组的起始地址。

指针变量也可以指向结构体数组的一个元素，这时结构体指针变量的值是该结构体数组元素的起始地址。

9.1.6　共用体

共用体又称为“联合体”。共用体类型的结构是使几个不同的变量共占同一段内存的结构。共用体类型变量的定义形式为：

```
union 共用体名
{成员表列
}变量表列;
```

例如：

```
union data
{int i;
char ch;
float f;
};
union data a,b,c;
```

说明：共用体变量所占的内存长度等于最长的成员的长度。如上面定义的共用体变量a、b和c各占4字节，因为float类型占4字节。

9.1.7 typedef的用法

关键字typedef可用来为已定义的数据类型定义一个“别名”。换句话说，用typedef可为数据类型起个“外号”。

例如：

```
typedef int integer;
typedef unsigne dint unint;
tupedef struct student student;
```

定义新的类型名integer是int的别名，unint是unsignedint的别名，student是struct student的别名。

9.1.8 枚举类型

所谓“枚举”是指将变量的值一一列举出来，变量的值只限于列举出来的值的范围内。枚举类型的定义形式如下：

```
enum 枚举类型名(枚举类型值);
```

例如：

```
enum weekday(sun,mon,tue,wed,thu,fri,sat);
```

枚举类型变量定义：

```
enum weekday day,day1;
```

day和day1是枚举类型的变量，它们的值只能是sun到sat。如：

```
day=sun; day1=tue;
```

说明：枚举类型的值可以比较大小，比较规则是按其在定义时的顺序号比较。如果定义时未人为指定，则第一个枚举元素的值序号为0，后面的元素依次加1。如sun的序号为0，mon的序号为1。

9.2　例题分析与解答

一、选择题

1. 设有以下说明语句：

```
typedef struct
{   int n;
    char ch[8];
}PER;
```

则下面叙述中正确的是________。

A. PER是结构体变量名　　　　B. PER是结构体类型名

C. typedef struct是结构体类型　　　　D. struct是结构体类型名

分析：根据C语言规定，typedef可以用来声明类型名，但不能用来定义变量，显然题目中的PER不可能是变量名，只能是结构体类型名。

答案：B

2. 若有以下结构体定义：

```
struct example
{   int x;
    int y;
}v1;
```

则________是正确的引用或定义。

A. example.x=10；　　　　B. example　v2；v2.x=10；

C. struct　v2；v2.x=10；　　　　D. struct　example　v2={10}；

分析：A的错误是通过结构体名引用结构体成员，B的错误是将结构体名作为类型名使用，C的错误是将关键字struct作为类型名使用，D是定义结构体变量v2并对其初始化的语句，初始值只有前一部分，这是允许的。

答案：D

3. 以下程序的输出结果是________。

```
#include "stdio.h"
typedef union
{   long x[2];
    int y[3];
    char z[2];
```

```
}MYTYPE;
int main()
{   MYTYPE  them;
    printf("%d\n",sizeof(them));
}
```

A. 32　　B. 16　　C. 8　　D. 24

分析：程序说明了一个共用体类型 MYTYPE，并定义了 them 为共用体类型 MYTYPE 的变量。程序要求输出变量 them 所占的字节数。共用体中包含 3 个成员，占用存储空间最大的成员是 x 数组，占用 8 字节，所以变量 them 所占用的存储空间是 8 字节。

答案：C

4. 若有下面的说明和定义：

```
struct  test
{   int m1;
    char m2;
    float m3;
    union  uu
    {   char u1[5];
        int u2[2];
    }ua;
}myaa;
```

则 sizeof(struct test)的值是________。

A. 17　　B. 16　　C. 14　　D. 9

分析：本题是计算结构体变量的大小。结构体变量的大小是各个成员变量大小之和，其中成员变量 ua 是共用体类型，对于共用体来说，所占内存空间的大小等于此共用体中最大的成员长度，所以成员变量 ua 的大小为 8。因为 m1 大小为 4，m2 大小为 1，m3 大小为 4，所以总共是 17。

答案：A

5. 以下各选项想说明一种新的类型名，其中正确的是________。

A. typedef v1 int；　　B. typedef v2＝int；

C. typedef int v3；　　D. typedef v4：int；

分析：本题涉及 typedef 类型定义，C 语言 typedef 的语法格式如下。

```
typedef 原类型名 新类型名
```

所以只有选项 C 符合 C 语言的语法规定。

答案：C

二、填空题

以下定义的结构体类型拟包含两个成员，其中成员变量 info 用来存入整型数据；成员变量 link 是指向自身结构体的指针，请将定义补充完整。

```
struct node
```

```
{   int info;
    * link;
};
```

分析：本题中的结构体类型定义涉及递归定义，只有链表中的结点才会这样定义，即链表结点的结构体定义中，有一个指向自身类型的指针类型分量。

答案：struct node

9.3　测　试　题

一、选择题

1. 当声明一个结构体变量时，系统分配给它的内存是________。

   A. 各成员所需内存的总和

   B. 结构中第一个成员所需的内存量

   C. 成员中占内存量最大者所需的容量

   D. 结构中最后一个成员所需的内存量

2. 设有以下说明语句：

```
struct stu
{   int a;
    float b;
}stutype;
```

则下面的叙述中不正确的是________。

   A. struct 是结构体类型的关键字

   B. struct stu 是用户定义的结构体类型

   C. stutype 是用户定义的结构体类型名

   D. a 和 b 都是结构体成员名

3. 根据下面的定义，能打印出字母 M 的语句是________。

```
#include "stdio.h"
struct person{char name[9];int age;};
struct person  class[10]={"John",17,"Paul",19,"Mary",18};
```

   A. printf("%c\n",class[2].name[0]);

   B. printf("%c\n",class[2].name[1]);

   C. printf("%c\n",class[3].name);

   D. printf("%c\n",class[3].name[0]);

4. 下面程序的运行结果是________。

```
#include "stdio.h"
int main()
{   struct  cmplx{int x;int y;}cnum[2]={1,3,2,7};
    printf("%d\n",cnum[0].y/cnum[0].x * cnum[1].x);
```

```
}
```

A. 0　　B. 1　　C. 3　　D. 6

5. 若有以下定义和语句：

```
struct student
{   int age; int num;};
    struct student stu[3]={{1001,20},{1002,19},{1003,21}};
int main()
{   struct student *p;
    p=stu;
     ⋮
}
```

则以下不正确的引用是________。

A. (p++)->num　　B. p++

C. (*p).num　　D. p=&stu.age

6. 若有以下说明和语句：

```
struct student
{   int age;
    int num;
}std, *p;
```

则以下对结构体变量 std 中成员 age 的引用方式不正确的是________。

A. std.age　　B. p->age　　C. (*p).age　　D. *p.age

7. 当声明一个共用体变量时系统分配给它的内存是________。

A. 各成员所需内存的总和

B. 结构中第一个成员所需的内存量

C. 成员中占内存量最大者所需的容量

D. 结构中最后一个成员所需的内存量

8. C 语言共用体类型变量在程序运行期间________。

A. 所有成员一直驻留在内存中　　B. 只有一个成员驻留在内存中

C. 部分成员驻留在内存中　　D. 没有成员驻留在内存中

9. 请选择正确的运行结果填写到程序中的每个打印语句后的注释行内。

```
#include "stdio.h"
int main()
{   union{short int a[2];long b;char c[4];}s;
    s.a[0]=0x39;
    s.a[1]=0x38;
    printf("%lx\n",s.b);/* 【1】 */
    printf("%c\n",s.c[0]); /* 【2】 */
}
```

【1】A. 390038　　B. 380039　　C. 3938　　D. 3839

【2】A. 39　　B. 9　　C. 38　　D. 8

10. 下面对 typedef 的叙述中不正确的是________。

A. 用 typedef 可以定义各种类型名，但不能用来定义变量

B. 用 typedef 可以增加新类型

C. 使用 typedef 有利于程序的通用和移植

D. 用 typedef 只是将已存在的类型用一个新的标识符来代表

11. 以下程序的运行结果是________。

```
typedef union {longa[2];short int b[2];charc[8];}TY;
TY our;
int main()
{   printf("%d\n",sizeof(our));
}
```

A. 32　　B. 16　　C. 8　　D. 4

二、填空题

1. 如果需要将几种不同类型的变量存放到同一段内存单元中，可以使用【1】类型数据。如果一个变量只有几种可能的值，则可以定义【2】类型数据结构。

2. 以下程序用来输出结构体变量 ex 所占存储单元的字节数，请填空。

```
#include "stdio.h"
struct st
{   char name[20];
    double score;};
int main()
{   struct st ex;
    printf("ex size:%d\n",sizeof());
}
```

3. 若有下面的定义：

```
struct
{int x;int y;}s[2]={{1,2},{3,4}}, *p=s;
```

则表达式 ++p->x 的值为【1】，表达式(++p)->x 的值为【2】。

4. 以下程序的运行结果是________。

```
struct  n
{   int x;
    char c;
};
#include "stdio.h"
int main()
{   struct n a={10,'x'};
    func(a);
    printf("%d,%c",a.x,a.c);
```

```
}
func(struct n b)
{    b.x=20;b.c='y'; }
```

5. 设有3人的姓名和年龄存放在结构体数组中，以下程序输出3人中年龄居中者的姓名和年龄，请填入正确内容。

```
static struct man
{   char name[20];
    int age;
}person[]={"Liming",18,"Wanghua",19,"Zhangping",20};
int main()
{   int i,j,max,min;
    max=min=person[0].age;
    for(i=1;i<3;i++)
        if(person[i].age>max)【1】;
        else if(person[i].age<min)【2】;
            for(i=0;i<3;i++)
                if((person[i].age<max【3】person[i].age>=min )
                    printf("%s%d\n",person[i].name,person[i].age);
}
```

6. 以下程序调用readrec()函数把4名学生的学号、姓名、4项成绩以及平均分存放在一个结构体数组中，学生的学号、姓名和4项成绩由键盘输入，然后计算出平均分存放在结构体对应的成员中，调用writerec()函数输出10名学生的记录。请填入正确的内容。

```
include "stdio.h"
struct stud
{   char num[5],name[10];
    int s[4];
    int ave;
};
int main()
{   struct stud st[30];
    int i,k;
    for(k=0;k<4;k++)readrec(&st[k]);
        writerec(st);
}
readrec(struct stud * rec)
{   int i,sum;char ch;
    gets(rec->num);gets(rec->name);
    for(i=0;i<4;i++)scanf("%d",【1】);          /* 读入4项成绩 */
    ch=getchar();                              /* 跳过输入数据最后的回车符 */
    sum=0;
    for(i=0;i<4;i++)sum=【2】                    /* 累加4项成绩 */
        rec->ave=sum/4.0;
}
writerec(struct stud * s)
{   int k,i;
    for(k=0;k<4;k++)
```

```
    {   printf("%s%s\n",(*(s+k)).num,(*(s+k)).name);
        for(i=0;i<4;i++)
            printf("%5d",【3】);
        printf(" %5d\n",(*(s+k)).ave);
    }
}
```

7. 位段就是以位为单位定义长度的【1】类型中的成员，就是把一个字节中的二进制位划分为几个不同的区域，并说明每个区域的【2】。

三、编程题

1. 利用结构体类型编写一个程序，实现输入一个学生的计算机程序设计课程的平时、期中和期末成绩，然后按平时成绩占10%，期中成绩占20%，期末成绩占70%的比例计算出该学生的学期成绩，并输出。

2. 利用指向结构体的指针编写一个程序，实现输入3个学生的学号、平时成绩、期中成绩和期末成绩，然后计算学期成绩，平时、期中和期末成绩所占比例分别为10%、20%和70%。

3. 定义枚举类型money，用枚举元素代表人民币的面值，包括1角、5角、1元、5元、10元、50元和100元。

9.4 实验案例

1. 编程求复数

1）实验要求

编写程序，用结构体的方法进行两个复数的相减。

2）算法分析

略。

完善下列程序。

```
#include <stdio.h>
struct Complex
{   double  m_r;                          //定义复数的实部
    double   m_i;                         //定义复数的虚部
};
int main()
{   struct  Complex  c1 ={1.2,2.3},c2={0.2,0.3};
    struct  Complex  c;
    【1】;
    c.m_i=【2】;
    printf("c=%g+i%g\n",c.m_r,c.m_i);
}
```

2. 编程，判断某日是本年中的第几天

1）实验要求

定义一个包括年、月、日的结构体。编写程序，输入一个日期，计算该日在本年中是第几天。注意闰年问题。

2）算法分析

判断闰年的条件：年份能被4整除但不能被100整除为闰年；年份能被400整除为闰年。如果是闰年则2月份为29天，否则为28天。

要求输出某日是当年的第几天(用d表示)，d应加上过去月份的天数和当月过去的天数。

完善下列程序。

```
#include <stdio.h>
struct djt
{   int  day;
    【1】;
    int year;
};
int  main()
{   int dayof[13]={0,31,28,31,30,31,30,31,31,30,31,30,31};
    struct djt date, * p;
    int i,d;
    printf("请输入年、月、日:  \n");
    scanf("%d%d%d",&date.year,&date.month,&date.day);
    【2】;
    if(p-year==0)printf("数据错误!");
    else
        {   if(【3】)dayof[2]=29;
                【4】;
                for(i=1;i<p->month;i++)
                d=d+dayof[i];
                printf(" %d \n",d);
        }
}
```

3. 编程统计学生成绩

1）实验要求

有10个学生，每个学生的数据包括学号、姓名、3门课程的成绩。编写程序，从键盘输入10个学生的数据，要求输出3门课程的平均成绩，以及3门课程总分最高的学生的学号、姓名、3门课程的成绩。

2）算法分析

略。

完善下列程序。

```
#include <stdio.h>
#define N 10
struct student
{   char num[6];                            //学号
    char name[8];                           //姓名
    float 【1】;                            //3门课程的成绩
    float avr;                              //3门课程的平均分
}stu[N];
int main()
```

```
{   int i,j,maxi;
    float sum,max,average;
    for(i=0;i<N;i++)
    {   scanf("%s",stu[i].num);
        scanf("%s",stu[i].name);
        for(j=0;j<3;j++)
            【2】;                              //输入 3 门课程的成绩
    }
    average=0;max=0;maxi=0;
    for(i=0;i<N;i++)
    {   sum=0;
        for(j=0;j<3;j++)
        sum+=stu[i].score[j];
        stu[i].avr=【3】;
        average=average+stu[i].avr;
        if(sum>max){max=sum;【4】;}
    }
    average=average/N;
    for(i=0;i<N;i++)
    {   printf("%5s%10s",stu[i].num,stu[i].name);
        for(j=0;j<3;j++)
            printf("%9.2f",stu[i].score[j]);
            printf("%8.2f\n",stu[i].avr);
    }
    printf("总平均分： %5.2f\n",average);
    printf("最高分学生信息：  %s,%s,",stu[maxi].num,stu[maxi].name);
    printf( "%6.2f,%6.2f,%6.2f\n",stu[maxi].score[0],stu[maxi].score[1],
    stu[maxi].score[2]);
}
```

4. 观察共用体变量的定义和使用

1）实验要求

观察和分析共用体类型的定义和共用体变量的使用方法。

2）实现代码

输入下列程序，并运行。

```
#include "stdio.h"
union A
{   int x;
    char s[8];
};
int main()
{   union A x={'A'};
    printf("x.x 的值： %x,",x.x);
    printf("x.s 的值： %s\n",x.s);
}
```

思考：

(1) 运行结果是什么？

（2）为什么是这样的结果？

5. 观察共用体变量的初始化

1）实验要求

观察和分析共用体变量初始化形式。

2）实现代码

输入下列程序，分析运行结果。

```
#include "stdio.h"
struct A
{   int x;
    int y;
};
union B
{   struct A a;
    int x;
    char s[8];
};
int main()
{   union B x={0x10,0x20};
    union B y=x;
    printf("y.a.x的值:  %x\n",y.a.x);
    printf("y.x的值:  %x\n",y.x);
}
```

思考：

（1）初始化数据是什么进制的数据？

（2）为什么得到这样的结果？

6. 练习枚举类型的使用

1）实验要求

编写程序，用0～6代表Sunday（星期日）～Saturday（星期六），并保存到枚举类型变量中。从键盘输入0～6的任意一个数，输出对应的星期几。

2）算法分析

定义枚举类型weekday，枚举元素为Sunday～Saturday，用switch…case多分支语句实现。

7. 练习typedef类型的使用

实验要求

定义一种类型的别名，用这种别名定义变量的类型。

算法分析（略）

输入下列程序，仔细斟酌typedef的用法。

```
#include  <stdio.h>
typedef int INT;
typedef int * PINT;
int main()
{   INT a=10,b=10;
```

```
    PINT p;
    p=&a;
    *p=*p+b;
    printf("%d\n",a);
}
```

第 10 章

编译预处理

10.1 知识要点

10.1.1 编译预处理

编译预处理是在C语言系统进行编译的第一遍扫描(词法扫描和语法分析)之前所做的工作。C语言提供3种预处理功能:宏定义、文件包含和条件编译。

10.1.2 宏定义

在C语言源程序中允许用一个标识符来表示一个字符串,称为“宏”。被定义为“宏”的标识符称为“宏名”。在编译预处理时,对程序中所有出现的“宏名”,都用宏定义中的字符串去替换,这称为“宏替换”或“宏展开”。

不带参数的宏定义是用一个指定的标识符来代表一个字符串,其定义的一般形式为:

```
#define 标识符字符串
```

带参数的宏定义需要进行参数替换。其定义的一般形式为:

```
#define 宏名(形参表)字符串
```

10.1.3 文件包含

“文件包含”处理(又称“文件包括”)是指一个源文件可以将另外一个指定的源文件的全部内容包含进来,即将另外的文件包含到本文件之中。C语言用 #include 命令来实现“文件包含”的操作。其一般形式为:

```
#include "文件名"
```

文件包含命令的功能是把指定的文件插入该命令行位置取代该命令行,从而把指定的文件和当前的源程序文件连成一个源文件。

10.1.4 条件编译

条件编译就是对某段程序设置一定的条件,符合条件才能编译这段程序。条件编译的形式有如下3种。

第一种形式：

```
#ifdef 标识符
    程序段 1
#else
    程序段 2
#endif
```

其中的标识符是一个符号常量，如果标识符已用＃define 命令定义过，则对程序段 1 进行编译；否则，对程序段 2 进行编译。

第一种形式中的＃else 及其后的程序段 2 可省略，写成：

```
#ifdef 标识符
    程序段
#endif
```

如果标识符已被＃define 命令定义过，则对程序段进行编译；否则，不编译程序段。

第二种形式：

```
#ifndef 标识符
    程序段 1
#else
    程序段 2
#endif
```

这种形式与第一种形式的区别是将 ifdef 改为 ifndef。其作用是：如果标识符未被＃define 命令定义过，则对程序段 1 进行编译；否则，对程序段 2 进行编译。它与第一种形式的功能正好相反。

第三种形式：

```
#if 常量表达式
    程序段 1
#else
    程序段 2
#endif
```

其功能是：如果常量表达式的值为真(非 0)，则对程序段 1 进行编译；否则，对程序段 2 进行编译。

10.2　例题分析与解答

一、选择题

1. 以下程序的输出结果是________。

```
#define M(x,y,z) x*y+z
```

```
int main()
{   int a=1,b=2,c=3;
    printf("%d\n", M(a+b,b+c,c+a));
}
```

A. 19　　B. 17　　C. 15　　D. 12

分析：本题涉及带参数的宏定义，表达式 M(a+b,b+c, c+a)带有 3 个参数，编译预处理后，变为 a+b * b+c+c+a，当前值代入变量后，表达式为 1+2 * 2+3+3+1。

答案：D

2. 以下程序的输出结果是________。

```
#define SQR(X) X * X
int main()
{   int a=16, k=2, m=1;
    a=(k+a)/SQR(k+m);
    printf("%d\n",a);
}
```

A. 16　　B. 12　　C. 9　　D. 1

分析：本题涉及带参数的宏定义，表达式 SQR(k+m)预处理后，替换为 k+m * k+m，题目中最后实际计算的是 a=(k+a)/ k+m * k+m，即 a=(2+16)/2+1 * 2+1。

答案：B

3. 有如下程序：

```
#define N 2
#define M N+1
#define NUM 2 * M+1
int  main()
{   int i;
    for(i=1;i<=NUM;i++)
    printf("%d\n",i);
}
```

该程序中的 for 循环执行的次数是________。

A. 5　　B. 6　　C. 7　　D. 8

分析：本题涉及多重宏定义嵌套，题目中 NUM 经过编译预处理后，替换为 2 * M+1，进一步替换为 2 * N+1+1，再进一步替换为 2 * 2+1+1。

答案：B

4. 以下程序的输出结果是________。

```
#define f(x) x * x
int main()
{   int a=6,b=2,c;
    c=f(a)/f(b);
    printf("%d \n",c);
```

```
}
```

A. 9　　　　B. 6　　　　C. 36　　　　D. 18

分析：本题涉及带参数的宏定义，程序中表达式 c=f(a)/f(b)经过预处理后，替换为 a * a/b * b，题目中实际计算的表达式是 6 * 6/2 * 2。

答案：C

二、填空题

1. 设有如下宏定义：

```
#define MYSWAP(z,x,y){z=x;x=y;y=z;}
```

以下程序段通过宏调用实现变量 a、b 值的交换，请填空。

```
float a=5,b=16,c;
MYSWAP(________,a,b);
```

分析：本题涉及带参数的宏定义，从宏定义#define MYSWAP(z,x,y){z=x; x=y; y=z;}中即可看出，利用 z 作为中间变量交换 x、y 的值，结合题目填入 c，即利用 c 作为中间变量交换变量 a、b 的内容。

答案：c

2. 以下程序的输出结果是________。

```
#define MAX(x,y)(x)>(y)?(x):(y)
int main()
{   int a=5,b=2,c=3,d=3,t;
    t=MAX(a+b,c+d) * 10;
    printf("%d\n",t);
}
```

分析：本题涉及带参数的宏定义，表达式 t=MAX(a+b,c+d) * 10 经过编译预处理后，替换为 t=(a+b)>(c+d)? (a+b):(c+d)，即 t=(5+2)>(3+3)? (5+2):(3+3)。

答案：7

3. 下面程序的输出结果是________。

```
#define PT 5.5
#define s(x)PT * x * x
int main()
{   int a=1,b=2;
    printf("%4.1f\n",s(a+b));
}
```

分析：本题涉及编译预处理，s(a+b)代换为 PT * a+b * a+b，进一步代换为 5.5 * a+b * a+b，所以实际输出时计算的表达式是 5.5 * 1+2 * 1+2。

答案：9.5

10.3 测　试　题

一、选择题

1. 以下程序的输出结果是________。

```
#define  MIN(x,y)(x)<(y)?(x):(y)
int  main()
{  int i,j,k;
   i=10; j=15; k=10*MIN(i,j);
   printf("%d\n",k);
}
```

A. 15　　　B. 100　　　C. 10　　　D. 150

2. 以下程序中的for循环执行的次数是________。

```
#define N 3
#define NUM (N+1)/2
int main()
{  int i;
   for(i=1; i<=NUM; i++)printf("%d\n",i);
}
```

A. 3　　　B. 2　　　C. 1　　　D. 4

3. 以下程序的输出结果是________。

```
#include "stdio.h"
#define FUDGF(y)2.84+y
#define PR(a)printf("%d",(int)(a))
#define PRINT1(a)PR(a); putchar(\'\n\')
int  main()
{  int x=2;
   PRINT1(FUDGF(5)*x);
}
```

A. 11　　　B. 12　　　C. 13　　　D. 15

4. 以下叙述中正确的是________。

A. 用#include包含的头文件的扩展名不可以是“.a”

B. 若一些源程序中包含某个头文件，当该头文件有错时，只需对该头文件进行修改，包含此头文件的所有源程序不必重新编译

C. 宏命令行可以看作是一行C语句

D. C编译中的预处理是在编译之前进行的

二、填空题

1. C语言提供了3种预处理语句，它们是【1】、【2】和条件编译。

2. 下面程序中for循环的执行次数是【1】，输出结果为【2】。

```
#include"stdio.h"
#define N 2
#define M N+2
#define NUM M/2
int main()
{   int i;
    for(i=1;i<=NUM;i++);
    printf("%d\n",i);
}
```

3. 下面程序的输出结果是________。

```
#define PR(ar)printf("%d", ar)
#include "stdio.h"
int main()
{ int j, a[]={ 1,3,5,7,9,11,13,15}, *p=a+5;
    for(j=3; j; j--)
    {   switch(j)
        {   case 1:
            case 2:PR(*p++); break;
            case 3:PR(*(--p));
        }
    }
}
```

4. 下列程序的输出结果是________。

```
#define N 10
#define s(x)x*x
#define f(x)(x*x)
#include "stdio.h"
int main()
{   int i1,i2;
    i1=1000/s(N);i2=1000/f(N);
    printf("%d%d\n",i1,i2);
}
```

5. 下列程序的输出结果是________。

```
#define NX 2+3
#define NY NX*NX
#include "stdio.h"
int main()
{int i=0,m=0; for(;iNY;i++)m++; printf("%d\n",m);}
```

6. 下列程序的输出结果是________。

```
#define MAX(a,b)ab
#define EQU(a,b)a==b
```

```
#define MIN(a,b)ab
#include "stdio.h"
int  main()
{   int a=5,b=6;
    if(MAX(a,b))printf("MAX\n");
    if(EQU(a,b))printf("EQU\n");
    if(MIN(a,b))printf("MIN\n");
}
```

7. 下列程序的输出结果是________。

```
#define TEST1
#include "stdio.h"
int main()
{   int x=0,y=1,z; z=2*x+y;
    #ifdef TEST
        printf("%d %d ",x,y);
    #endif
    printf("%d\n",z);
}
```

8. 下列程序的输出结果是________。

```
#include "stdio.h"
#define Max100
int main()
{   int i=10;
    float x=12.5;
    #ifdef Max
        printf("%d\n",i);
    #else
        printf("%.1f\n",x);
    #endif
    printf("%d,%.1f\n",i,x);
}
```

三、编程题

1. 输入两个整数，并利用带参数的宏定义，求其相除的商。
2. 利用带参数的宏定义实现求给定一个数的绝对值。
3. 从键盘输入3个整数，利用宏定义求出其中的最小值。
4. 编写一个程序，从键盘输入三角形的三条边的长度，利用带参数的宏定义，求三角形的面积。
5. 定义一个宏，判断给定年份是否为闰年。

10.4 实验案例

1. 编写程序，定义无参宏

1）实验要求

定义一个无参宏表示 3.1415926，输入圆的半径 r，求圆面积 s。

2）算法分析

宏定义：#define pi 3.1415926。程序中需要用 3.1415926 的地方全部用 pi 来代替。

2. 编写程序，定义带参宏

1）实验要求

定义一个带参数的宏，使两个参数的值互换。在主函数中输入两个数作为使用宏的实参，输出已交换后的两个值。

2）算法分析

使用以下宏定义：

```
#define SWAP(a,b)t=b;b=a;a=t
```

调用格式：

```
SWAP(a,b);
```

3. 编写程序，利用宏求整数的余数

1）实验要求

定义一个带参数的宏，求两个整数的余数。通过宏调用，输出求得的结果。

2）算法分析

略。

完善下列程序。

```
#define R(m,n)【1】                    //求 m 除以 n 的余数
#include "stdio.h"
int main()
{   int m,n;
    printf("enter two integers:\n");
    scanf("%d%d",&m,&n);
    printf("remainder=%d\n",【2】);
}
```

4. 编写程序，利用宏求 3 个数中的最大数

1）实验要求

利用带参数的宏，从 3 个数中找出最大者。

2）算法分析

略。

完善下列程序。

```
#include "stdio.h"
#define MAX(a,b)(【1】)                //定义宏
int main()
{   int m,n,k;
    printf("enter 3 integer:\n");
```

```
    scanf("%d%d%d",&m,&n,&k);
    printf("max=%d\n",MAX(【2】,k));
}
```

5. 编写程序，利用宏判断整数能否被3整除

1）实验要求

输入一个整数，判断它能否被3整除。要求利用带参数的宏实现。

2）算法分析

略。

完善下列程序。

```
#include <stdio.h>
#define DIV(m) (m)%3==0
int main()
{   int m;
    printf("enter a integer:\n");
    scanf("%d",&m);
    if ( 【1】 )
        printf("%d is divided by 3\n",m);
    else
        printf("%d is not divided by 3\n",m);
}
```

6. 分析条件编译的应用

1）实验要求

分析下列两个程序代码的功能。

2）算法分析

略。

（1）输入下列程序，分析运行结果。

```
#include <stdio.h>
#define Max 100
int main()
{   float x= 12.5;
    #ifdef MAX
        printf(" % d\n",i);
    #else
        printf(" %.2f\n", x);
    #endif
    printf(" % d, %.2f\n", i,x);
}
```

（2）输入下列程序，分析运行结果。

```
#include <stdio.h>
#define M 5
int main()
```

```
{   float c,s;
    printf ("input a number:");
    scanf(" %f",&c);
    #if M
       r=3.14159*c*c;
       printf("area of round is:%f\n",r);
    #else
       s=c*c;
       printf("area of square is:%f\n",s);
    #endif
}
```

思考：

(1) 简述上述(1)中程序的功能。

(2) 简述上述(2)中程序的功能。

第 11 章

内存的使用

11.1 知 识 要 点

11.1.1 动态使用内存

C 语言的函数库中提供了程序在运行时动态申请内存的库函数，当程序在运行时如果需要一些内存，可以随时向系统进行申请调用这些函数。使用动态内存管理的库函数时要包含 stdlib.h 头文件，也有些系统需要包含 malloc.h 头文件，根据自己的编译程序进行测试。

1. 分配内存

1）malloc()函数

```
int * malloc(unsigned int size)
```

作用：在系统内存的动态存储区中分配一个长度为 size 字节的连续内存空间，并将此存储空间的起始地址作为函数值返回。如果内存缺乏足够大的空间进行分配，则 malloc()函数值为 NULL。malloc()函数分配的内存并不进行初始化。

2）calloc()函数

```
int * calloc(unsigned int n,unsigned int size)
```

作用：分配 n 个长度为 size 字节的连续空间。此函数返回值为该空间的首地址。如果分配不成功，则返回 NULL。calloc()函数分配的内存初始化为 0。

3）realloc()函数

```
int * realloc(int * ptr,unsigned int size)
```

作用：将 ptr 指向的存储区(是原先用 malloc()函数分配的)的大小改为 size 字节。可以使 malloc()函数分配的内存区扩大或缩小。函数返回值为新的存储区的首地址。

2. 释放内存

```
int free(int * ptr)
```

作用：将指针变量 ptr 指向的内存空间释放，即交还给系统。ptr 只能是由在程序中执行过的 malloc()或 calloc()函数所返回的地址。

11.1.2　链表的概念

动态内存的使用可以通过链表实现。链表中的每一个元素称为一个“结点”。除头指针外，每个结点中含有一个指针域和一个数据域。数据域用来存储用户需要用的实际数据；指针域用来存储下一个结点的地址，并指出其后续结点的位置。而其最后一个结点没有后续结点，它的指针域为空(空地址 NULL)。另外，还需要设置一个“头指针”head，指向链表的第一个结点。

链表中各元素在内存中可以不是连续存放的，如果要找某一元素就必须先找到上一个元素，根据它提供的下一个元素地址才能找到下一个元素。如果没有头指针，那么整个链表就都不能访问。为实现链表的这种结构，就必须用到指针变量。一个结点中必须包含一个指针变量，这个指针变量存放的是下一个结点的地址。

11.1.3　链表的建立

使用链表的一个很重要的优点就是插入、删除运算灵活方便，不需要移动结点，只需要改变结点中指针域的值即可，链表中的每一个结点都是同一种结构类型。例如，一个存放学生学号和成绩的结点应为以下结构：

```
struct student
{   int num;
    int score;
    struct student * next;
};
```

前两个成员项 num 和 score 组成数据域，后一个成员项 next 构成指针域，它是一个指向 student 类型结构体的指针变量。

11.1.4　链表的查找与输出

如果将链表中各个结点的数据依次输出，比较容易处理。首先，需要知道链表的头结点的地址，也就是 head 的值。然后可以设一个指针变量 p 指向第一个结点，输出该结点后使 p 移向下一个结点，再输出下一个结点，直到链表的尾结点。

11.1.5　释放链表

链表中使用的内存是由用户动态申请分配的，所以在链表使用完后，主动把这些内存交还给系统。释放链表占用的内存要考虑链表对内存的使用方式。

(1) 从链表首结点开始释放内存，算法如下：

① 将链表第二个结点设为新的首结点；

② 释放原来的首结点；

③ 重复①～②。

(2) 从链表尾结点开始释放内存，算法如下：

① 找到链表的尾结点；

② 将尾结点的前一个结点设为新的尾结点；

③ 释放旧的尾结点；

④ 重复①～③。

（3）删除链表中指定值的结点，算法如下：

① 如果首结点是要删除的结点，则删除首结点，返回新的首结点地址；

② 找到要删除的结点；

③ 使要删除的结点的前一个结点的 next 指针指向删除结点的下一结点地址；

④ 返回原首结点地址。

11.2 例题分析与解答

一、选择题

1. 以下程序的输出结果是________。

```
struct HAR
{   int x,y;
    struct HAR *p;
}h[2];
#include <stdio.h>
int main()
{   h[0].x=1;
    h[0].y=2;
    h[1].x=3;
    h[1].y=4;
    h[0].p=&h[1];h[1].p=h;
    printf("%d%d\n",(h[0].p)->x,(h[1].p)->y);
}
```

A. 12　　B. 23　　C. 14　　D. 32

分析：本题定义了一个结构体数组 h，h 的两个元素都是结构体 struct HAR 类型，从这个结构体类型的定义来判断，是链表的结点类型，h 的两个元素可以用来构成链表结点，题目中结点 h[0]的指针分量指向结点 h[1]，而结点 h[1]的指针分量又指向 h[0]。

答案：D

2. 下面程序的输出结果为________。

```
struct  st
{   int x;
    int *y;
}*p;
int dt[4]={10,20,30,40};
struct st aa[4]={ 50,&dt[0],60,&dt[1],70,&dt[2],80,&dt[3] };
#include <stdio.h>
int main()
{   p=aa;
    printf("%d,",p->x);
    printf("%d,",(++p)->x);
    printf("%d\n",*(p->y));
```

```
}
```

A. 10 ，20 ，20　　B. 50，60，20　　C. 51，60 ，21　　D. 60，70，31

分析：题目中定义了一个结构体数组aa，第一条printf语句中，p－＞x的值为50，所以输出50；第二条printf语句中，指针p先自加，即指针p指向aa中第二个元素，所以输出60；第三条printf语句中，p－＞y的值是dt[1]的地址，即&dt[1]，而＊&dt[1]就是dt[1]，所以输出20。

答案：B

二、填空题

以下程序段用于构建一个简单的单向链表。请填空。

```
struct STRU
{   int x, y;
    float rate;
    _______ p;
}a,b;
a.x=0; a.y=0;
a.rate=0;a.p=&b;
b.x=0;b.y=0;
b.rate=0;b.p=NULL;
```

分析：本题先定义了结构体类型变量a、b，然后利用"a.p=&b;"将两个变量链接起来，从程序中的"a.p=&b;"这一句即可判断出结构体中分量p的类型为结构体b的地址类型即struct STRU，这里struct STRU中分量p的定义是递归定义，在链表结点定义中常用这种方法。

答案：struct STRU ＊

11.3　测　试　题

一、选择题

1. 若有以下声明和语句，则值为6的表达式是________。

```
struct st
{   int n;
    struct st *next;
};
struct st a[3], *p;
a[0].n=5; a[0].next=&a[1];
a[1].n=7; a[1].next=&a[2];
a[2].n=9; a[2].next=NULL;
p=&a[0];
```

A. p－＞n　　　　B. (p－＞n)＋＋

C. (＊p).n　　　　D. ＋＋(p－＞n)

2. 设有以下声明和定义语句，则下面表达式中值为3的是________。

```
struct s
{   int i;
    struct s *p;
};
static struct sa[3]={1,&a[1],2,&a[2],3,&a[0]}, *ptr;
ptr=&a[1];
```

A. ptr－＞i＋＋　　B. ptr＋＋－＞i　　C. ＊ptr－＞i　　D. ＋＋ptr －＞i

3. 若要利用下面的程序片段使指针变量 p 指向一个存储整型变量的存储单元，请填空。

```
int *p;
p=_______ malloc(sizeof(int));
```

A. int　　B. int＊　　C. (＊int)　　D. (int ＊)

4. 以下程序的功能是：读入一行字符(如：a,b,…,y,z)，按输入时的逆序建立一个链表，即先输入的位于链表尾(见图 11-1)，然后再按输入的相反顺序输出，并释放全部结点。请选择正确的内容填空。

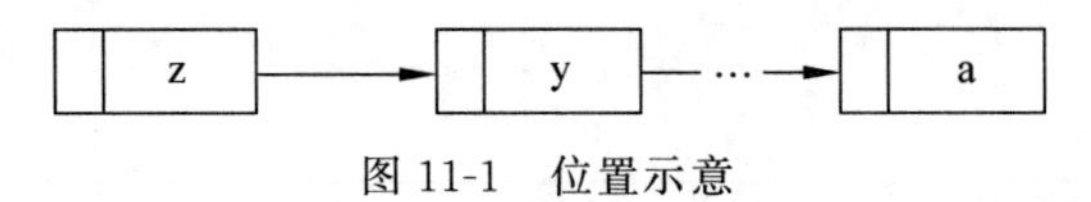

图 11-1　位置示意

```
#include "stdio.h"
#define getnode(type)【1】malloc(sizeof(type))
int main()
{   struct node
    {   char info;
        struct node *link;
    }*top, *p;
    char c;
    top=NULL;
    while((c=getchar())【2】)
    {   p=getnode(structnode);
        p->info=c;
        p->link=top;
        top=p;
    }
    while(top)
    {   【3】;
        top=top->link;
        putchar(p->info);
        free(p);
    }
}
```

【1】A. (type)　　B. (type＊)　　C. type　　D. type＊

【2】A. ＝＝'\0'　　B. !＝'\0'　　C. ＝＝'\n'　　D. !＝'\n'

【3】A. top＝p　　B. p＝top　　C. p＝＝top　　D. top＝＝p

5. 若有以下定义：

```
struct link
{   int data;
    struct link * next;
}a,b,c, * p, * q;
```

且变量 a 和 b 之间已有如图 11-2 所示的链表结构，指针 p 指向变量 a，q 指向变量 c。则能把 c 插入 a 和 b 之间并形成新的链表的语句组是________。

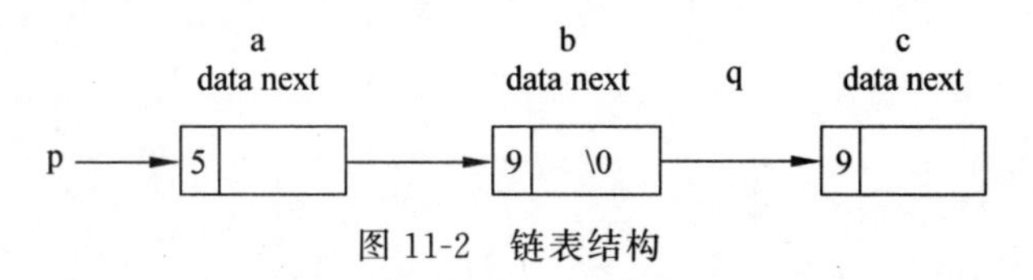

图 11-2　链表结构

A. a.next=c; c.next=b;

B. p.next=q; q.next=p.next;

C. p->next=&c; q->next=p->next;

D. (*p).next=q; (*q).next=&b;

二、填空题

1. 以下代码中，MIN()函数的功能是：在带有头结点的单向链表中，查找结点数据域的最小值作为函数值返回，请填空。

```
struct node
{   int data;
    struct node * next;
};
int MIN(struct node * first)
{   struct node * p;
    int m;
    p=first->next;
    m=p->data;
    for(p=p->next; p!='\0'; p=【1】)
        if(【2】)m=p->data;
    return m;
}
```

2. 函数 creat()用来建立一个带头结点的单向链表，新产生的结点总是插在链表的末尾，单向链表的头指针作为函数值返回，请填空。

```
#include "stdio.h"
struct list
{   char data;
    struct list * next;
};
struct list * creat()
{   struct list * h, * p, * q;
```

```
    char ch ;
    h=(struct list *)malloc(sizeof(【1】));
    p=q=h;
    ch=getchar();
    while(ch!='n')
        {   p=【2】malloc (sizeof (struct list));
            p->data=ch;q->next=p;q=p;
            h=getchar();
        }
    p->next='\0';
    【3】;
}
int main()
{   struct list *p;
    p=creat()->next;
    while(p!=NULL)
    {   printf("%c\n",【4】);             /*输出链表中结点的数据*/
        p=p->next;}
    }
```

3. 以下程序建立了一个带有头结点的单向链表，链表结点中的数据通过键盘输入，当输入数据为－1时，表示输入结束(链表头结点的 data 域不放数据，表空的条件是 ph－＞next＝＝NULL)，请填空。

```
#include <stdio.h>
struct list
{   int data;
    struct list *next;};
【1】creatlist()
{ struct list *p, *q, *ph;
    int a;
    ph=(struct list *)malloc(sizeof(struct list));
    p=q=ph;
    scanf("%d",&a);
    while(a!=-1)
    {   p=(struct list *)malloc(sizeof(struct list));
        p->data=a;
        q->next=p;
        【2】=p;
        scanf("%d",&a);
    }
    p->next='\0';
    return(ph);
}
int main()
{   struct list *head, *p;
    head=creatlist(); p=head->next;
    while(p->next!=NULL)
    {   printf("%d\n",p->data);
        p=p->next;
    }
```

```
    【3】
}
```

三、编程题

1. 创建一个 5 个结点的链表，每个结点分别存放 5 个学生的信息，每个学生的信息包括学号、姓名、成绩 3 项。现要求编写一个程序找出成绩最高和最低者的姓名和成绩。

2. 已知 head 指向一个带头结点的单向链表，链表中每个结点包含字符型数据域(data)和指针域(next)。请编写函数实现在值为'a'的结点前插入值为'k'的结点，若没有值为'a'的结点，则插在链表最后。

11.4　实 验 案 例

1. 编写程序建立链表

1) 实验要求

建立一个如图 11-3 所示的简单链表，它由 3 个学生数据的结点组成。

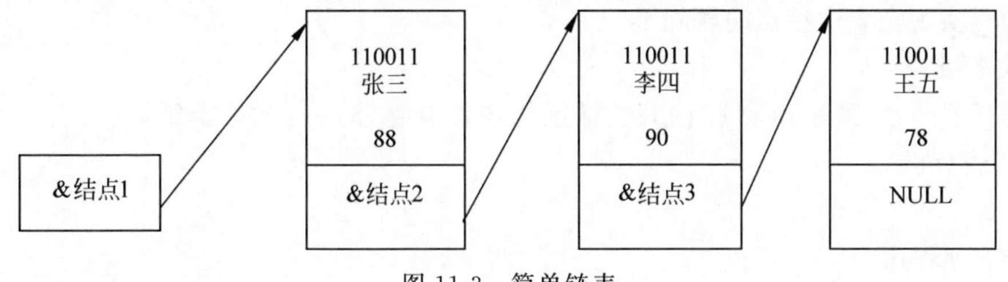

图 11-3　简单链表

2) 算法分析

建立 4 个结构体指针 a、b、c 和 head，其中 head 用来保存链表首地址，初始的 NULL 值代表它还是一个空链表。创建链表的 3 个结点并将地址保存到 a、b、c 变量中，将 a 中地址保存到 head 变量中，head 开始的链表中就有了一个结点。将 b 中地址保存到 a－＞next 中，链表中就有了 2 个结点。将 c 中地址保存到 b－＞next 中，head 开始的链表中就有了 3 个结点。将 NULL 保存到 c－＞next 中，完成链表结尾。

完善下列程序。

```
#include <stdio.h>
#include <string.h>
#include <stdlib.h>
struct student
{   int num;                            /* 学号 */
    char name[20];                      /* 姓名 */
    double  score;                      /* 成绩 */
    struct  student * next;             /* 下一个结点地址 */
};
int main()
{   struct student * a, * b, * c, * head=NULL;
    a=malloc(sizeof(struct student));
    a->num=110011;
```

```
    strcpy(a->name,"张三");
    a->score=88.5;
    b=【1】;
    b->num=110012;
    【2】;
    b->score=90.2;
    c=malloc(sizeof(struct student));
    c->num=110013;
    strcpy(c->name,"王五");
    c->score=77.0;
    head= a;                        /*将结点 a 的起始地址赋给头指针 head*/
    a->next=b;
    b->next=c;
    c->next=NULL;
    free(a);
    【3】;
    free(c);
}
```

2. 编程实现链表中结点的删除

1）实验要求

编写一个函数，删除 head 指向开始结点的链表中值为 num 的一个结点。

2）算法分析

略。

完善下列程序。

```
struct SNode
{   int num;                        /*学号*/
    struct  SNode *next;            /*下一个结点地址*/
};
struct SNode *delete_node(struct SNode *head,int num)
{   struct SNode *p1,*p2;
    if(!head)                       /*判断是否为空链表*/
        return NULL;
    if(head->num==num)
    {   p1=head;
        head=【1】;
        free(p1);
    }
    else
    {   p2=p1=head;
        while(p2-num!=num&&p2-next!=NULL)
            {   p1=p2;
                p2=【2】;
            }
        if(p2-num==num)
            {【3】;
            free(p2);
            }
    }
```

```
return head;
}
```

3. 编写程序实现链表结点的插入

1）实验要求

编写一个函数，在 head 作为头结点的升序链表中，插入值为 num 的一个结点，保持原来链表的升序不变。

2）算法分析

略。

完善下列程序。

```
struct SNode
{   int num;                                              /*学号*/
    struct  SNode * next;                                 /*下一个结点地址*/
};
struct SNode * Insert_node(struct SNode * head,int num)
{   struct SNode * p, * p1, * p2;
    p=malloc(sizeof(struct SNode));
    p->num=num;
    if(head==NULL || p->num == head->num)                 /*插在链表首*/
        {【1】;
        return p;
        }
    p2=p1=head;
    while(p->num <=p2->num&&p2->next)                     /*查找大于等于插入元素的结点*/
        {    p1=p2;p2=p2->next;   }
    if(【2】)                                              /*判断是否到了链表尾*/
        {    p2->next=p;p->next=NULL;}
    else                                                  /*插在p1、p2两个结点之间*/
        {    p->next=【3】;p1->next=p;}
    return head;
}
```

4. 跟踪观察链表创建过程

1）实验要求

下面的程序用于创建一个链表，使用单步跟踪调试，逐步观察各个变量，特别是 head 和 p 的变化情况，熟悉链表的创建过程。

2）算法分析

略。

程序代码如下：

```
#include <stdio.h>
#include <malloc.h>
struct student
{   int num;
    float score;
    struct student * next;
```

```
};
struct student * create(int n)
{   struct student * head=NULL, * p1, * p2;
    int i;
    for(i=1;i<=n;i++)
    {   p1=(struct student *)malloc(sizeof(struct student));
        printf("请输入第%d个学生的学号及考试成绩:\n",i);
        scanf("%d%f",&p1->num,&p1->score);
        p1->next=NULL;
        if(i==1)
            head=p1;
        else
            p2->next=p1;
            p2=p1;
    }
    return(head);
}
int main()
{   struct student *p;
    p=create(10);
    while(p!=NULL)
    {   printf("学号:%d成绩:%3f\n",p->num, p->score);
        p=p->next;
    }
}
```

5. 掌握动态链表应用

1）实验要求

编写一个程序,使用动态链表实现下面的功能:

(1) 建立一个链表,用于存储学生的学号、姓名和3门课程的成绩和平均成绩。

(2) 输入学号后输出该学生的学号、姓名和3门课程的成绩。

(3) 输入学号,删除该学生的数据。

(4) 插入一个学生的数据,将该学生的数据插入链表中。

(5) 输出平均成绩在80分及以上的记录。

2）算法分析

要求用循环语句实现(2)～(5)的多次操作,当输入学号为-1时循环停止。

参照主教材内容中的建立链表程序。

第12章

文　件

12.1　知识要点

12.1.1　文件的概念

文件是存放在外存上的数据的集合。每个文件都有一个文件名。C语言把文件看作是一个字符(字节)的序列,即一个字符(字节)接着一个字符(字节)的顺序存放。根据数据的组织形式,文件可分为ASCII文件(又可以称为文本文件)和二进制文件。

12.1.2　文件类型指针

在C语言中用一个指针变量指向一个文件,这个指针称为"文件指针"。每一个被使用的文件都在内存中开辟一个区域用来存放该文件的相关信息,如文件名、文件属性以及文件路径等。这些信息是保存在一个结构体类型的变量中的。该结构体类型在stdio.h中被定义,其名为FILE。

通过文件指针就可以对它所指的文件进行各种操作。定义声明文件指针的一般形式为:

```
FILE *指针变量标识符;
```

其中,FILE必须为大写,因为这是由系统预先定义的一个结构体类型。在编写源程序时不必关心FILE结构的细节。例如:

```
FILE *fp;
```

其中,fp是指向FILE结构体类型的指针变量,使用fp可以存放一个文件信息,C的库函数需要使用这些信息才能对文件进行操作。

如果有n个文件,一般应设n个指针变量,使它们分别指向n个文件,从而实现对文件的访问。

12.1.3　文件操作

文件操作都是由系统提供的库函数来完成的。同其他高级语言一样,对一个文件进行读写操作之前必须先打开该文件。

1. 打开文件

fopen()函数调用的一般形式为:

```
FILE *文件指针名;
文件指针名=fopen(文件名,使用文件方式);
```

例如：

```
FILE *fp;
fp=fopen("file1","r");
```

这里打开的是一个文件名为file1的文件，并且声明对文件的操作方式是“只读”。fopen()函数带回指向file1文件的指针并将其赋给指针变量fp，即使得fp指向file1文件。

2. 关闭文件

fclose()函数的一般调用形式是：

```
fclose(文件指针);
```

例如：

```
fclose(fp);
```

先前用fopen()函数打开文件时所带回的文件指针赋给fp，现在要将其关闭。“关闭文件”使得文件指针变量不再指向该文件，也就是说使文件指针与文件脱离。正常完成关闭文件操作时，fclose()函数返回值为0。如果返回值非0，则表示关闭文件时有错误发生，这时可以用ferror()函数来测试。

3. 文件读写

字符读写函数包括fgetc()函数和fputc()函数。

字符串读写函数包括fgets()函数和fputs()函数。

数据块读写函数包括fread()函数和fwrite()函数。

格式化读写函数包括fscanf()函数和fprinf()函数。

12.2 例题分析与解答

一、选择题

1. 若要对D盘上user子目录下名为abc.txt的文本文件进行读写操作，下面符合此要求的函数调用是________。

A. fopen("D:\user\abc.txt","r")　　B. fopen("D:\\user\\abc.txt","r+")

C. fopen("D:\user\abc.txt","rb")　　D. fopen("D:\\user\\abc.txt","w")

分析：本题中，要求对abc.txt进行读写操作，只有“r+”是读写操作，根据C语言文件打开函数的定义，r是只读，rb是二进制方式只读，w是只写。另外，文件路径描述中，'\'要用'\\'表示，即使用'\\'转义描述'\'。

答案：B

2. 若fp是指向某文件的指针，且已读到文件末尾，则库函数feof(fp)的返回值是________。

A. EOF　　B. －1　　C. 非0值　　D. NULL

分析：函数feof(fp)的作用是判断文件中的指针是否指向文件的末尾，如果文件中的指针指向文件末尾，则返回一个非0值，表示已到文件末尾。根据题意，文件已经读到文件末尾，所以应该返回非0值。

答案：C

3. 下面的程序执行后，文件test.txt中的内容是________。

```
#include "stdio.h"
#include "string.h"
int fun(char * fname,char * st)
{   FILE * myf;
    int i;
    myf=fopen(fname,"w" );
    for(i=0;i<strlen(st);i++)
        fputc(st[i],myf);
    fclose(myf);
}
int main()
{   fun("d:\\test.txt","new world");
    fun("d:\\test.txt","hello!");
}
```

A. hello　　B. new worldhello　　C. new world　　D. hellorld

分析：题目中，两次调用fun()函数，对同一文件test.txt进行写入操作，由于fun()函数中，打开文件采用的是w说明符，说明是对文件进行“只写”操作，每次只写操作都会刷新文件内容，即删除文件原先的内容，写入新的内容，所以最后写入的字符串"hello"会取代第一次写入的字符串"new world"。

答案：A

二、填空题

1. 以下程序段打开文件后，先利用fseek()函数将文件位置指针定位在文件末尾，然后调用ftell()函数返回当前文件位置指针的具体位置，从而确定文件长度，请填空。

```
FILE * myf;
long f1;
myf=_______ ("test.txt","rb");
fseek(myf,0,SEEK_END);
f1=ftell(myf);
fclose(myf);
printf("%d\n",f1);
```

分析：操作系统文件管理要求，凡是文件操作，必须先打开文件才能对文件进行读写，文件读写结束后必须关闭文件，所以凡是涉及文件操作，之前必须先打开文件，打开文件可以使用fopen()函数。

答案：fopen

2. 以下程序用来统计文件中字符的个数，请填空。

```
#include  "stdio.h"
#include  "stdio.h"
int main()
{   FILE * fp;
    long    num=0;
    if((fp=fopen("D:\\fname.txt","r"))==NULL)
        {   printf("Open error\n");
            exit(0);
        }
    while(_______)
        {   fgetc(fp);
            num++;
        }
    printf("num=%d\n",num-1);
    fclose(fp);
}
```

分析：程序中，先打开文件 fname.dat，然后利用 while 循环遍历文件内容，即使用 fgetc(fp)函数逐个读取文件中的字符，每次读取一个字符，就将文件内的指针后移一个字符位置，并且利用变量 num＋＋来进行累加统计文件中的字符个数，while 循环中的条件是用来控制文件遍历过程，循环的结束条件是遇到文件末尾。

答案：!feof (fp)

3. 下面程序把从终端读入的文本(用@作为文本结束标志)输出到 D 盘的一个名为 abc.txt 的新文件中，请填空。

```
#include "stdio.h"
#include "stdlib.h"
int main()
{   FILE * fp;
    char ch;
    if((fp=fopen(_______))==NULL)exit(0);
    while((ch=getchar())!='@')
        fputc(ch,fp);
    fclose(fp);
}
```

分析：本题涉及文件操作，操作系统要求文件必须先打开才能读写，文件操作结束后，必须关闭文件。程序中 if 语句的作用是判断文件是否被成功地打开，使用了标准的 C 语言的文件打开方法，fopen()函数中要求给出需要打开的文件名和打开方式。

答案："d:\\abc.txt","w"或"d:\\abc.txt","w＋"

12.3 测 试 题

一、选择题

1. 系统的标准输入文件是指________。

A. 键盘　　　B. 显示器　　　C. 硬盘　　　D. 鼠标

2. 以下可作为函数 fopen()中第一个参数的正确格式是________。

A. c：user\text.txt　　　B. c:\user\text.txt

C. "c：user\text.txt"　　　D. "c:\\user\\text.txt"

3. 当顺利执行了文件关闭操作时，fclose()函数的返回值是________。

A. －1　　　B. TRUE　　　C. 0　　　D. 1

4. 若用只读方式打开一个文本文件，只允许读数据，则文件打开方式应选择________。

A. w　　　B. r　　　C. rb　　　D. wb

5. 若用 fopen()函数打开一个新的二进制文件，该文件要既能读也能写，则文件打开方式字符串应是________。

A. "ab＋"　　　B. "wb＋"　　　C. "rb＋"　　　D. "ab"

6. fgetc 函数的作用是从指定文件读入一个字符，该文件的打开方式必须是________。

A. 只写　　　B. 追加　　　C. 读或读写　　　D. B 和 C 都正确

7. 标准库函数 fgets(s,n,f)的功能是________。

A. 从文件 f 中读取长度为 n 的字符串存入指针 s 所指的内存

B. 从文件 f 中读取长度不超过 n-1 的字符串存入指针 s 所指的内存

C. 从文件 f 中读取 n 个字符串存入指针 s 所指的内存

D. 从文件 f 中读取长度为 n-1 的字符串存入指针 s 所指的内存

二、填空题

1. 根据文件的编码方式，文件可以分为【1】和【2】。从用户的角度看，文件可分为【3】和【4】两种。

2. C 语言中经常用到的格式化读写函数是【1】和【2】，这两个函数的读写对象是【3】。C 语言中用于实现文件定位的函数有【4】和【5】。

3. 以下程序用来统计文件中字符的个数，请填空。

```
#include "stdio.h"
#include "stdlib.h"
int main()
{   FILE * fp; long num=0;
    if((fp=fopen("d:\\fname.txt",【1】))==NULL)
        { printf("open error\n"); exit(0); }
    while(【2】)
        {   【3】; num++; }
    printf("num=%d\n",num-1);
    fclose(fp);
}
```

4. 在 C 程序中，文件可以用【1】方式存取，也可以用【2】方式存取。

5. 在 C 程序中，数据文件可以用【1】和【2】两种代码形式存放。

三、编程题

1. 从键盘输入一个字符串，将其中的小写字母全部转换为大写字母，输出到磁盘文件 upper.txt 中保存。输入的字符串以“!”结束。然后再将文件 upper.txt 中的内容读出显示在屏幕上。

2. 设文件 t.txt 中存放了一组整数。请编程统计并输出文件中正数、0 和负数的个数。

3. 设文件 student.txt 中存放着一年级学生的基本情况，这些情况由以下结构体描述：

```
struct  student
{   int num;                                /*学号*/
    char name[10];                          /*姓名*/
    int age;                                /* 年龄 */
    char gender;                            /* 性别 */
};
```

请编写程序，输出学号在 8～20 的学生的学号、姓名、年龄和性别。

12.4 实验案例

1. 观察顺序文件的读数据操作

1）实验要求

在 D 盘根目录下建立一个名称为 test.txt 的文件，并录入一些内容(英文内容)，然后调试如下程序：

```
#include <stdio.h>
int main()
{   int ch;
    FILE *fp;
    fp=fopen("D:\\test.txt", "r");
    if(fp==NULL)
        {   printf("test.txt 不存在");
            return (0);
        }
    while((ch=fgetc(fp))!=EOF)
        putchar(ch);
        fclose(fp);
        return 1;
}
```

2）算法分析

(1) 使用单步跟踪功能，观察 ch 变量的变化情况。

(2) 删除 D 盘上的文件 test.txt，执行该程序，出现什么情况？分析 if(fp==NULL)的作用。

(3) 将文件的打开模式改为 rb，程序的运行结果是什么？为什么？

2. 观察顺序文件的读写操作

1）实验要求

分析给出的学生信息统计程序，观察程序，并找出向顺序文件写入数据和读出数据的语句。

2）算法分析

略。

程序代码如下：

```
#include <stdio.h>
#define MAX_STUDENT 100                         /* 用常量控制最大可以输入100名学生 */
struct  stu
{   long no;
    char name[20];
    int age;
    double score;
};                                              /* 存储学生信息的结构体类型 */
int main()
{   struct stu student[MAX_STUDENT];            /* 存储学生信息 */
    FILE * fp, * gp;
    int sum,i;
    printf("How many Students?");               /* 要输入的学生数 */
    scanf("%d",&sum);                           /* 输入每个学生信息 */
    for(i=0;i<sum;++i)
        {   printf("\nInput score of student %d:\n",i+1);
            printf("No.:");
            scanf("%ld",&student[i].no);
            printf("Name:");
            scanf("%s",student[i].name);
            printf("Age:");
            scanf("%d",&student[i].age);
            printf("Score :");
            scanf("%lf",&student[i].score);
        }
    /*将数据写入文件*/
    fp=fopen("student.dat","w");
    for(i=0;i<sum;++i)
        {   if(fwrite(&student[i],sizeof(struct stu),1,fp)!=1)
            printf("File student.dat write error\n");
            fclose(fp);
        }
    /*检查文件内容*/
    fp=fopen("student.dat","r");
    gp=fopen("student.txt","w");
    for(i=0;i<sum;++i)
        {fread(&student[i],sizeof(struct stu),1,fp);
        /* fread()函数以相同方式读出用fwrite()函数写入的数据 */
        printf("%ld,%s,%d,%lf\n",student[i].no, student[i].name,student[i].age,
        student[i].score);                      /*屏幕显示,检查数据*/
        fprintf(gp, "%ld,%s,%d,%lf\n",student[i].no, student[i].name,
        student[i].age,student[i].score);       /*以相同的格式写入文件student.txt*/
        }
    fclose(fp);
    fclose(gp);
}
```

3. 完善程序，实现文件输入输出验证

1）实验要求

完善下列程序，调用 fputs()函数，把 10 个字符串输出到文件中；再从此文件中读入这 10 个字符串放在一个数组中；最后把字符串数组中的字符串输出到终端屏幕，以检查所有操作的正确性。

2）算法分析

略。

程序代码如下：

```
#include <stdio.h>
int main()
{   int i;
    FILE * fp;
    char * str[10]={ "One","two","three","four","five","six","seven", "eight",
"nine","ten"};
    char str2[10][20];
    fp=fopen("D:\\test.txt",【1】)
    if(fp==NULL)
        { printf("Can not open write file\n");return;}
    for(i=0;i<10;i++)
        {   fputs(str[i],fp);
            fputs("\n",fp);
        }
    【2】;
    fp=fopen("D:\\test.txt",【3】);
    if(【4】)
        {printf("Can not open read file\n");return;}
    i=0;
    while(i<10&&!feof(fp))
        {   printf("%s",fgets(str2[i],20,fp));
            i++;
        }
}
```

4. 观察随机出题程序的实现方法

1）实验要求

建立一个程序，用于产生 20 组算式，每组算式包括一个两个数的加法、减法（要求被减数要大于减数）、乘法和两位数除以一位数的除法算式，每一组为一行，将所有的算式保存到文本文件 d:\\a.txt 中。

2）算法分析

略。

输入下列程序代码，观察并分析每条文件操作语句的作用。

```
#include <stdio.h>
#include <stdlib.h>
int main()
{   FILE * fp;
    int i,a,b,t;
    fp=fopen("d:\\a.txt","w");
```

```
    for(i=1;i<=20;i++)
        {   a=rand()%100;b=rand()%100;
            fprintf(fp,"\t%2d+%2d= ",a,b);
            a=rand()%100;b=rand()%100;
            if(a<b){t=a;a=b;b=t;}
            fprintf(fp,"\t%2d-%2d= ",a,b);
            a=rand()%100;b=rand()%100;
            fprintf(fp,"\t%2d×%2d= ",a,b);
            a=rand()%100;b=rand()%10;
            if(b<2)b=b+2;
            if(a<10)a=a+10;
            fprintf(fp,"\t%2d÷%2d= ",a,b);
            fprintf(fp,"\n");
        }
    fclose(fp);
}
```

（1）在 Word 中打开 d:\\a.txt 文件，查看文件内容是否正确。

（2）向 d:\\a.txt 文件追加 100 组算式，每组算式包括一个一位数的加法和减法。

5. 观察二进制文件数据读写的实现方法

1）实验要求

从键盘读入 10 个浮点数，以二进制形式存入文件中。再从文件中读出数据显示在屏幕上。修改文件中第 4 个数据，然后从文件中读出数据显示在屏幕上，以验证修改的正确性。输入下列程序代码，观察并分析每条文件操作语句的作用。

2）算法分析

略。

代码如下：

```
#include "stdio.h"
int ctfb(FILE * fp)
{   int i;
    float x;
    for(i=0;i<10;i++)
        { scanf("%f",&x);
        fwrite(&x,sizeof(float),1,fp);
        }
}
int fbtc(FILE * fp)
{   float x;
    rewind(fp);
    fread(&x,sizeof(float),1,fp);
    while(!feof(fp))
        {   printf("%f ",x);
            fread(&x,sizeof(float),1,fp);
        }
}
int updata(FILE * fp,int n,float x)
{   fseek(fp,(long)(n-1) * sizeof(float),0);
    fwrite(&x,sizeof(float),1,fp);
```

```
}
main()
{   FILE * fp;
    int n=4;
    float x;
    if((fp=fopen("file.dat","wb+"))==NULL)
        { printf("can't open this file\n");exit(0); }
    ctfb(fp);fbtc(fp);
    scanf("%f",&x);
    updata(fp,n,x);
    fbtc(fp);
    fclose(fp);
}
```

第13章

C++ 对 C 的扩充

13.1 知识要点

13.1.1 C++ 语言概述

1. C++ 的面向对象程序设计

C++ 面向对象程序设计的基本思想是将软件系统当作一个通过消息交互作用来完成特定功能的一组对象的集合，每个对象都用自己的方法来管理数据，只有对象自己可以操作自己内部的数据，可以简单概括为：

程序＝对象 1＋对象 2＋…＋对象 n＋消息

对象＝数据结构＋算法

面向对象程序设计将解决问题所需要的算法和数据封装在一起构成一个个对象，每个对象可自行对内部的算法和数据进行操控，不受外部结构化程序顺序的影响，软件功能通过操作对象实现。相对于结构化程序设计，面向对象程序设计与人类习惯的思维方法一致，稳定性、可重用性、可维护性好，易于开发大型软件。

2. C++ 的泛型程序设计

C++ 泛型程序设计是指使用独立于数据类型的方式编写程序，C++ 使用函数模板和类模板可以实现泛型程序设计。使用泛型程序设计，用户编写的同一代码可以用于操作多种不同类型的对象。

3. C++ 语言相对于 C 语言在过程化程序设计方面的功能扩充

- C++ 语言中定义变量的位置更灵活。
- C++ 语言中允许在结构体中定义函数。
- C++ 语言中定义结构体变量时可以省略 struct。
- C++ 语言中增强了 const 数据类型。
- C++ 语言中增加了引用(&)、布尔(bool)等新数据类型。
- C++ 语言中有更加严格的数据类型检查。
- C++ 语言中增加了作用域、new、delete 等运算符。
- C++ 语言中增加了名字空间的功能。
- C++ 语言中增加了内联类型的函数。
- C++ 语言中增加了函数重载功能。
- C++ 语言中增加了函数参数指定默认值的功能。
- C++ 语言中增加了异常处理功能。

13.1.2 C++的数据类型

1. 常量

常量(const)限定符把一个变量声明为一个常量，其值在使用过程中不能更改。

2. 布尔

布尔(bool)型变量要用类型标识符 bool 来定义，占用1字节内存，它的值只能是符号常量 true 或 false。

3. 引用

引用(&)的作用是为一个变量起一个别名，对引用的操作与对被引用的变量的操作功能相同。

4. C++的类型检查

C++是强类型语言，其编译器为保证程序不会在运行时发生"类型错误"，在编译阶段相比C语言对各种运算有更严格的类型匹配要求。

13.1.3 C++的运算符

1. 作用域运算符

作用域运算符(::)用来说明一个标识符的来源，它的优先级是最高的。它分为3种：全局作用域运算符、类作用域运算符和命名空间作用域运算符。

2. new 运算符

new 运算符是C++用于动态分配内存的运算符，与C语言中的 malloc()函数不同。new 运算符在为对象申请内存后还会调用对象的构造函数。

3. delete 运算符

delete 运算符是C++用于释放动态分配内存的运算符，与C语言中的 free()函数不同，delete 运算符在释放对象的内存前会调用对象的析构函数。

13.1.4 C++的名字空间

名字空间(namespace)是C++增加的一种可以由用户命名的作用域，在不同名字的作用域里面可以使用相同的函数名或变量名，从而使得C++可以更加方便地整合第三方库，方便大型软件的开发。

13.1.5 C++的输入输出

1. C++的基本输入输出

C++的流类库中定义了2个流对象 cin、cout，可实现基本的输入输出操作。

2. 文件输入输出

在C++语言中，文件操作可以通过流来实现。C++包含输入文件流、输出文件流和输入输出文件流3种文件流。读文件需要定义一个 ifstream 流类型的对象；写文件需要定义一个 ofstream 流类型的对象；读写文件需要定义一个 fstream 流类型的对象。这3种流都在C++头文件 fstream 中定义。

13.1.6 C++的函数与模板

1. 内联函数

内联函数可以使用 inline 说明，类似于 C 语言中的宏，编译器在编译程序时将所调用内联函数的代码直接嵌入主调函数中，而不是跳转到被调用函数。

内联函数中不能有 switch 语句、循环语句、递归语句和数组等。

2. 函数的重载

C++允许使用同一函数名定义多个函数，这些函数的参数个数或参数类型不同，在调用这些函数时，编译器会根据调用时参数的不同调用不同的函数，这就是函数的重载。

3. 带默认参数的函数

C++允许在定义或声明函数时给形参一个默认值，这样在调用该函数时可以在不传送实参时，让形参使用该默认值。

4. 函数模板

所谓函数模板(function template)，实际上是建立一个通用“函数”，其函数类型和形参类型不具体指定，用一个虚拟的类型来代表。在调用函数模板时，编译器会根据实参的类型来取代模板中的虚拟类型，根据函数模板生成实际的函数并进行调用。

13.1.7 C++的异常处理

1. 异常的概念

所谓异常处理指的是对程序运行时出现的差错以及其他例外情况的处理。

2. C++异常处理的方法

C++的异常处理的方法是在执行一个代码段中如果发现(try)异常，可以不立即处理，而是发出(throw)一个异常信息传给它的上一级(即调用它的函数)，它的上级捕捉(catch)到这个异常信息后进行处理。如果上一级的函数也不处理，可以再传给其上一级，由其上一级再进行处理;将异常信息逐级上传。如果整个程序中没有处理这个异常信息的代码，则终止程序的运行。

3. C++标准异常

在 C++头文件 exception 中定义了一系列标准的异常，开发人员可以在程序中使用这些标准异常。

13.2 例题分析与解答

一、选择题

1. 1979 年，________博士从剑桥大学博士毕业后到 Bell 实验室从事 C 语言的改良工作，最后发明了 C++语言。

A. Bjarne Stroustrup　　B. Dennis M.Ritchie

C. Martin Richards　　D. Kenneth Lane Thompson

分析：参见 C++发展历史。

答案：A

2. 在 C++语言中，________是支持数据封装和隐藏的工具。

A. 指针　　B. 多态　　C. 模板　　D. 类

分析：C++将数据和操作这些数据的函数封装在一起定义成一个类。

答案：D

3. 以下关于函数重载的叙述中，正确的是________。

A. 函数名相同，函数的参数个数和参数类型也相同，但函数的返回值的类型不同

B. 函数名相同，函数的参数个数必须不同，对参数类型和函数的返回值的类型无限制

C. 函数名相同，函数的参数类型必须不同，对参数个数和函数的返回值的类型无限制

D. 函数名相同，函数的参数个数或者参数类型不同，对函数的返回值的类型无限制

分析：C++语言允许多个函数同名，但这些函数的参数个数和参数类型至少有一项不同。

答案：D

4. 在C++语言中，使用类创建的变量被称为________。

A. 指针　　B. 对象　　C. 模板　　D. 引用

分析：C++中变量均可称为对象。

答案：B

5. 使用函数模板，对于多种数据类型，________相同的函数可以用一个函数模板来代替，不必再定义多个函数。

A. 函数名　　B. 逻辑结构　　C. 参数个数　　D. 函数类型

分析：编译器可以使用一个逻辑结构，根据不同参数类型生成不同的函数代码。

答案：B

6. C++语言增加了布尔(bool)数据类型，该类型变量占用________字节内存，只能有false、true两个值。

A. 0　　B. 1　　C. 2　　D. 4

分析：bool类型只有两个值没有必要占用更多内存，可以用sizeof运算符进行验证。

答案：B

7. C++语言新增加了________数据类型，在作为函数参数时，可以取代指针部分功能。

A. bool　　B. const　　C. 引用(&)　　D. class

分析：引用是另一个变量的别名，两者共享内存。

答案：C

8. C++语言的处理异常的机制由3部分组成，其中________用来捕捉异常信息。

A. try　　B. throw　　C. catch　　D. case

分析：C++使用catch块捕捉异常。

答案：C

9. C++语言提供了一系列标准的异常，定义在________文件中，开发人员可以在程序中使用这些标准的异常。

A. iostream　　B. exception　　C. stdio.h　　D. fstream

分析：C++在exception头文件中定义标准异常。

答案：B

10. 已知有语句“int x=100;”，则在以下4个语句当中，不应在C++程序的inline()内联函数中使用的语句是________。

A. for(int=i;i<10;i++)x=x+i;　　B. if(x>0)x=x*2;

C. cout<<x<<endl;　　D. printf("x=%d",x);

分析：若在inline()函数中使用循环和switch语句，编译器将把它编译成普通函数。

答案：A

二、填空题

1. 在C++程序中推荐使用关键字________表示空指针。

分析：在C++中为了避免NULL在指针使用中的局限性，使用nullptr代表空指针，该关键字在C++ 11中引入，需要较新版本的C++编译器支持。

答案：nullptr

2. 阅读以下程序，给出程序运行结果________。

```
#1.  #include <iostream>
#2.  using namespace std;
#3.  int a=100;
#4.  int main()
#5.  {
#6.      int a=200;
#7.      cout << a << ::a << endl;
#8.      return 0;
#9.  }
```

分析：本程序考查名字空间的用法，::a代表使用全局变量a。

答案：200100

3. 阅读以下程序，给出程序运行输出的第一行和第三行分别是________、________。

```
#1.  #include <iostream>
#2.  using namespace std;
#3.  int fun(int x, int &y)
#4.  {
#5.      int a=x;
#6.      static int b=10;
#7.      x=a+y;
#8.      y=b+y;
#9.      b=y+a;
#10.     return(x++);
#11. }
#12. int main()
#13. {
#14.     int x=1, y=5;
#15.     for(int i=0; i < 3; i++)
#16.     {
#17.         cout << fun(x, y);
#18.         cout << y << endl;
#19.     }
#20.     return 0;
#21. }
```

分析：本程序考查引用做函数参数的用法，fun()中的变量 y 与 main()中的变量 y 共享内存所以同时变化，虽然不是指针，但起到了在函数参数中使用指针相似的效果。

答案：615　3263

4. 阅读以下程序，给出程序运行输出的第一行和第二行分别是________、________。

```
#1.  #include <iostream>
#2.  using namespace std;
#3.  int f(int x, int y)
#4.  {
#5.      return x * y;
#6.  }
#7.  long f(long x, long y)
#8.  {
#9.      return x / y;
#10. }
#11. int main()
#12. {
#13.     cout << f(5L, 10L)<< endl;
#14.     cout << f(5, 10)<< endl;
#15.     return 0;
#16. }
```

分析：本程序考查函数重载的用法。在 C、C++ 中，常整数后面跟 L 为 long 类型，所以＃13 行调用＃7 行参数为 long 类型的重载函数，函数返回 5/10 的结果为 0。

答案：0　50

5. 阅读以下程序，给出程序运行输出的第一行和第二行分别是________、________。

```
#1.  #include <iostream>
#2.  using namespace std;
#3.  template<typename T>
#4.  T max(T a, T b)
#5.  {
#6.      if (a > b)
#7.          return a;
#8.      else
#9.          return b;
#10. }
#11. int main()
#12. {
#13.     cout << max(5, 10)<< endl;
#14.     cout << max('C', 'P')<< endl;
#15.     return 0;
#16. }
```

分析：本程序考查函数模板的用法。＃12 行使用不同类型的参数调用模板，编译器为此生成两个不同的函数分别供其调用。

答案：10　P

6. 阅读以下程序，给出程序运行输出的第一行和第二行分别是________、________。

```
#1. #include <iostream>
#2. #include<cmath>
#3. using namespace std;
#4. //根据三条边的长度计算三角形的面积
#5. double area(double a, double b, double c){
#6. if (a <= 0 || b <= 0 || c <= 0)
#7.     throw ("1");
#8. if (a+b <= c || b+c <= a || a+c <= b)
#9.     throw ("2");
#10.    double s=(a+b+c)/ 2;
#11.    return sqrt(s * (s - a) * (s - b) * (s - c));
#12. }
#13. int main(){
#14. double a=1, b=2, c=3;
#15. try {
#16.        double s=area(a, b, c);
#17.        cout << "S=" <<'\n'<< s << endl;
#18.    }
#19. catch (const char* msg){
#20.    cout << "Err\n" << msg << endl;
#21.    }
#22.    return 0;
#23. }
```

分析：本程序考查异常的用法。#8行条件成立，抛出异常字符串"两边和不大于第三边"，#19行捕获该异常并输出。

答案：Err 2

三、判断题

1. 在C++语言中，使用面向对象程序设计取代了C语言中的结构化程序设计。

分析：在C++语言中，可以使用面向对象程序设计和结构化程序设计。

答案：错误

2. 相对于结构化程序设计，面向对象程序设计与人类习惯的思维方法一致，稳定性、可重用性、可维护性好，易于开发大型软件产品。

分析：稳定性、可重用性、可维护性好，易于开发大型软件产品是面向对象程序设计的特点。

答案：正确

3. 在面向对象程序设计中，可以简单概括为：程序＝对象＋对象＋对象＋算法。

分析：对象间使用消息通信，协同工作。

答案：错误

4. 在面向对象的程序设计中，将数据和操作这些数据的函数封装在一起定义成一个类。

分析：类和对象封装数据和处理这些数据的函数。

答案：正确

5. 在面向对象的程序设计中，原已有类称为父类或基类，新定义的类称为子类或派生类，它可以从父类那里继承属性和方法。

分析：参见C++中子类或派生类的定义。

答案：正确

6. 多态(polymorphism)指同一个实体同时具有多种形式，在程序设计中指同一操作(消息)作用于不同的对象，可以有相同的解释，产生相同的执行结果。

分析：在多态中不同对象接收同一消息会调用不同的函数，执行不同的操作、得到不同的结果。

答案：错误

7. 泛型程序设计是指使用独立于数据类型的方式编写程序，C++使用函数模板和类模板可以实现泛型程序设计。

分析：因为使用虚拟类型创建模板，虚拟类型可以代表任意数据类型。

答案：正确

8. 所谓函数模板实际上是建立一个通用"函数"，其函数类型和形参类型可以不具体指定，而用一个虚拟的类型来代表，这个通用"函数"就称为函数模板。

分析：函数模板的返回类型和形参类型都可以使用虚拟类型。

答案：正确

9. 使用函数模板，只有在发生实际调用函数时，C++编译器会根据形参的类型来取代模板中的虚拟类型，从而生成实际的函数。

分析：C++编译器会根据函数模板调用语句的实参类型生成函数。

答案：错误

10. C++模板库STL使用模板封装了软件开发过程中常用的数据结构及其常用操作算法。

分析：C++模板库用容器代表其封装的数据结构。

答案：错误

四、改错题

1. 程序改错：以下程序的功能是输入一个整数x，判断x是奇数还是偶数并输出。程序运行输入输出示意如下：

```
5
奇数
```

含错误的源程序如下：

```
#1. #include <iostream>
#2. using namespace std;
#3. bool f(int &x, int &y){
#4.     if(x%y)
#5.         return false;
#6.     return true;
#7. }
#8. int main(){
#9. int x;
#10. cin >> x;
#11. if (f(x, 2))
#12.     cout << "偶数" << endl;
#13. else
```

```
#14.     cout << "奇数" << endl;
#15. return 0;
#16. }
```

要求：改正程序中错误，可以增加语句中的内容但不能删除，也不允许添加新的语句或删除整条语句。

分析：本程序考查 const 的用法。#3 行的形参 y 为变量的引用，与#11 行的实参 5 为常量不匹配。

参考答案：#3 行修改为“bool f(int &x, const int &y)”即可，完整程序代码略。

2. 程序改错：以下程序的功能是输入两个整数并输出它们的和。程序运行输入输出示意如下：

```
5 6
11
```

含错误的源程序如下：

```
#1.  #include <iostream>
#2.  int main(){
#3.      int x,y;
#4.      cin >> x >> y;
#5.      cout << x+y << endl;
#6.      return 0;
#7.  }
```

要求：改正程序中错误，可以增加语句中的内容但不能删除，也不允许添加新的语句或删除整条语句。

分析：本程序考查名字空间的用法。cout、endl 均在 std 名字空间下定义，需要使用作用域符操作指定。

参考答案：#4 行修改为“std::cin >> x >> y;”，#5 行修改为“std::cout << x+y << std::endl;”即可，完整程序代码略。

五、编程题

1. 完成程序：编写两个重载函数 swap()分别实现对两个整数和浮点数的交换功能，该程序通过 main()函数读入 2 个整数和 2 个实数，调用函数 swap()分别对它们进行交换。程序运行输入输出示意如下：

```
5.6 7.7 3 26
7.7 5.6 26 3
```

main()函数的源代码如下：

```
#1.  int main(){
#2.      int a, b;
#3.      double c, d;
#4.      cin >> a >> b >> c >> d;
```

```
#5.     swap(a, b);
#6.     swap(c, d);
#7.     cout << a << "," << b << "," << c << "," << d << endl;
#8.     return 0;
#9. }
```

要求：完成程序，可以添加代码，但不能修改已给出的代码。

分析：本程序考查函数重载和引用的用法。因为引用可以共享内存，在函数形参中使用引用可以在函数中修改实参的值。

参考答案：

```
#1. void swap(int &x, int &y){
#2.     int t=a;
#3.     a=b;
#4.     b=t;
#5. }
#6. void swap(double& a, double& b){
#7.     double t=a;
#8.     a=b;
#9.     b=t;
#10. }
```

2. 完成程序：编写一个函数模板 InsSort 实现插入排序功能。该程序通过 main()函数输入 10 个整数，调用函数模板 InsSort 对数组从小到大排序后输出。程序运行输入输出示意如下：

```
2 3 4 3 2 1 2 3 4 5
1 2 2 2 3 3 3 4 4 5
```

main()函数的源代码如下：

```
#1. int main(){
#2.     int a[10];
#3.     for(int i=0; i < 10; i++)
#4.         cin>>a[i];
#5.     InsSort(a, 10);
#6.     for(int i=0; i < 10; i++)
#7.         cout << a[i] << ' ';
#8.     return 0;
#9. }
```

要求：完成程序，可以添加代码，但不能修改上面给出的代码。

分析：本程序主要考查函数模板的用法，函数模板与普通函数的区别就是形参要使用虚拟类型，虚拟类型定义后，其他跟普通函数编写方法相同。

插入排序的基本思想：每一步将一个待排序的元素按其关键字值的大小插入已排序序列的合适位置，直到待排序元素全部插入完为止。

参考答案：

```
#1. template <typename T>
#2. void  InsSort(T A[], int n)
#3. {
#4.     int i, j;
#5.     T  temp;
#6.     for(i=1; i < n; i++)
#7.     {
#8.         j=i;
#9.         temp=A[i];
#10.        while(j > 0&&temp < A[j - 1])
#11.        {
#12.            A[j]=A[j - 1];     //将元素逐个后移,以便找到插入位置时可立即插入
#13.            j--;
#14.        }
#15.        A[j]=temp;
#16.    }
#17. }
```

3. 完成程序：已有函数 f()，通过函数参数传入一个年龄，判断该年龄是否符合小学入学标准(>=6 岁)并返回，若年龄<=0，则抛出异常字符串"错误数据"。该程序通过 main()函数读入整数年龄，调用函数 f()判断并输出“合格”“年龄不够”或异常字符串。程序运行输入输出示意如下：

```
0
错误数据
```

f()函数的源代码如下：

```
#1. int f(int x){
#2.     if (x <= 0)
#3.         throw("错误数据");
#4.     else if (x < 6)
#5.         return 0;
#6.     else
#7.         return 1;
#8. }
```

要求：完成程序，可以添加代码，但不能修改已给出的代码。

分析：本程序主要考查异常处理的用法，当函数 f()在用户传入非法值(x<=0)时会抛出异常字符串，在 main()函数中只要能捕获该异常并输出即可。

参考答案：

```
#1. int main(){
#2.     try {
#3.         int x;
#4.         cin >> x;
```

```
#5.          if (f(x)== 1)
#6.              cout << "合格" << endl;
#7.          else
#8.              cout << "年龄不够" << endl;
#9.          }
#10. catch (const char* s){
#11.         cout << s << endl;
#12.     }
#13.     return 0;
#14. }
```

13.3 本章测试

13.3.1 测试题 1

一、选择题

1. 1979 年，Bjarne Sgoustrup 博士从剑桥大学博士毕业后到 Bell 实验室从事________语言的改良工作，最后发明了 C++ 语言。

A. C　　B. Java　　C. BASIC　　D. Python

2. 下列选项中，________不能作为重载函数在调用时进行选择的依据。

A. 参数个数　　B. 不同类型参数的顺序

C. 参数类型　　D. 函数的返回值类型

3. 在 C++ 语言中，________是数据封装和隐藏的实现。

A. 函数　　B. 对象　　C. 模板　　D. 类

4. 所谓函数模板实际上是建立一个通用“函数”，其函数类型和________可以不具体指定，而用一个虚拟的类型来代表，这个通用“函数”就称为函数模板。

A. 形参类型　　B. 函数返回值　　C. 函数名　　D. 实参类型

5. 相对于 C 语言，C++ 语言对于结构体最大的改变是允许在结构体中________。

A. 定义变量　　B. 定义函数　　C. 定义类　　D. 定义常量

6. C++ 语言中可以使用 const 定义常量，该常量可以在程序中用于________。

A. case 后面的标签　　B. 定义常量　　C. 定义数组长度　　D. 以上都可以

7. 在 C++ 语言中，已使用语句“int * p=new int[10];”分配内存，应使用语句________释放 p 指向的内存。

A. free(p);　　B. delete []p;　　C. delete p;　　D. free([]p);

8. C++ 语言处理异常的机制由 3 部分组成，把需要检查的语句放在________块中。

A. try　　B. throw　　C. catch　　D. case

9. 在 C++ 语言中，文件操作也可以使用流来完成，以下可以用来进行文件读写操作的流类型是________。

A. ifstream　　B. ofstream　　C. iofstream　　D. fstream

10. 已知有语句“int x=0;”，则在以下 4 个语句当中，不应在 C++ 语言的 inline() 函数中使用的语句是________。

A. scanf("%d",&x); B. x<0? x=-x: x;

C. cin>>x; D. while(x<10)x++;

二、填空题

1. 在C++语言中使用________关键字定义布尔型变量。

2. 阅读以下程序,给出程序运行输出是________。

```
#1. #include <iostream>
#2. using namespace std;
#3. namespace name1{
#4.     int a=100;
#5. }
#6. namespace name2{
#7.     int a=200;
#8. }
#9. using namespace name1;
#10. int a=300;
#11. int main(){
#12.     cout <<::a << name1::a << name2::a << endl;
#13.     return 0;
#14. }
```

3. 阅读以下程序,给出程序运行输出的第一行和第二行分别是________、________。

```
#1. #include <iostream>
#2. using namespace std;
#3. int *p;
#4. void fun(int a, int &b){
#5.     p=&b;
#6.     a += *p;
#7.     b += a;
#8.     cout << a << b << *p << endl;
#9. }
#10. int main(int){
#11.     int x=20, y=30;
#12.     fun(x, y);
#13.     cout << x << y  << *p << endl;
#14.     return 0;
#15. }
```

4. 阅读以下程序,给出程序运行输出的第一行和第二行分别是________、________。

```
#1. #include <iostream>
#2. using namespace std;
#3. int f(int x, int y){
#4.     return x+y;
#5. }
#6. float f(float x, float y){
#7.     return x - y;
#8. }
```

```
#9.  double f(double x, double y){
#10.     return x * y;
#11. }
#12.
#13. int main(){
#14.     cout << f(5, 10)<< endl;
#15.     cout << f(5.0, 10.0)<< endl;
#16.     return 0;
#17. }
```

5. 阅读以下程序，给出程序运行输出的第一行、第三行分别是________、________。

```
#1.  #include <string.h>
#2.  #include <iostream>
#3.  using namespace std;
#4.  template <class T>
#5.  T Max(T a,  T b){
#6.      return a > b ? a :b;
#7.  }
#8.  char* Max(char* x,  char* y){
#9.      return strcmp(x, y)> 0 ? x :y;
#10. }
#11. int main(){
#12.     const char* p="ABCD", * q="EFGH";
#13.     p=Max(p, q);
#14.     int a=Max(10, 20);
#15.     double b=Max(10.5, 20.6);
#16.     cout << p << '\n' << a << '\n' << b << endl;
#17.     return 0;
#18. }
```

6. 阅读以下程序，给出程序运行输出的第一行和第二行分别是________、________。

```
#1.  #include <string.h>
#2.  #include <iostream>
#3.  using namespace std;
#4.  bool StrCpy(const char *s,char *d){
#5.      if (d == 0)
#6.          throw "指针为空";
#7.      else
#8.          strcpy(d, s);
#9.      return true;
#10. }
#11. int main(){
#12.     try {
#13.         char *p=NULL;
#14.         StrCpy("abcdef", p);
#15.         cout <<"1"<<endl;
#16.     }
#17.     catch (const char *s)     {
#18.         cout << s<<endl;
```

```
#19.        cout <<"2"<<endl;
#20.    }
#21.    return 0;
#22. }
```

三、判断题

1. C++语言可以比C语言编写种类更多的软件。

2. 面向对象程序设计的基本思想是将软件系统当作通过消息交互作用来完成特定功能的对象的集合。

3. 相对于结构化程序设计,面向对象程序设计与人类习惯的思维方法一致,稳定性、可重用性、可维护性好,比C语言更易于开发小型软件。

4. 在C++程序中,如果使用new分配内存出错,会返回-1值。

5. 内联函数类似于C语言中的宏,编译器在编译程序时将所调用函数的代码直接嵌入到主调函数中,而不是跳转到函数中。

6. 在面向对象的程序设计中,原已有类称为父类或基类,新定义的类称为子类或派生类,它可以从父类那里继承属性和方法。

7. C++作为面向对象的程序设计语言其多态性也称为动态多态。

8. 泛型程序设计是指使用独立于数据类型的方式编写程序,C++语言使用函数模板和类模板可以实现泛型程序设计。

9. 在软件开发过程中,数据结构比操作它的算法更重要。

10. C++语言的模板库STL使用容器封装了软件开发过程中常用的数据结构及其常用操作算法。

四、改错题

1. 程序改错:以下程序的功能是输入一个字符串并输出。程序运行输入输出示意如下:

```
Abcd
Abcd
```

含错误的源程序如下:

```
#1. #include <iostream>
#2. using namespace std;
#3. void f(char * s){
#4.     cout << s << endl;
#5. }
#6. int main(){
#7.     char s[100];
#8.     cin >> s;
#9.     f((const char * )s);
#10.    return 0;
#11. }
```

要求:改正程序中错误,可以修改语句中的一部分内容,但不允许添加新的语句,也不能删去整条语句。

2. 程序改错:以下程序的功能是输入3个整数,输出其中最大值。程序运行输入输出示意如下：

```
4 5 18
18
```

含错误的源程序如下：

```
#1.  #include <iostream>
#2.  using namespace std;
#3.  int f(int x,int y){
#4.      if (x < y)
#5.          x=y;
#6.      return x;
#7.  }
#8.  int main(){
#9.      int x,y,z;
#10.     cin>>x>>y>>z;
#11.     f(f(x, y),z);
#12.     cout <<x<< endl;
#13.     return 0;
#14. }
```

要求：改正程序中错误，可以修改语句中的一部分内容，但不允许添加新的语句，也不能删去整条语句。

五、编程题

1. 完成程序：编写两个重载函数 Abs()分别实现对整数和浮点数求绝对值的功能，该程序通过 main()函数读入 2 个整数或 2 个实数，调用 fun()函数分别输出它们的绝对值。程序运行输入输出示意如下：

```
-5 -7.7
5,7.7
```

main()函数的源代码如下：

```
#1.  int main(){
#2.      int x;
#3.      double y;
#4.      cin >> x;
#5.      cout << Abs(x)<< ',';
#6.      cin >> y;
#7.      cout << Abs(y)<< endl;
#8.      return 0;
#9.  }
```

要求：完成程序，可以添加代码，但不能修改已给出的代码。

2. 完成程序：编写一个函数模板 Sort 实现冒泡排序功能，该程序通过 main()函数读入 10 个整数，调用函数模板 Sort 对输入数据从大到小排序后输出。程序运行输入输出示意如下：

```
2 3 4 3 2 1 2 3 4 5
5 4 4 3 3 3 2 2 2 1
```

main()函数的源代码如下：

```
#1.  int main(){
#2.      int a[10];
#3.      for(int i=0; i < 10; i++)
#4.          cin >> a[i];
#5.      Sort(a, 10);
#6.      for(int i=0; i < 10; i++)
#7.          cout << a[i] << ' ';
#8.      return 0;
#9.  }
```

要求：完成程序，可以添加代码，但不能修改已给出的代码。

3. 完成程序：编写一个函数 f()，通过函数参数传入一个整数数组，返回数组中偶数之和，若数组中无偶数，则抛出异常字符串"无偶数"。该程序通过 main()函数读入 10 个整数，调用函数 f()求偶数和并输出。程序运行输入输出示意如下：

```
21 3 41 3 21 1 21 3 41 5
无偶数
```

main()函数的源代码如下：

```
#1.  int main(){
#2.    try {
#3.      int x[10];
#4.      for(int i=0;i<10;i++)
#5.        cin >> x[i];
#6.      cout << f(x,10)<< endl;
#7.    }
#8.    catch (const char * s){
#9.      cout << s << endl;
#10.   }
#11.   return 0;
#12. }
```

要求：完成程序，可以添加代码，但不能修改已给出的代码。

13.3.2　测试题 2

一、选择题

1. 扩充后的 C 语言最初被命名为带类的 C(C with classes)，________年被正式命名为 C++。

A. 1963　　B. 1973　　C. 1983　　D. 1993

2. 在C++语言中，函数重载是指两个或两个以上的函数，其函数名________。

A. 不同，但形参的个数或类型相同

B. 相同，但返回值类型不同

C. 相同，但形参的个数或类型不同

D. 相同，但形参的个数必须相同且其类型不同

3. 下列不能作为C++语言中函数返回值类型的是________。

A. int *　　B. int &　　C. int　　D. new

4. 在C++语言中，一个________是其对应类的一个实例(instance)。

A. 函数　　B. 对象　　C. 模板　　D. 指针

5. 在C++语言中，以下关于作用域运算符描述错误的是________。

A. 全局作用域运算符　　B. 命名空间作用域运算符

C. 类作用域运算符　　D. 函数作用域运算符

6. 在C++语言中，在调用函数模板时，编译器用实参的________取代函数模板中的虚拟类型，生成与实参类型匹配的函数代码并进行调用。

A. 类型　　B. 值　　C. 地址　　D. 虚拟类型

7. 在C++语言中定义结构体变量时可以省略________。

A. struct　　B. type　　C. enum　　D. class

8. 引用就是某一变量(对象)的________，对引用的操作与对该变量(对象)直接操作完全一样。

A. 地址　　B. 克隆　　C. 赋值　　D. 别名

9. C++语言中的处理异常机制由三部分组成，________用来抛出一个异常信息。

A. try　　B. throw　　C. catch　　D. goto

10. 已知有语句“int a=0;”，则在以下4个语句中，可以在C++的inline()函数中使用的语句是________。

A. switch(a){　case 1: x++;break;　default: a=100;}

B. do{a++;}　while(a<10);

C. if(a>0)a=100;else　a=-100;

D. while(a<10)a++;

二、填空题

1. 在C++语言中，使用________关键字定义内联函数。

2. 阅读以下程序，给出程序运行输出的结果是________。

```
#1.  #include <iostream>
#2.  using namespace std;
#3.  int a=300;
#4.  namespace name1{
#5.      int a=100;
#6.  }
#7.  using namespace name1;
#8.  namespace name2{
#9.      int a=200;
```

```
#10.     int f(){
#11.         return ::a+a;
#12.     }
#13. }
#14. int main(){
#15.     cout << name2::f()<< endl;
#16.     return 0;
#17. }
```

3. 阅读以下程序，给出程序运行输出的第一行和第二行分别是________、________。

```
#1.  #include <iostream>
#2.  using namespace std;
#3.  int& f(int& a){
#4.      a++;
#5.      return a;
#6.  }
#7.  int main(){
#8.      int x=100;
#9.      int& y=f(x);
#10.     y=200;
#11.     cout << x << endl;
#12.     cout << f(y)<< endl;
#13.     return 0;
#14. }
```

4. 阅读以下程序，给出程序运行输出的第一行和第二行分别是________、________。

```
#1.  #include <iostream>
#2.  using namespace std;
#3.  int f(int x, int y=10){
#4.      return x > y ? x :y;
#5.  }
#6.  long f(int x, int y,int z){
#7.      return f(f(x, y), z);
#8.  }
#9.  int main(){
#10.     cout << f(5L)<< endl;
#11.     cout << f(5L, 10L,20L)<< endl;
#12.     return 0;
#13. }
```

5. 阅读以下程序，给出程序运行输出的第一行和第二行分别是________、________。

```
#1.  #include <iostream>
#2.  using namespace std;
#3.  template <typename T>
#4.  int BinSearch(T list[], int n, T key){
#5.      int mid, low, high;
#6.      T midvalue;
```

```
#7.     low=0;
#8.     high=n - 1;
#9.     while(low <= high){
#10.        mid=(low+high) / 2;
#11.        midvalue=list[mid];
#12.        if (key == midvalue)
#13.            return mid;
#14.        else if (key < midvalue)
#15.            high=mid - 1;
#16.        else
#17.            low=mid+1;
#18.     }
#19.     return -1;
#20. }
#21. int main(){
#22.     int a[10]={ 2, 3, 7, 12, 16, 35, 67, 68,90, 98 };
#23.     cout << BinSearch(a, 10, 35)<< "\n" << BinSearch(a, 10, 36)<< endl;
#24. }
```

6. 阅读以下程序，给出程序运行输出的第一行和最后一行分别是________、________。

```
#1.  #include <iostream>
#2.  using namespace std;
#3.  double average(double a[], int n){
#4.      double s=0;
#5.      for(int i=0; i < n; i++)
#6.          s += a[i];
#7.      if(!n)
#8.          throw (-1);
#9.      return s / n;
#10. }
#11. int main(){
#12.     double a[]={ 1,2,3 };
#13.     try {
#14.         cout <<"平均值\n"<<average(a, 0)<< endl;
#15.     }
#16.     catch (int x){
#17.         cout << "发生异常\n" << x << endl;
#18.     }
#19.     return 0;
#20. }
```

三、判断题

1. C++语言不但保留了C语言全部的功能特点，而且是全面支持面向对象程序设计的编程语言。

2. 相对于结构化程序设计，面向对象程序设计高于人类习惯的思维方法，稳定性、可重用性、可维护性好，易于开发大型软件产品。

3. 在C++语言程序中，内联函数的声明只是程序的作者对编译器的建议，编译器会根据实际情况来决定是否将该函数编译为内联函数。

4. 在面向对象的程序设计中，类和对象的含义相同。

5. C++语言作为面向对象的程序设计语言，其多态性也称为静态多态。

6. 泛型程序设计是指使用独立于数据类型的方式编写程序，C++语言使用对象的多态性技术实现泛型程序设计。

7. 在软件开发过程中，数据结构与操作它的算法同样重要。

8. C++语言的模板库允许软件开发人员在自己的C++程序中直接将C++模板库中的数据结构和算法应用于自己的特定数据类型而不用再编写代码。

9. 在C++语言中，增加的new运算符与C语言函数库中malloc()函数的功能完全相同。

10. C++语言中可以使用输入文件流、输出文件流和输入输出文件流3种文件流。如果要写入一个文件，可以定义一个输出文件流的对象。

四、改错题

1. 程序改错：以下程序的功能是输入两个字符串并输出较大的一个。程序运行输入输出示意如下：

```
AAAAA AABB
AABB
```

含错误的源程序如下：

```
#1. #include <string.h>
#2. #include <iostream>
#3. using namespace std;
#4. char * f(const char * s1, const char * s2){
#5.     if (strcmp(s1, s2) >= 0)
#6.         return s1;
#7.     else
#8.         return s2;
#9. }
#10. double f(double x, double y){
#11.     return x > y ? x :y;
#12. }
#13. int main(){
#14.     char s1[100], s2[100];
#15.     cin >> s1 >> s2;
#16.     cout << f(s1, s2) << endl;
#17.     return 0;
#18. }
```

要求：改正程序中错误，可以修改语句中的一部分内容，但不允许添加新的语句，也不能删去整条语句。

2. 程序改错：以下程序的功能是输入一个整数并输出它的平方。程序运行输入输出示意如下：

```
5
25
```

含错误的源程序如下：

```
#1. #include <iostream>
#2. using namespace std;
#3. int f(int x, int y=x){
#4.     return x * y;
#5. }
#6. int main(){
#7.     int x;
#8.     cin >> x;
#9.     cout << f(x)<< endl;
#10.    return 0;
#11. }
```

要求：改正程序中错误，可以修改语句中的一部分内容，但不允许添加新的语句，也不能删去整条语句。

五、编程题

1. 完成程序：编写两个重载函数 area()分别实现对圆形和矩形求面积的功能，该程序通过 main()函数读入一个圆的半径和一个矩形的长、宽数据，调用函数 area()分别输出它们的面积。程序运行输入输出示意如下：

```
2 3 4
12.56
12
```

main()函数的源代码如下：

```
#1. int main(){
#2.     int r, x, y;
#3.     cin >> r;
#4.     cout << area(r)<< endl;
#5.     cin >> x >> y;
#6.     cout << area(x, y)<< endl;
#7.     return 0;
#8. }
```

要求：完成程序，可以添加代码，但不能修改已给出的代码。

2. 完成程序：编写一个函数模板 swap，通过参数传入一个数组，将数组中下标为 left、right 的两个元素进行交换，该程序通过 main()函数读入 10 个整数和要交换元素的下标，调用函数模板 swap 对数组处理后输出。程序运行输入输出示意如下：

```
0 1 2 3 4 5 6 7 8 9  2 5
0 1 5 3 4 2 6 7 8 9
```

main()函数的源代码如下：

```
#1. int main(){
```

```
#2.     double x[10];
#3.     int left, right;
#4.     for(int i=0; i < 10; i++)
#5.         cin >> x[i];
#6.     cin >> left >> right;
#7.     swap(x, left, right);
#8.     for(int i=0; i < 10; i++)
#9.         cout << x[i] << ' ';
#10.    return 0;
#11. }
```

要求：完成程序，可以添加代码，但不能修改已给出的代码。

3. 完成程序：已有函数 f()，通过函数参数传入一个整数数组，返回数组中奇数之和，若数组中无奇数，则抛出异常字符串"无奇数"。该程序通过 main()函数读入 10 个整数，调用函数 f()求奇数和并输出。程序运行输入输出示意如下：

```
2 32 4 32 2 10 2 36 4 50
无奇数
```

f()函数的源代码如下：

```
#1. int f(int x[], int n){
#2.     int iCount=0, sum=0;
#3.     for(int i=0; i < n; i++)
#4.         if (x[i] % 2 )
#5.             sum += x[i];
#6.     if (iCount)
#7.         return sum;
#8.     else
#9.         throw "无奇数";
#10. }
```

要求：完成程序，可以添加代码，但不能修改已给出的代码。

13.4 实验案例

13.4.1 案例1：函数重载

1. 实验目的

(1) 掌握 C++ 程序的编译、运行方法。

(2) 掌握 C++ 函数默认参数的用法。

(3) 掌握 C++ 函数重载的用法。

2. 实验内容

阅读下面的程序，分析程序运行输出的 test1、test2、test3、test4、test5 值分别为多少？上机实验检验实际值和分析的值是否一致。

```
#1. #include <iostream>
#2. using namespace std;
#3. struct S
#4. {
#5.     int i;
#6.     char c[10];
#7. }s;
#8. int f1(int a, int b=1);
#9. int f2(int a, int b=1, int c=2)
#10. {
#11.     return a+b+c;
#12. }
#13. int main()
#14. {
#15.     int test1, test2, test3, test4, test5;
#16.     s.i=1;
#17.     strcpy(s.c, "abcd");
#18.     test1=f1(s.i);
#19.     test2=f1(2, 2);
#20.     test3=f2(1);
#21.     test4=f2(1, 2);
#22.     test5=f2(1, 2, 3);
#23.     cout << test1 <<"\n"<< test2 <<"\n"<< test3 <<"\n"<< test4 <<"\n"<<
test5 <<"\n";
#24.     cout << s.c <<"\n";
#25.     return 0;
#26. }
#27. int f1(int a, int b)
#28. {
#29.     return a+b;
#30. }
```

3. 实验步骤

(1) 写出程序运行应输出的 test1、test2、test3、test4、test5 值。

(2) 使用 Visual C++ 或 Dev C++ 新建项目。

(3) 如果是 Visual C++ 2005 以上版本，为了兼容，需要在程序开始处添加以下宏：

```
#define _CRT_SECURE_NO_WARNINGS
```

(4) 在源程序文件中添加实验内容列出的代码。

(5) 调试运行程序。

4. 思考

在 main()函数中调用 f1(s.i)、f1(2,2)、f2(1)、f2(1,2)和 f2(1,2,3)的完整实参值应是什么？

13.4.2 案例 2：函数模板

1. 实验目的

(1) 掌握 C++ 函数模板的用法。

(2) 比较 C++ 函数重载和函数模板的区别。

2. 实验内容

(1) 编写重载函数 My_Max1()可分别求取 3 个整数、3 个双精度数的最大值。

(2) 使用函数模板重新实现函数 My_Max1(),函数模板的名字为 My_Max2。

(3) 在 main()函数中编写代码,测试该类。

3. 实验步骤

使用 Visual C++ 或 Dev C++ 新建项目。

参考代码如下:

```
#1.  #include <iostream>
#2.  using namespace std;
#3.  double My_Max1(double d1, double d2, double d3)
#4.  {
#5.      double max;
#6.      if (d1 >= d2)
#7.      {
#8.          if (d1 >= d3)
#9.              max=d1;
#10.     }
#11.     else if (d2 >= d3)
#12.         max=d2;
#13.     else
#14.         max=d3;
#15.     return max;
#16. }
#17. int My_Max1(int d1, int d2, int d3)
#18. {
#19.     int max;
#20.     if (d1 >= d2)
#21.     {
#22.         if (d1 >= d3)
#23.             max=d1;
#24.     }
#25.     else if (d2 >= d3)
#26.         max=d2;
#27.     else
#28.         max=d3;
#29.     return max;
#30. }
#31. template <typename T>
#32. T My_Max2(T t1, T t2, T t3)
#33. {
#34.     T max;
#35.     if (t1 >= t2)
#36.     {
#37.         if (t1 >= t3)
#38.             max=t1;
#39.     }
#40.     else if (t2 >= t3)
```

```
#41.         max=t2;
#42.     else
#43.         max=t3;
#44.     return max;
#45. }
#46. int main()
#47. {
#48.     double d1, d2, d3;
#49.     int i1, i2, i3;
#50.     cout << "input three double number:" << endl;
#51.     cin >> d1 >> d2 >> d3;
#52.     cout << "The max double number is:" << My_Max1(d1, d2, d3)<< endl;
#53.     cout << "input three int number:" << endl;
#54.     cin >> i1 >> i2 >> i3;
#55.     cout << "The max int number is:" << My_Max1(i1, i2, i3)<< endl;
#56.     cout << "function templat" << endl;
#57.     cout << "The max double number is:" << My_Max2(d1, d2, d3)<< endl;
#58.     cout << "The max int number is:" << My_Max2(i1, i2, i3)<< endl;
#59.     return 0;
#60. }
```

4. 思考

My_Max1(d1,d2,d3)和 My_Max1(i1,i2,i3)分别调用的是哪个函数？当执行函数调用 My_Max2(d1,d2,d3)和 My_Max2(i1,i2,i3)时，传入参数 T 的实际参数分别是什么类型？

第14章

基于C++的面向对象编程

14.1 知识要点

14.1.1 类和对象

1. 概述

和传统的程序设计方法相比,面向对象的程序设计具有抽象、封装、继承和多态性等关键要素。

2. 类的定义

类声明以关键字class开始,其后跟类名。类所声明的内容用花括号括起来,右花括号后的分号作为类关键字声明语句的结束标志。这一对花括号之间的内容称为类体。类定义的一般形式如下:

```
class 类名
{
    权限:
    成员;
};
```

3. 类和对象的特性

1) this指针

在C++程序中,当一个成员函数被调用时,系统自动向它传递一个隐含的参数,该参数是一个指向调用该函数的对象的指针,即this指针。

2) 使用类的权限

一般情况下,类的成员的使用权限如下:

(1) 类本身的成员函数可以使用类的所有成员(私有成员、保护成员和公有成员)。

(2) 类的子类的成员函数可以使用类的保护成员和公有成员。

非(1)、(2)的函数可以通过类的对象使用类的公有成员。

3) 类的作用域

声明类时所使用的一对花括号形成所谓的类的作用域。在类的作用域中声明的标识符只在类中可见。

4) 对象、类和消息

使用类定义对象,对象响应消息完成对象功能。

4. 构造函数

C++类有称为构造函数的特殊成员函数，它可以在创建对象时被自动调用进行对象的初始化。

5. 析构函数

和构造函数相对应，C++类有称为析构函数的特殊成员函数，在对象删除时，析构函数会被自动调用。

6. 静态成员

类的静态成员使用关键字 static 进行声明，类的静态成员可以通过类名直接使用，类的静态成员函数只能访问类的静态成员，使用一个类创建的所有对象共享静态成员。

7. 友元

友元使用关键字 friend 进行声明，可以允许一个函数或一个类无限制地存取另一个类的所有成员。

8. const 对象

const 成员包括 const 数据成员、const 静态数据成员和 const 引用成员。const 静态数据成员仍保留静态成员特征，需要在类外初始化。const 数据成员和 const 引用成员只能通过初始化列表来获得初值。一个 const 对象只能访问 const 成员函数。

9. 指向类成员的指针

使用指针不但可以指向对象，也可以指向类的成员。指向类的成员的指针分为指向数据成员和指向成员函数的指针。

10. 运算符重载

在 C++ 语言中，用户可以重定义或重载大部分 C++ 内置的运算符，不但可以提高代码的可读性，还可以满足泛型算法的需求。

14.1.2 类的继承与派生

1. 继承与派生的概念

使用已有的类来建立新类的过程称为“类的派生”，原来的类称为“基类”或“父类”，新建立的类则称为“派生类”或“子类”。派生类自动地将基类的所有成员作为自己的成员，这称为“继承”。

2. 继承与派生的一般形式

C++ 中有两种继承：单一继承和多重继承。对于单一继承，一个“子类”只能有一个“父类”；对于多重继承，一个“子类”可以有多个“父类”。在 C++ 中，声明单一继承的一般形式如下：

```
class 派生类名:访问控制 基类名
{
    成员声明列表
};
```

多重继承的一般形式如下：

```
class 类名 1:访问控制 类名 2,访问控制 类名 3,…,访问控制 类名 n
```

```
{
    成员声明列表
};
```

3. 派生类的构造函数与析构函数

当创建一个派生类对象时，需要首先调用“父类”的构造函数，对“父类”成员进行初始化，然后执行派生类的构造函数，如果某个“父类”仍是一个派生类，则这个过程递归执行。该对象删除时，析构函数的执行顺序和构造函数的执行顺序正好相反。

4. 继承与派生的访问权限

在 C++ 中，子类虽然可以继承父类的全部成员，但派生的方式不同，子类对父类不同成员的访问权限也不同。表 14-1 列出了不同的派生方式下，子类对父类不同成员的不同访问权限。

表 14-1　派生方式与访问权限

派生方式	父类权限		
	private 成员	protected 成员	public 成员
private 派生	不可访问	私有成员	私有成员
protected 派生	不可访问	保护成员	保护成员
public 派生	不可访问	保护成员	公有成员

14.1.3　类的多态性

1. 多态性的概念

多态性在 C++ 中指同样的消息被不同类型的对象接收时导致不同的行为。这里的消息就是指对对象成员函数的调用，而不同的行为是指不同的实现，也就是调用了不同的函数。多态性从系统实现的角度来讲可以划分为两类：动态多态（也称运行时多态性）和静态多态（也称编译时多态性），如图 14-1 所示。

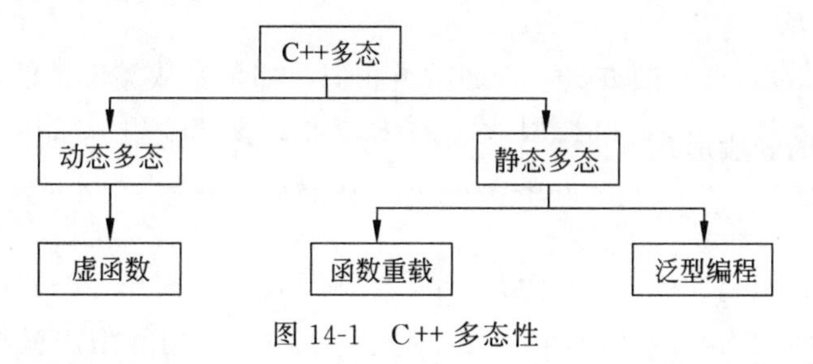

图 14-1　C++ 多态性

2. 虚函数与动态多态

根据消息调用哪个具体函数如果是在程序运行时确定的称为动态联编。动态联编所支持的多态性称为运行时多态性，运行时多态性由 C++ 的虚函数来实现。虚函数只能是类中的非静态成员函数，关键字 virtual 用于类中该函数的声明。声明虚成员函数的格式如下：

```
virtual 类型标识符 函数名(参数列表);
```

当父类定义了虚函数，在派生类中定义同名的成员函数时，只要该成员函数的参数以及它的返回类型与基类中同名的虚函数完全一样，则无论是否为该成员使用 virtual 声明，它都将成为一个虚函数。

3. 纯虚函数与虚类(抽象类)

有一种特殊的虚函数称为纯虚函数，纯虚函数没有函数体。声明纯虚成员函数的格式如下：

```
virtual 类型标识符 函数名(参数列表)=0;
```

一个类可以声明多个纯虚函数，包含有纯虚函数的类称为虚类或抽象类。一个抽象类只能作为基类来派生新类，不能说明抽象类的对象，但可以说明指向抽象类对象的指针(或引用)。

4. 虚基类

如果一个派生类的多条继承路径上有一个公共的基类，则这个公共基类在该派生类的对象中就会产生多个实例(或多个副本)。例如已有一个类 A，类 B 和类 C 分别由类 A 派生，类 D 由类 B 和类 C 共同派生，则在类 D 中有 2 个类 A 的属性存在，若只想保存类 A 一份属性，可以在派生子类时将类 A 说明为虚基类。说明虚基类的格式如下：

```
class 派生类名:访问控制 virtual 基类名
```

14.1.4 类模板与泛型编程

1. 类模板

C++ 可以将数据类型从类中分离出来形成一个虚拟的数据类型 T，可以使用这个数据类型 T 设计“类”，但是这个“类”并不是真正的类，只是对类的描述，这种类的描述在 C++ 中被称为类模板。在编译时，编译器将类模板与某种具体数据类型联系起来，即可生成一个有具体数据类型的类(模板类)。

2. 类模板的继承

类模板也可以继承，继承的方法与普通的类相似。如果是从类模板继承的，在子类的定义中父类的名称后面要加上“＜虚拟类型＞”。类模板的基类和派生类都可以是模板类或非模板类。

3. 泛型编程

函数模板和类模板是实现 C++ 泛型编程的基础。模板相当于一个蓝图，它本身不是类或函数。编译器根据创建对象或调用函数语句中实际使用的数据类型用模板产生类或函数，产生模板特定类型的过程称为模板的实例化。在 C++ 中使用模板进行编程即称为泛型编程。

14.2 例题分析与解答

一、选择题

1. 面向对象程序设计不仅能进行功能抽象，也能进行数据抽象。________实际上是功能抽象和数据抽象的统一。

A. 指针　　B. 函数　　C. 对象　　D. 模板

分析：面向对象程序设计使用类和对象实现功能抽象和数据抽象。

答案：C

2. 在 C++ 中,不同的对象可以调用相同名称的函数,但可导致完全不同的行为的现象称为________。

A. 隐藏性　　B. 封装性　　C. 继承性　　D. 多态性

分析：参见多态的定义。

答案：D

3. 类的访问权限用于控制对象的某个成员在程序中的可访问性,如果没有使用关键字说明,则成员默认为________权限。

A. private　　B. protected　　C. virtual　　D. public

分析：参见 C++ 中关于类的成员的权限限定。

答案：A

4. 在 C++ 中,关于对象的特性描述错误的是________。

A. 同一个类的对象之间可以相互赋值

B. 可使用对象数组

C. 可使用指向对象的指针,使用取地址运算符&可以获取一个对象的地址

D. 对象本身不占用内存

分析：对象是类的实例,只要有数据成员就占用内存。

答案：D

5. 对象的行为是定义在对象属性上的一组操作的集合,是通过它的________实现的。

A. 数据成员　　B. 成员函数　　C. 对象指针　　D. 私有成员

分析：对象的行为通过它的成员函数实现。

答案：B

6. 对象的属性和行为是对象定义的组成要素,分别代表了对象的静态和动态特征,以下说法中错误的是________。

A. 一个类的所有对象都使用相同内存地址

B. 对象的操作包括自身操作(施加于自身)和施加于其他对象的操作

C. 对象之间以消息传递(函数调用)的方式进行通信

D. 一个对象的成员仍可以是一个对象

分析：一个类的不同对象的数据成员使用不同的内存,成员函数是相同的。

答案：A

7. 有时需要使用一个对象创建另外一个对象。在通常情况下,编译器建立一个默认复制构造函数,默认复制构造函数采用________方式使用已有的对象来建立新对象。

A. 复制对象地址　　B. 引用已有对象

C. 复制属性值　　D. 以上 3 种方式

分析：默认复制构造函数采用复制属性值的方式使用已有的对象来建立新对象。

答案：C

8. 以下关于类的静态成员描述错误的是________。

A. 可以不属于某个特定的对象,可以与类名连用

B. 静态成员可以和对象一起动态分配内存

C. 在没有建立对象之前，静态成员就已经存在

D. 静态成员为该类的所有对象共享，它们被存储于一个公用的内存中

分析：类的静态数据成员的内存采用静态分配。

答案：B

9. 下列函数中，可以作为虚函数的是________。

A. 普通全局函数　B. 静态成员函数　C. 构造函数　D. 析构函数

分析：参见主教材中关于虚函数的功能定义。

答案：D

10. 在派生类中重载一个虚函数时，要求函数名、参数的个数、参数的类型、参数的顺序和函数的类型________。

A. 不同　B. 相同　C. 相容　D. 部分相同

分析：参见主教材中关于虚函数的定义。

答案：B

二、填空题

1. 使用友元可以允许一个函数或一个类无限制地存取另一个类的所有成员。可以在 C++ 类中使用关键字________声明友元，友元并不是类的成员。

分析：参见本书中关于静态成员的说明。

答案：friend

2. 阅读以下程序，给出程序运行输出的第一行是________，第二行是________。

```
#1. #include <iostream>
#2. using namespace std;
#3. class CEx {
#4.     int x;
#5. public:
#6.     void SetX(const int x){
#7.         CEx::x=x * 2;
#8.     }
#9.     int GetX();
#10. };
#11. int CEx::GetX(){
#12.     return x++;
#13. }
#14. int main(){
#15.     CEx x;
#16.     x.SetX(10);
#17.     cout << x.GetX()<< '\n';
#18.     cout << x.GetX()<< endl;
#19.     return 0;
#20. }
```

分析：本题考查类和对象的基本使用方法。

#15 行，main()函数创建类 CEx 对象 x；

#16 行，调用对象 x 的成员函数 SetX(10)，将对象 x 的成员 x::x 赋值为 20；

#17 行，先调用对象 x 的成员函数 GetX()，返回对象 x 的成员 x::x 值并传给 cout（即输出第一行 20），再将对象 x 的成员 x::x 值+1，即对象 x 的成员 x::x 值变为 21；

#18 行，先调用对象 x 的成员函数 GetX()，返回对象 x 的成员 x 值并传给 cout（即输出第二行 21），再将对象 x 的成员 x 值+1，即对象 x 的成员 x::x 值变为 22；

#19 行，main()函数结束，程序运行结束。

答案：20　21

3. 阅读以下程序，给出程序运行输出的第一行是________，第二行是________。

```
#1.  #include <iostream>
#2.  using namespace std;
#3.  class Count{
#4.      int n;
#5.  public:
#6.      Count(int x=2){
#7.          n=x;
#8.      }
#9.      void show(){
#10.         cout << n << endl;
#11.     }
#12.     ~Count(){
#13.     }
#14. };
#15. int main(){
#16.     Count a(5);
#17.     a.show();
#18.     {
#19.         Count b[4];
#20.         b[3].show();
#21.     }
#22.     return 0;
#23. }
```

分析：本题考查构造函数和析构函数的基本使用方法。

#16 行，main()函数创建类 Count 的对象 a，并用参数 5 调用 x 的构造函数 a.Count(5)，对象 a 的成员 a.x 被赋值为 5；

#17 行，调用对象 a 的成员函数 show()，输出 a.x(即输出第一行 5)；

#19 行，创建类 Count 的对象数组 b[4]，并调用 b 数组每个元素的构造函数 Count()，因为没有参数，Count 使用默认参数值 2 对每个元素的成员 x 进行赋值；

#20 行，调用对象 b[3]的成员函数 show()，输出 b[3].x(即输出第二行 2)；

#22 行，main()函数结束，程序运行结束。

答案：5　2。

4. 阅读以下程序，给出程序运行输出的第一行是________，第二行是________。

```
#1.  #include <iostream>
#2.  using namespace std;
#3.  class CEx{
```

```
#4. protected:
#5.     int x;
#6. public:
#7.     CEx(int x){
#8.         CEx::x=x;
#9.     }
#10.    void show(){
#11.        cout << x << endl;
#12.    }
#13. };
#14. class CEx2 :public CEx{
#15. public:
#16.    CEx2(int x=5):CEx(x*2){
#17.    }
#18.    void show(){
#19.        cout << x*2 << endl;
#20.    }
#21. };
#22. int main(){
#23.    CEx2 x;
#24.    x.CEx::show();
#25.    x.show();
#26.    return 0;
#27. }
```

分析:本题考查类的继承和派生的基本使用方法。

#23行,main()函数创建类CEx2的对象x,调用x的构造函数x.CEx2(),因为没有参数,CEx2使用默认参数值5*2调用父类的构造函数CEx(10),对象x的成员x.x被赋值为10;

#24行,调用对象x父类的成员函数show(),输出a.x(即输出第一行10);

#25行,调用对象x的成员函数show(),输出a.x*2(即输出第二行20);

#26行,main()函数结束,程序运行结束。

答案:10 20

5. 阅读以下程序,给出程序运行输出的第一行是________,第二行是________,第三行是________。

```
#1.  #include <iostream>
#2.  #include <iostream>
#3.  using namespace std;
#4.  class A {
#5.  protected:
#6.      int x, y;
#7.  public:
#8.      A(int a, int b){
#9.          x=a;
#10.         y=b;
#11.     }
#12.     virtual void fun(){
#13.         cout <<  x+y << "\n";
```

```
#14.     }
#15.     void fun1(){
#16.         cout << x << "\n";
#17.     }
#18. };
#19. class B :public A {
#20. public:
#21.     B(int a, int b):A(a, b){
#22.     }
#23.     void fun(){
#24.         cout << x * y << "\n";
#25.     }
#26.     void fun1(){
#27.         cout << y << "\n";
#28.     }
#29. };
#30. void print(A& ra){
#31.     ra.fun();
#32. }
#33. void print1(A& ra){
#34.     ra.fun1();
#35. }
#36. int main(){
#37.     A *p1, *p2;
#38.     p1=new A(10, 20);
#39.     p2=new B(10, 20);
#40.     print(*p1);
#41.     print(*p2);
#42.     print1(*p2);
#43.     delete p1;
#44.     delete p2;
#45.     return 0;
#46. }
```

分析：本题考查多态的基本使用方法。

#37 行，main()函数创建类 A 的指针 p1、p2；

#38 行，p1 指向新创建的类 A 对象，该对象调用构造函数 A(10, 20)对成员 x、y 进行赋值；

#39 行，p2 指向新创建的类 B 对象，该对象调用构造函数 B(10, 20)，B 在调用父类，否则函数 A(10,20)对成员 x、y 进行赋值；

#40 行，调用全局函数 print()，并传入 p1 指向的对象，在 print()函数中调用 p1－>fun()输出第一行 30；

#41 行，调用全局函数 print()，并传入 p2 指向的对象，在 print()函数中调用 p2－>fun()，因为 fun()是虚函数，所以调用子类的 fun()函数输出第二行 200；

#42 行，调用全局函数 print1()，并传入 p2 指向的对象，在 print()函数中调用 p2－>fun1()，因为 p2 是 A 类型指针，所以调用 A::fun1()输出第三行 10；

#43、44 行，释放 p1、p2 指向的对象；

#45 行，main()函数结束，程序运行结束。

答案：30　200　10

三、判断题

1. 结构化程序设计使用的是功能抽象，面向对象程序设计不仅能进行功能抽象，而且能进行数据抽象。

分析：参见本书关于面向对象程序设计的说明。

答案：对

2. C++语言中可使用对象名、属性和类三要素来描述对象。

分析：参见本书关于面向对象程序设计的说明。

答案：错

3. 所谓"一个类的所有对象具有相同的属性"，是指属性的个数、名称、数据类型相同，各个对象的属性值则可以互不相同，并且随着程序的执行而变化。

分析：参见本书关于对象属性的说明。

答案：对

4. 类和C语言中结构类型不同的是，组成这种类型的不仅可以有数据，而且可以有对数据进行操作的函数，它们分别称为类的数据成员和类的成员函数。

分析：参见本书关于类成员的说明。

答案：对

5. 当没有为一个类定义任何构造函数的情况下，C++编译器会为类自动建立一个不带参数的构造函数，该构造函数称为类的默认构造函数。

分析：参见本书关于默认构造函数的说明。

答案：对

6. 从"父类"中派生出"子类"时，"子类"和成员需要与父类相同。

分析：参见本书关于派生类的说明。

答案：错

7. 当创建一个派生类对象时，需要首先调用子类的构造函数，再调用父类的构造函数。

分析：使用派生类创建对象时，先调用父类构造函数再调用本类构造函数。

答案：错

8. 如使用一个表达式的含义能解释为可访问类中的多个成员，则这种对类的成员的访问称为多态。

分析：对类的成员的访问必须是无二义性的，否则编译器不知道调用哪个。

答案：错

9. 多态在C++中是指同样的消息被不同类型的对象接收时导致相同的行为。

分析：C++中对象使用消息进行通信。

答案：错

10. C++的两种联编方式分别为静态联编和动态联编。

分析：参见本书14.1.3节中多态性的概念说明。

答案：对

四、改错题

1. 程序改错：以下程序的功能是输入一个整数并输出。程序运行输入输出示意如下：

```
100
100
```

含错误的源程序如下：

```
#1.  #include <iostream>
#2.  using namespace std;
#3.  class CEx {
#4.      int x;
#5.  public:
#6.      CEx(int x){
#7.          x=x;
#8.      }
#9.  };
#10. void Show(CEx x){
#11.     cout << x.x << endl;
#12. }
#13. int main(){
#14.     CEx * p;
#15.     int x;
#16.     cin >> x;
#17.     p=new CEx(x);
#18.     Show(p);
#19.     delete p;
#20.     return 0;
#21. }
```

要求：改正程序中错误，可以修改语句中的一部分内容，但不允许添加新的语句，也不能删除整条语句。

分析：本题考查类成员属性和作用域用法，#7 行赋值需要指明作用域，#11 行类外的代码不能访问对象的私有成员，#18 行实参和形参不匹配。

参考答案：

#4 行修改为“public ：int x;”。

#7 行修改为“CEx::x=x;”。

#18 行修改为“Show(* p);”。

2. 程序改错：以下程序的功能是输入一个锥体的底面半径和高并输出它的表面积。程序运行输入输出示意如下：

```
3 4
75.36
```

含错误的源程序如下：

```
#1.  #include <math.h>
#2.  #include <iostream>
#3.  using namespace std;
```

```
#4. #define PI 3.14
#5. class CCircle{
#6.     double r;
#7. public:
#8.     CCircle(double r){
#9.         this->r=r;
#10.    }
#11.    virtual ~CCircle(){
#12.    }
#13.    double GetS(){
#14.        return PI * r * r;
#15.    }
#16. };
#17. class CCone :public CCircle{
#18.    double h;
#19. public:
#20.    CCone(double r,double h){
#21.        this->h=h;
#22.    }
#23.    ~CCone(){
#24.    }
#25.    double GetS(){
#26.        return PI * r * sqrt(r * r+h * h);
#27.    }
#28. };
#29. int main(){
#30.    CCircle *p;
#31.    double x, y;
#32.    cin >> x >> y;
#33.    p=new CCone(x, y);
#34.    cout << p->GetS()<< endl;
#35.    delete p;
#36.    return 0;
#37. }
```

分析：本题考查类成员属性继承中的用法。

#6行私有成员在子类中无法直接访问，需要改为保护类型；#20行应调用父类的构造函数初始化父类成员；#26需要加上圆锥底面积；为了#34行能调用非虚拟子类GetS()函数，需要在#30行将p设置为子类指针类型。

参考答案：

#6行修改为“protected: double r;”。

#20行修改为“CCone(double r,double h): CCircle(r){”。

#26行修改为“return PI * r * sqrt(r * r+h * h)+ CCircle::GetS();”。

#30行修改为“CCone *p;”。

五、编程题

1. 完成程序，有一个计数器类CCount，声明如下：

```
#1. class CCount{
```

```
#2.    int iCount;                          //计数值
#3.  public:
#4.    CCount();                            //构造函数,对象初始化,计数值=0
#5.    int Inc();                           //计数器+1,并返回当前计数
#6.    int GetCount();                      //返回当前计数
#7.    void Clear();                        //清计数为0
#8.  };
```

该程序通过main()函数创建若干CCount类对象并读入一个整数x,经过处理后程序运行输入输出示意如下:

```
200
200
```

main()函数的源代码如下:

```
#1. int main(){
#2.   CCount c;
#3.   int x;
#4.   cin >> x;
#5.   for(int i=0; i < x; i++){
#6.     c.Inc();
#7.   }
#8.   cout << c.GetCount()<< endl;
#9.   return 0;
#10. }
```

要求:完成程序,可以添加代码,但不能修改已给出的代码。

参考答案:

```
#1. class CCount {
#2.     int iCount;                         //计数器值
#3. public:
#4.     CCount(){                           //构造函数,对象初始化,计数值=0
#5.         iCount=0;
#6.     }
#7.     int Inc(){                          //计数器+1,并返回当前计数
#8.         return ++iCount;
#9.     }
#10.    int GetCount(){                     //返回当前计数
#11.        return iCount;
#12.    }
#13.    void Clear(){                       //清计数为0
#14.        iCount=0;
#15.    }
#16. };
```

2. 完成程序,有一个字符串类CStr,声明如下:

```
#1. class CStr{
#2.     char* s;
#3. public:
#4.     CStr(const char s[]);
#5.     void Add(const char* s);
#6.     void PutS();
#7.     ~CStr();
#8. };
```

该程序通过main()函数创建一个CStr类对象str并读入一个字符串s,调用str.Add()函数将s添加到str对象,调用str.PutS()输出,程序运行输入输出示意如下:

```
123
ABC123
```

main()函数的源代码如下:

```
#1. int main(){
#2.     CStr str("ABC");
#3.     char s[100];
#4.     cin >> s;
#5.     str.Add(s);
#6.     str.PutS();
#7. }
```

要求:完成程序,类的声明和main()函数不可修改,其他部分可以添加代码,但不能修改已给出的代码。

参考答案:

```
#1. class CStr{
#2.     char* s;
#3. public:
#4.     CStr(const char s[])  {
#5.         this->s=new char[strlen(s)+ 1];
#6.         strcpy(this->s, s);
#7.     }
#8.     void Add(const char* s){
#9.         char* p1=new char[strlen(this->s)+ strlen(s)+ 1];
#10.        strcpy(p1, this->s);
#11.        strcat(p1, s);
#12.        delete this->s;
#13.        this->s=p1;
#14.    }
#15.    void PutS(){
#16.        cout << s << endl;
#17.    }
#18.    ~CStr()   {
#19.        delete[]s;
```

```
#20.     }
#21. };
```

3. 完成程序(参考江苏省 2013 秋二级考试题目),有一个 CArray 类的声明如下:

```
#1. class CArray {
#2.     int a[3][4];
#3.     float b[3][4];
#4. public:
#5.     CArray(int k[][4], int n);              //构造函数,利用数组 k 初始化数组 a
#6.     void fun1(int k, int p);                //根据给定算法计算数组 b 的元素 b[k][p]
#7.     void fun2();                            //按题意生成数组 b
#8.     void print();                           //按要求格式输出数组 b
#9. };
```

该程序根据给定的二维数组 a 生成二维数组 b,其生成规则如下:

$$b[m][n]=\frac{\sum_{j=0}^{n}\sqrt{\frac{a[i][j]^2}{(m+1)^2+(n+1)^2}}}{(m*n+1)}$$

程序运行输入输出示意如下:

```
5 8 10 15
17 6 4 8
6 15 9 12
7.07107 14.5344 24.2441 39.1695
24.5967 12.7269 10.0145 10.2021
29.5146 11.4176 7.54247 6.84524
```

main()函数的源代码如下:

```
#1. int main(){
#2.     int a1[3][4]={0}; //5 8 10 15 17 6 4 8 6 15 9 12
#3.     for(int i=0; i < 3; i ++)
#4.         for(int j=0;j<4;j++)
#5.             cin >> a1[i][j];
#6.     CArray n1(a1, 3);
#7.     n1.fun2();
#8.     n1.print();
#9. }
```

要求:完成程序,可以添加代码,但不能修改已给出的代码。

参考答案:

```
#1. #include <iostream>
#2. using namespace std;
#3. #include <math.h>
#4. class CArray {
#5.     int a[3][4];
```

```
#6.     float b[3][4];
#7. public:
#8.     CArray(int k[][4], int n)
#9.     {
#10.        for(int i=0; i < n; i++)
#11.            for(int j=0; j < 4; j++)
#12.                a[i][j]=k[i][j];
#13.    }
#14.    void fun1(int k, int p)
#15.    {
#16.        float temp=0;
#17.        for(int i=0; i <= k; i++)
#18.            for(int j=0; j <= p; j++){
#19.                float t0=a[i][j] * a[i][j];
#20.                temp += sqrt(t0 / (k+1) / (k+1)+ t0 / (p+1) / (p+1));
#21.            }
#22.        b[k][p]=temp / (k * p+1);
#23.    }
#24.    void fun2(){
#25.        for(int i=0; i < 3; i++)
#26.        {
#27.            for(int j=0; j < 4; j++)
#28.                fun1(i,j);
#29.        }
#30.    }
#31.    void print()
#32.    {
#33.        for(int i=0; i < 3; i++){
#34.            for(int j=0; j < 4; j++)
#35.                cout << a[i][j] << '\t';
#36.            cout << endl;
#37.        }
#38.        cout << "\n 数组 b:" << endl; * /
#39.        for(int i=0; i < 3; i++){
#40.            for(int j=0; j < 4; j++)
#41.                cout << b[i][j] << ' ';
#42.            cout << endl;
#43.        }
#44.    }
#45. };
```

14.3 本 章 测 试

14.3.1 测试题 1

一、选择题

1. C++的类是从C语言中的________演变而来的,开始称为“带类的C”。

A. 指针类型 B. 共用体类型 C. 枚举类型 D. 结构体类型

2. 对于一个具体的类,它有许多具体的个体,这些个体称为________。

A. 类的地址　　B. 类的引用
C. 类的对象　　D. 类的定义

3. 从一个个具体的事物中把共同的特征抽取出来,形成一个一般的概念,这就是________。
A. 分类　　B. 归类　　C. 推理　　D. 逻辑

4. 在C++语言中,子类不论以何种方式派生,一个子类的成员函数不可以直接使用________。
A. 自己类的所有成员　　B. 父类的私有成员
C. 父类的保护成员　　D. 父类的公有成员

5. 在C++语言中,关于对象的特性描述错误的是________。
A. 对象可以用作函数参数
B. 对象数据成员只能通过对象的成员函数访问
C. 对象作为函数参数时,可以使用对象、对象引用和对象指针
D. 一个对象可以作为另一个类的成员

6. 在C++语言中,使用new建立的动态对象应使用________删除,以便释放所占空间。
A. delete　　B. free
C. 对象的析构函数　　D. 以上都可以

7. 在C++语言中,以下关于类的静态成员的描述错误的是________。
A. 应该先创建对象,后使用对象的静态成员
B. 没有this指针,所以除非显式地把指针传给它们,否则不能存取类的数据成员
C. 静态成员函数不能说明为虚函数
D. 静态成员函数不能直接访问非静态函数

8. 在C++语言中,友元函数可以允许一个函数或一个类存取一个类的________成员。
A. 私有成员　　B. 保护成员
C. 公有成员　　D. 所有成员

9. 在C++语言中,使用指针可以指向________。
A. 对象　　B. 对象的数据成员
C. 对象的成员函数　　D. 以上都可以

10. 在C++语言中规定了父类和子类间互相赋值的规则,以下错误的是________。
A. 可以将父类对象赋值给子类对象
B. 可以将子类对象赋值给父类对象
C. 可以将子类类型指针的值赋值给父类类型指针变量
D. 可以将子类类型引用赋值给父类类型引用

二、填空题

1. 在C++语言中,用户可以重载C++大部分的内置运算符,运算符重载函数的函数名由关键字________和其后要重载的运算符符号构成。

2. 阅读以下程序,给出程序运行输出的第一行是________,第二行是________。

```
#1. #include <iostream>
#2. using namespace std;
#3. class CEx {
#4.     int x;
```

```
#5. public:
#6.     void SetX(int x){
#7.         CEx::x=x;
#8.     }
#9.     void Do(int y){
#10.        x += y;
#11.    }
#12.    void Show(){
#13.        cout<< x<<endl;
#14.    }
#15. };
#16. int main(){
#17.    CEx x;
#18.    x.SetX(10);
#19.    x.Show();
#20.    x.Do(5);
#21.    x.Show();
#22.    return 0;
#23. }
```

3. 阅读以下程序，给出程序运行输出的第一行是________，第二行是________。

```
#1.  #include <iostream>
#2.  using namespace std;
#3.  class CEx {
#4.      int x;
#5.  public:
#6.      CEx(){
#7.          x=5;
#8.      }
#9.      CEx(int x){
#10.         CEx::x=x;
#11.     }
#12.     void Do(int y){
#13.         x += y;
#14.     }
#15.     void Show(){
#16.         cout<< x<<endl;
#17.     }
#18. };
#19. int main(){
#20.     CEx x[5],y(10);
#21.     for(int i=0;i<5;i++)
#22.         x[i].Do(i);
#23.     x[2].Show();
#24.     y.Show();
#25.     return 0;
#26. }
```

4. 阅读以下程序，给出程序运行输出的第一行是________，第二行是________。

```
#1. #include <iostream>
#2. using namespace std;
#3. class CEx {
#4.     int x;
#5. public:
#6.     CEx(int x=5){
#7.         CEx::x=x;
#8.     }
#9.     int GetX(){
#10.        return x;
#11.    }
#12.    void Show(){
#13.        cout<< x<<endl;
#14.    }
#15. };
#16. class CEx2 :public CEx {
#17. public:
#18.    CEx2(int x=5):CEx(x * 2){
#19.    }
#20.    void show(){
#21.        cout << GetX() * 2 << endl;
#22.    }
#23. };
#24. int main(){
#25.    CEx2 x(3);
#26.    cout<<x.GetX()<<endl;
#27.    x.show();
#28.    return 0;
#29. }
```

5. 阅读以下程序,给出程序运行输出的第一行是________,第二行是________,第三行是________。

```
#1. #include <iostream>
#2. using namespace std;
#3. class A {
#4. protected:
#5.     int x;
#6. public:
#7.     A(int a=5){
#8.         x=a;
#9.     }
#10.    virtual void fun(){
#11.        x*=2;
#12.    }
#13.    int GetV(){
#14.        return x;
#15.    }
#16. };
#17. class B :public A {
```

```
#18.     int y;
#19. public:
#20.     B(int a, int b):A(a){
#21.         y=b;
#22.     }
#23.     void fun(){
#24.         x += y;
#25.         A::fun();
#26.     }
#27.     int GetV(){
#28.         return A::GetV()+y;
#29.     }
#30. };
#31. int main(){
#32.     A* p1, * p2;
#33.     p1=new A(5);
#34.     p2=new B(10, 20);
#35.     cout<<p1->GetV()<<endl;
#36.     cout << p2->GetV()<< endl;
#37.     p2->fun();
#38.     cout << p2->GetV()<< endl;
#39.     delete p1;
#40.     delete p2;
#41.     return 0;
#42. }
```

三、判断题

1. 面向对象的程序设计方法不是以函数过程和数据结构为中心，而是以对象代表求解问题的中心环节。

2. 和传统的程序设计方法相比，面向对象的程序设计具有抽象、泛型、继承和多态性等关键要素。

3. 在类中，封装与隐藏是通过设置类的属性和操作的使用权限实现的。

4. 类声明以关键字 class 开始，其后跟类名。类所声明的内容用花括号括起来，右花括号后的分号作为类关键字声明语句的结束标志。

5. C++ 的类有称为静态函数的特殊成员函数，它可以在删除对象时被自动调用。

6. 在有些时候我们需要使用一个对象创建另外一个对象。该情况下会使用到类的复制构造函数。

7. 因为静态成员函数不能使用指针，所以静态成员函数只能通过对象名（或指向对象的指针）访问该对象的非静态成员。

8. 允许友元访问类的私有成员，这破坏了类的可继承性，导致程序的可维护性变差，因此在使用友元时必须权衡得失。

9. 在 const 成员函数里，不能更改对象的数据成员，也不能调用该类中非 const 成员函数。

10. 从“父类”中派生出“子类”时，“子类”不可以重新定义父类已有的数据成员。

四、改错题

1. 程序改错：以下程序的功能是输入一个整数并输出它的平方。程序运行输入输出示意如下：

```
100
10000
```

含错误的源程序如下：

```
#1. #include<iostream>
#2. using namespace std;
#3. class CEx {
#4.     int x;
#5. public:
#6.     void CEx(int x){
#7.         this->x=x * x;
#8.     }
#9.     void Show(){
#10.        cout << x << endl;
#11.    }
#12. };
#13. int main(){
#14.    CEx * p;
#15.    int x;
#16.    cin >> x;
#17.    p=new CEx;
#18.    p->Show();
#19.    delete p;
#20.    return 0;
#21. }
```

要求：改正程序中错误，可以修改语句中的一部分内容，但不允许添加新的语句，也不能删除整条语句。

2. 程序改错：以下程序的功能是输入一个圆柱体的底面半径和高并输出它的表面积。程序运行输入输出示意如下：

```
3 4
113.04
```

含错误的源程序如下：

```
#1. #include <iostream>
#2. using namespace std;
#3. #define PI 3.14
#4. class CCircle {
#5. protected:
#6.     double r;
#7. public:
#8.     CCircle(double r){
#9.         this->r=r;
#10.    }
#11.    virtual ~CCircle(){
```

```
#12.    }
#13.    double GetS(){
#14.        return PI * r * r;
#15.    }
#16. };
#17. class CCylinder :public CCircle {
#18.    double h;
#19. public:
#20.    CCylinder(double r, double h):CCircle(r){
#21.        this->h=h;
#22.    }
#23.    ~CCylinder():~CCircle(){
#24.    }
#25.    double GetS(){
#26.        return 2 * PI * r * h+GetS() * 2;
#27.    }
#28. };
#29. int main(){
#30.    CCylinder * p;
#31.    double x, y;
#32.    cin >> x >> y;
#33.    p=new CCircle(x, y);
#34.    cout << p->GetS()<< endl;
#35.    delete p;
#36.    return 0;
#37. }
```

五、编程题

1. 完成程序,有一个三角形类 CTriangle 声明如下:

```
#1. class CTriangle {
#2.     double a;                                   //底边长
#3.     double h;                                   //高
#4. public:
#5.     CTriangle();                                //构造函数
#6.     void ReadP();                               //读入底边长和高
#7.     double GetS();                              //返回三角形面积
#8. };
```

该程序通过 main()函数创建一个 CTriangle 类对象并调用对象 ReadP()函数读入数据,调用对象 GetS()函数输出三角形面积。程序运行输入输出示意如下:

```
3 4
6
```

main()函数的源代码如下:

```
#1. int main(){
#2.     CTriangle t;
#3.     t.ReadP();
```

```
#4.     cout << t.GetS()<< endl;
#5.     return 0;
#6. }
```

要求：完成程序，可以添加代码，但不能修改已给出的代码。

2. 完成程序，有一个字符串类CStr，声明如下：

```
#1. class CStr{
#2.     char* s;
#3. public:
#4.     CStr();
#5.     CStr(const char s[]);
#6.     void Add(CStr& str);
#7.     int GetS();
#8.     void PutS();
#9.     ~CStr();
#10. };
```

该程序通过main()函数创建两个CStr类对象s1、s2，并使用s2读入一个字符串，调用s1.Add()函数将s2添加到s1对象，调用s1.PutS()输出，程序运行输入输出示意如下：

```
123
ABC123
```

main()函数的源代码如下：

```
#1. int main(){
#2.     CStr s1("ABC"), s2;
#3.     s2.GetS();
#4.     s1.Add(s2);
#5.     s1.PutS();
#6.     return 0;
#7. };
```

要求：完成程序，可以添加代码，但不能修改已给出的代码。

3. 完成程序（参考江苏省2012秋二级考试题目），有一个给CArray类声明如下：

```
#1. class CArray {
#2.     int a[3][4];
#3.     int b[3][4];
#4. public:
#5.     CArray(int t[][4], int n);          //构造函数,利用数组 t 初始化数组 a
#6.     int fun1(int t1, int t2);           //返回 t1、t2 拼接后形成的整数,t1 在前 t2 在后
#7.     void fun2();                        //合理调用 fun1,按题意生成数组 b
#8.     void print();                       //按要求格式输出数组 b
#9. };
```

该根据给定的二维数组a生成二维数组b，其生成规则如下：新数组的元素取值为原数组

中相同位置元素的左、右两个相邻元素拼接后形成的整数(左邻元素在前,右邻元素在后)。规定最左(右)列元素的左(右)邻元素为该元素所在行的最右(左)侧的元素。

程序运行输入输出示意如下：

```
1 2 3 4
5 6 7 8
9 10 11 12
42      13      24      31
86      57      68      75
1210    911     1012    119
```

main()函数的源代码如下：

```
#1.  int main()
#2.  {
#3.      int t[3][4];
#4.      for(int i=0; i < 3; i++)
#5.          for(int j=0; j < 4; j++)
#6.              cin>>t[i][j];
#7.      CArray test(t, 4);
#8.      test.fun2();
#9.      test.print();
#10. }
```

要求：完成程序,可以添加代码,但不能修改已给出的代码。

14.3.2 测试题 2

一、选择题

1. C++ 可以使用三要素来描述对象,下面________是错误的。

   A. 地址　　B. 对象名　　C. 属性　　D. 操作

2. 关于对象的属性,一个类各个对象的________可以互不相同,并且随着程序的执行而变化。

   A. 属性的个数　　B. 属性值

   C. 属性名称　　D. 属性数据类型

3. 类的访问权限用于控制对象的某个成员在程序中的可访问性,以下________是错误的。

   A. private　　B. protected　　C. virtual　　D. public

4. C++ 语言中规定,当一个成员函数被调用时,系统自动向它传递一个隐含的参数,该参数是________。

   A. this 指针　　B. 对象的引用

   C. 对象名　　D. 父类名

5. 一般情况下,关于 C++ 语言种类的成员的使用权限以下描述错误的是________。

   A. 类本身的非静态成员函数肯定可以使用类的所有成员

   B. 子类的非静态成员函数可以使用父类的保护和公有成员

C. 类外的函数可以通过类的对象使用类的公有成员

D. 类外的函数都不能通过类的对象使用类的私有成员

6. 在C++语言中，对象的属性是指描述对象的________。

A. 地址　　B. 对象名　　C. 数据成员　　D. 操作

7. 在C++语言中，对象的属性和行为是对象的组成要素，分别代表了对象的静态和动态特征，对象一般都具有以下特征________。

A. 有一个父类，包含其基本属性

B. 有不同的行为，可以区别于其他对象

C. 有一组属性，代表了对象的动态特征

D. 有一组操作方法，每个操作决定对象的一种行为

8. 在C++语言中，可以在类中使用const关键字定义数据成员和成员函数或修饰一个对象。一个const对象只能访问________成员函数。

A. private　　B. protected　　C. const　　D. public

9. 在C++语言中，子类虽然可以继承父类的________成员，派生的方式不同，在子类对父类不同成员的访问权限也不同。

A. private　　B. protected　　C. public　　D. 全部

10. 在C++语言中，下面描述中，________是正确的。

A. 虚函数是没有实现的函数　　B. 抽象类是只有纯虚函数的类

C. 纯虚函数的实现是在派生类中定义　　D. 虚基类也被称为抽象类

二、填空题

1. 在C++语言中，如果使用引用作为参数，但不允许函数改变其值，这时可以使用关键字________说明引用作为函数参数。

2. 阅读以下程序，给出程序运行输出的第一行是________，第二行是________。

```
#1.  #include <iostream>
#2.  using namespace std;
#3.  class CEx {
#4.      int x;
#5.  public:
#6.      void SetX(int x){
#7.          CEx::x=x;
#8.      }
#9.      void Sum(int y){
#10.         x += y;
#11.     }
#12.     int GetX(){
#13.         return x;
#14.     }
#15. };
#16. int main(){
#17.     CEx x;
#18.     x.SetX(0);
#19.     cout << x.GetX() << endl;
#20.     for(int i=0; i < 5; i++)
#21.         x.Sum(i);
```

```
#22.    cout<<x.GetX()<<endl;
#23.    return 0;
#24. }
```

3. 阅读以下程序，给出程序运行输出的第一行是________，第二行是________。

```
#1. #include <iostream>
#2. using namespace std;
#3. int g=1;
#4. class CEx {
#5.     int x;
#6. public:
#7.     CEx(){
#8.         x=0;
#9.     }
#10.    CEx(int x){
#11.        CEx::x=x;
#12.        g += x;
#13.    }
#14.    ~CEx()
#15.    {
#16.        cout << g << endl;
#17.        g -= 2;
#18.    }
#19. };
#20. int main(){
#21.    CEx x(10);
#22.    {
#23.        CEx t;
#24.    }
#25.    return 0;
#26. }
```

4. 阅读以下程序，给出程序运行输出的第一行是________，第二行是________。

```
#1. #include <iostream>
#2. using namespace std;
#3. class CEx {
#4.     int x;
#5. public:
#6.     CEx(int x=5){
#7.         CEx::x=x;
#8.     }
#9.     int GetV(){
#10.        return x;
#11.    }
#12. };
#13. class CEx2 :public CEx {
#14.    int y;
#15. public:
#16.    CEx2(int x,int y):CEx(x){
```

```
#17.         CEx2::y=y;
#18.     }
#19.     int GetV(){
#20.         return CEx::GetV()+y;
#21.     }
#22. };
#23. int main(){
#24.     CEx2 x(3,5);
#25.     cout << x.CEx::GetV()<< endl;
#26.     cout << x.GetV()<< endl;
#27.     return 0;
#28. }
```

5. 阅读以下程序，给出程序运行输出的第一行是________，第二行是________，第三行是________。

```
#1.  #include <iostream>
#2.  using namespace std;
#3.  class A {
#4.      int x;
#5.  public:
#6.      A(int a=0){
#7.          x=a;
#8.      }
#9.      virtual int GetV(){
#10.         return x;
#11.     }
#12. };
#13. class B :public A {
#14.     int y;
#15. public:
#16.     B(int a, int b):A(a){
#17.         y=b;
#18.     }
#19.     int GetV(){
#20.         return A::GetV()+ y;
#21.     }
#22. };
#23. void Show(A& t)
#24. {
#25.     cout << t.GetV()<< endl;
#26. }
#27. int main(){
#28.     A t0, t1(1);
#29.     B t2(2, 3);
#30.     Show(t0);
#31.     Show(t1);
#32.     Show(t2);
#33.     return 0;
#34. }
```

三、判断题

1. 与传统的程序设计方法相比,面向对象的程序设计具有抽象、封装、继承和结构化等关键要素。

2. 将类封装起来,也是为了保护类的安全。所谓安全,就是限制使用类的属性和操作或方法。

3. 尽管类的目的是封装代码和数据,它也可以不包括任何代码和数据,这样的类称为父类。

4. C++ 的类有称为构造函数的特殊成员函数,它可以在创建对象时被自动调用进行对象的初始化。

5. 一个类的成员函数(包括构造函数和析构函数)可以通过使用关键字 protected 说明为另一个类的友元。

6. 重载函数在编译时表现出的多态性为静态联编;而虚函数则在运行时表现出的多态性为动态联编。

7. 使用指针不但可以指向对象,也可以指向类的成员。指向类的成员的指针分为指向数据成员和指向成员函数的指针。

8. 在 C++ 语言中,用户可以重定义或重载大部分 C++ 内置的运算符,不但可以提高代码的可读性,还可以满足数据封装和隐藏的需求。

9. 运算符重载是定义一些有特殊名称的函数,函数名是由关键字 operator 和其后要重载的运算符符号构成的。

10. 可以从“父类”中派生“子类”,但不可在“子类”中改变其继承自父类成员的访问权限。

四、改错题

1. 程序改错:以下程序的功能是输入两个整数并输出它们的和。程序运行输入输出示意如下:

```
100 200
300
```

含错误的源程序如下:

```
#1. #include <iostream>
#2. using namespace std;
#3. class CEx {
#4.     int s;
#5. protected:
#6.     CEx(int x,int y){
#7.         s=x*y;
#8.     }
#9.     void Show(){
#10.        cout << s << endl;
#11.    }
#12. };
#13. int main(){
#14.     CEx* p;
#15.     int x,y;
```

```
#16.     cin >> x >>y;
#17.     p=new CEx(x,y);
#18.     CEx::Show();
#19.     delete * p;
#20.     return 0;
#21. }
```

要求：改正程序中错误，可以修改语句中的一部分内容，但不允许添加新的语句，也不能删除整条语句。

2. 程序改错：以下程序的功能是输入一个立方的边长并输出它的表面积。程序运行输入输出示意如下：

```
3 4 5
113.04
```

含错误的源程序如下：

```
#1. #include<iostream>
#2. using namespace std;
#3. #define PI 3.14
#4. class CRectangle {
#5. protected:
#6.     double l;
#7.     double w;
#8. public:
#9.     CRectangle(double l,double w){
#10.        CRectangle::l=l;
#11.        CRectangle::w=w;
#12.    }
#13.    virtual ~CRectangle(){
#14.    }
#15.    void SetP(double l, double w){
#16.        CRectangle::l=l;
#17.        CRectangle::w=w;
#18.    }
#19.    double GetS(){
#20.        return l * w;
#21.    }
#22. };
#23. class CCube :public CRectangle {
#24.    double h;
#25. public:
#26.    CCube(double l, double w,double h):CRectangle(l,w){
#27.        CCube::h=h;
#28.    }
#29.    ~CCube(){
#30.    }
#31.    void SetP(double l, double w, double h){
#32.        CCube::h=h;
#33.        SetP(l, w);
```

```
#34.     }
#35.     double GetS(){
#36.         return (w+l) * 2 * h+CRectangle::GetS() * 2;
#37.     }
#38. };
#39. int main(){
#40.     CCube Cube;
#41.     CRectangle * p=&Cuble;
#42.     double l,w,h;
#43.     cin >> l >> w >> h;
#44.     Cube.SetP(l, w, h);
#45.     cout << p->GetS()<< endl;
#46.     return 0;
#47. }
```

五、编程题

1. 完成程序，有一个梯形类 CTrapezoid 声明如下：

```
#1.  class CTrapezoid {
#2.      double a;                                   //上底边长
#3.      double b;                                   //下底边长
#4.      double h;                                   //高
#5.  public:
#6.      CTrapezoid ();                              //构造函数
#7.      void ReadP();                               //读入上、下底边长和高
#8.      double GetS();                              //返回梯形面积
#9.  };
```

该程序通过 main()函数创建一个 CTrapezoid 类对象并调用对象 ReadP()函数读入数据，调用对象 GetS()函数输出梯形面积。程序运行输入输出示意如下：

```
3 4 5
17.5
```

main()函数的源代码如下：

```
#1.  int main(){
#2.      CTrapezoid t;
#3.      t.ReadP();
#4.      cout << t.GetS()<< endl;
#5.      return 0;
#6.  }
```

要求：完成程序，可以添加代码，但不能修改已给出的代码。

2. 完成程序，有一个字符串类 CStr，声明如下：

```
#1.  class CStr{
#2.      char* s;
#3.  public:
```

```
#4.     CStr();
#5.     CStr(CStr& str);
#6.     int Cmp(CStr& str;
#7.     int GetS();
#8.     ~CStr()
#9. };
```

该程序通过 main()函数创建两个 CStr 类对象 s1、s2,并调用 s1、s2 分别读入一个字符串,调用全局函数 Cmp()对两个串进行比较并输出比较结果(比较规则及返回值参照 C 库函数 strcmp())。程序运行输入输出示意如下:

```
ABC ABC
0
```

Cmp()和 main()函数的源代码如下:

```
#1. int Cmp(CStr s1, CStr s2){
#2.     return s1.Cmp(s2);
#3. }
#4. int main(){
#5.     CStr s1,s2;
#6.     s1.GetS();
#7.     s2.GetS();
#8.     cout << Cmp(s1,s2)<< endl;
#9.     return 0;
#10. };
```

要求:完成程序,可以添加代码,但不能修改已给出的代码。

3. 完成程序(参考江苏省 2010 秋二级考试题目),有一个 CArray 类声明如下:

```
#1. class CArray {
#2.     int a[4][5];
#3. public:
#4.     CArray(int t[][5], int n);              //构造函数,利用数组 t 初始化数组 a
#5.     int fun1(int j);  //将数组 a 第 j 列的前 3 个元素依次拼接成一个整数赋值给 a[3][j]
#6.     void fun2();                            //合理调用 fun1,按题意生成数组的第 4 行
#7.     void print();                           //按要求格式输出数组 a
#8. };
```

程序运行输入输出示意如下:

```
1       2       0       4       1
16      11      21      0       2
2       0       3       1       3
0       0       0       0       0
1 2 0 4 1
16 11 21 0 2
2 0 3 1 3
```

```
1162 2110 213 401 123
```

main()函数的源代码如下：

```
#1.  int main(){
#2.      int t[4][5];
#3.      for(int i=0; i < 4; i++)
#4.          for(int j=0; j < 5; j++)
#5.              cin >> t[i][j];
#6.      CArray test(t, 4);
#7.      test.fun2();
#8.      test.print();
#9.  }
```

要求：完成程序，可以添加代码，但不能修改已给出的代码。

14.4 实验案例

14.4.1 案例1：类和对象

1. 实验目的

(1) 掌握类的定义方法。

(2) 掌握构造函数、析构函数的用法。

(3) 掌握对象的用法。

2. 实验内容

(1) 创建一个人员类，该类主要实现人员信息的基本操作，参考代码如下：

```
#1.  class person{
#2.      char Name[32];                          //姓名
#3.      int Num;                                //学号=0代表NULL
#4.      enum GENDER{ MEN,WOMEN } Gender;        //性别
#5.  public:
#6.      person();                               //构造函数
#7.      person(const char * Name, int Num,const char * Gender);
#8.      const char * GetName();                 //取得人员姓名
#9.      int GetNum();                           //取得人员编号
#10.     GENDER GetGender();                     //取得人员性别
#11.     void show(char EndChar='\n');           //显示人员信息
#12. };
```

(2) 在main()函数中编写代码测试该类：

- 读入人员数量。
- 根据人员数量读入人员信息。
- 根据编号对人员排序。
- 输出排序后人员信息。

3. 实验步骤

(1) 使用Visual C++ 或Dev C++ 新建项目。

(2) 参考代码如下：

```
#1. #define _CRT_SECURE_NO_WARNINGS          //Dev C++删除此行
#2. #include <iostream>
#3. using namespace std;
#4. class person{
#5.     char Name[32];                      //姓名
#6.     int Num;                            //编号=0 代表 NULL
#7.     enum GENDER{ MEN,WOMEN } Gender;    //性别
#8. public:
#9.     person()  {
#10.        Num=0;
#11.    }
#12.    person(const char * Name, int Num,const char * Gender)  {
#13.        strcpy(person::Name, Name);
#14.        person::Num=Num;
#15.        if(strcmp(Gender,"女")==0)
#16.            person::Gender=WOMEN;
#17.        else
#18.            person::Gender=MEN;
#19.    }
#20.    const char * GetName(){ return Name; }
#21.    int GetNum(){ return Num; }
#22.    GENDER GetGender(){ return Gender; }
#23.    void show(char EndChar='\n');
#24. };
#25. void person::show(char EndChar){
#26.    if (Num == 0)
#27.        cout << "NULL" << endl;
#28.    else    {
#29.        cout << "名字:" << Name << '\t';
#30.        cout << "编号:" << Num << '\t';
#31.        cout << "性别:" << (Gender == WOMEN ?"女" :"男")<< endl;
#32.    }
#33. }
#34. void SortByNum(person * pPerson, int n){ //使用编号排序
#35.    person t;
#36.    for(int i=0;i<n-1;i++)
#37.        for(int j=0; j < n-i-1; j++)
#38.            if (pPerson[j].GetNum()> pPerson[j+1].GetNum())    {
#39.                t=pPerson[j];
#40.                pPerson[j]=pPerson[j+1];
#41.                pPerson[j+1]=t;
#42.            }
#43. }
#44. int main(){
#45.    person * pPerson;
#46.    int n=0;
#47.    cout << "请输入人员数量:";
#48.    cin >> n;
#49.    pPerson=new person[n];
```

```
#50.    for(int i=0; i < n; i++)    {
#51.        char name[32],gender[8];
#52.        int num;
#53.        cout << "请依次输入:姓名 编号 性别" << endl;
#54.        cin >> name >> num >> gender;
#55.        pPerson[i]= person(name, num, gender);
#56.    }
#57.    SortByNum(pPerson,n);
#58.    for(int i=0; i < n; i++)
#59.        pPerson[i].show();
#60.    delete[]pPerson;
#61.    return 0;
#62. }
```

4. 思考

（1）#6行约定Num=0代表NULL的意义是什么？

（2）#7行使用枚举类型的好处是什么？

（3）#12行定义常量参数的好处是什么？

（4）#12行定义的构造函数与#55行的关系是什么？

（5）#20行为什么将成员函数定义为const成员？意义是什么？

（6）#23行函数参数EndChar的意义是什么？

14.4.2 案例2：继承和派生

1. 实验目的

（1）掌握派生类的定义方法。

（2）掌握派生类构造函数、析构函数的用法。

（3）复习函数模板的用法。

（4）复习指针的用法。

2. 实验内容

（1）包含案例1中的人员类person。

（2）从人员类派生一个学生类，增加分数属性、重载相关成员函数，参考代码如下：

```
#1. class student :public person{
#2.     int Grade;                                  //成绩
#3. public:
#4.     student();
#5.     student(const char * Name, int Num, const char * Gender, int grade):person
(Name, Num, Gender);
#6.     void show(char EndChar='\n');
#7. };
```

（3）从人员类派生一个教师类，增加教龄属性、重载相关成员函数，参考代码如下：

```
#1. class teacher :public person{
#2.     int Tage;                                   //教龄
#3. public:
```

```
#4.     teacher();
#5.     teacher(const char * Name, int Num, const char * Gender, int tage):person
(Name, Num, Gender);
#6.     void show(char EndChar='\n');
#7. };
```

(4) 为了能同时为学生、教师排序，将 SortByNum()函数修改为函数模板：

```
#1. template <typename T>
#2. void SortByNum(T * pPerson, int n)
```

(5) 在 main()函数中编写代码测试该类。

3. 实验步骤

(1) 使用 Visual C++ 或 Dev C++ 新建项目。

(2) 参考代码如下：

```
#1. ...//person 类的定义略,见本节"案例 1:类和对象"
#2. class student :public person{
#3.     int Grade;                              //成绩
#4. public:
#5.     student():person(){}
#6.     student(const char * Name, int Num, const char * Gender, int grade):person
(Name, Num, Gender)  {
#7.         Grade=grade;
#8.     }
#9.     void show(char EndChar='\n'){
#10.        person::show('\t');
#11.        cout << "成绩:" << Grade << EndChar;
#12.    }
#13. };
#14. class teacher :public person{
#15. private:
#16.     int Tage;                               //教龄
#17. public:
#18.     teacher():person(){}
#19.     teacher(const char * Name, int Num, const char * Gender, int tage):person
(Name, Num, Gender)  {
#20.        Tage=tage;
#21.    }
#22.    void show(char EndChar='\n'){
#23.        person::show('\t');
#24.        cout << "教龄:" << Tage << EndChar;
#25.    }
#26. };
#27. //使用编号排序函数模板
#28. template <typename T>
#29. void SortByNum(T * pPerson, int n){
#30.     T t;
#31.     for(int i=0;i<n-1;i++)
#32.         for(int j=0; j < n-i-1; j++)
```

```
#33.            if (pPerson[j].GetNum()> pPerson[j+1].GetNum())  {
#34.                t=pPerson[j];
#35.                pPerson[j]=pPerson[j+1];
#36.                pPerson[j+1]=t;
#37.            }
#38. }
#39. enum TYPE {STU,TEC};
#40. int main(){
#41.     person *pPerson;
#42.     int n=0,x;                                    //x为临时变量
#43.     TYPE type;
#44.     cout << "请输入人员数量:";
#45.     cin >> n;
#46.     cout << "请输入人员类型:(0=学生、1=教师)";
#47.     cin >> x;
#48.     if (x == 0){
#49.         type=STU;
#50.         pPerson=new student[n];
#51.     }
#52.     else    {
#53.         type=TEC;
#54.         pPerson=new teacher[n];
#55.     }
#56.     for(int i=0; i < n; i++)    {
#57.         char name[32],gender[8];
#58.         int num;
#59.         cout << "请依次输入:姓名 编号 性别 成绩或教龄" << endl;
#60.         cin >> name >> num >> gender>>x;
#61.         if(type==STU)
#62.             ((student *)pPerson)[i]= student(name, num, gender,x);
#63.         else
#64.             ((teacher *)pPerson)[i]=teacher(name, num, gender, x);
#65.     }
#66.     if (type == STU)
#67.         SortByNum((student *)pPerson,n);
#68.     else
#69.         SortByNum((teacher *)pPerson, n);
#70.     for(int i=0; i < n; i++)
#71.         if (type == STU)
#72.             ((student *)pPerson)[i].show();
#73.         else
#74.             ((teacher *)pPerson)[i].show();
#75.     delete[]pPerson;
#76.     return 0;
#77. }
```

4. 思考

(1) #5 行为什么定义该构造函数?

(2) #10 行调用父类构造函数的作用是什么?参数有何意义?

(3) #29 行使用函数模板的好处?

(4) #43 行为什么定义 type 变量?作用是什么?

(5) #62 行该指针类型转换的意义是什么？

(6) #64 行该指针类型转换的意义是什么？

(7) #72 行该指针类型转换的意义是什么？

14.4.3　案例3：类的多态性

1. 实验目的

(1) 掌握虚函数的使用方法。

(2) 掌握多态的用法。

(3) 复习二级指针的用法。

2. 实验内容

(1) 重写案例1中的人员类，添加Set()成员函数并声明为虚函数。

(2) 将show()成员函数声明为虚函数，参考代码如下：

```
#1.  class person{
#2.      char Name[32];                             //姓名
#3.      int Num;                                   //学号=0 代表 NULL
#4.      enum GENDER{ MEN,WOMEN } Gender;           //性别
#5.  public:
#6.      person()
#7.      virtual void Set(const char * Name, int Num,const char * Gender,int x);
#8.      virtual void show(char EndChar='\n');
#9.  };
```

(3) 派生一个学生类，重载Set()、show()成员函数，参考代码如下：

```
#1.  class student :public person{
#2.      int Grade;                                 //成绩
#3.  public:
#4.      student();
#5.      void Set(const char * Name, int Num, const char * Gender, int x);
#6.      void show(char EndChar='\n');
#7.  };
```

(4) 派生一个教师类，重载Set()、show()成员函数，参考代码如下：

```
#1.  class teacher:public person{
#2.      int Tage;                                  //教龄
#3.  public:
#4.      teacher();
#5.      void Set(const char * Name, int Num, const char * Gender, int x);
#6.      void show(char EndChar='\n');
#7.  };
```

(5) 在main()函数中编写代码测试该类。

3. 实验步骤

(1) 使用Visual C++或Dev C++新建项目。

（2）参考代码如下：

```
#1. #define _CRT_SECURE_NO_WARNINGS          //Dev C++删除此行
#2. #include<iostream>
#3. using namespace std;
#4. class person{
#5.     char Name[32];                        //姓名
#6.     int Num;                              //学号=0代表NULL
#7.     enum GENDER{ MEN,WOMEN } Gender;      //性别
#8. public:
#9.     person()    {
#10.        Num=0;
#11.    }
#12.    virtual void Set(const char * Name, int Num,const char * Gender,int x)    {
#13.        strcpy(person::Name, Name);
#14.        person::Num=Num;
#15.        if(strcmp(Gender,"女")==0)
#16.            person::Gender=WOMEN;
#17.        else
#18.            person::Gender=MEN;
#19.    }
#20.    virtual void show(char EndChar='\n');
#21. };
#22. void person::show(char EndChar ){
#23.    if (Num == 0)
#24.        cout << "NULL" << endl;
#25.    else    {
#26.        cout << "名字:" << Name << '\t';
#27.        cout << "编号:" << Num << '\t';
#28.        cout << "性别:" << (Gender == WOMEN ?"女" :"男")<< EndChar;
#29.    }
#30. }
#31. class student :public person{
#32. private:
#33.    int Grade;                              //成绩
#34. public:
#35.    student():person(){}
#36.    void Set(const char * Name, int Num, const char * Gender, int x)    {
#37.        person::Set(Name, Num, Gender, x);
#38.        Grade=x;
#39.    }
#40.    void show(char EndChar='\n'){
#41.        person::show('\t');
#42.        cout << "成绩:" << Grade << EndChar;
#43.    }
#44. };
#45. class teacher :public person{
#46. private:
#47.    int Tage;                               //教龄
#48. public:
#49.    teacher():person(){}
```

```
#50.    void Set(const char * Name, int Num, const char * Gender, int x){
#51.        person::Set(Name, Num, Gender, x);
#52.        Tage=x;
#53.    }
#54.    void show(char EndChar='\n'){
#55.        person::show('\t');
#56.        cout << "教龄:" << Tage << EndChar;
#57.    }
#58. };
#59. typedef person * pperson;
#60. int main(){
#61.    pperson * pPerson;
#62.    int n=0,x;                                    //x为临时变量
#63.    cout << "请输入人员数量:";
#64.    cin >> n;
#65.    pPerson=new pperson[n];
#66.    for(int i=0;i<n;i++){
#67.        char name[32], gender[8];
#68.        int type,num;                             //0 person,1 student,2techer
#69.        cout << "请依次输入:类型(0~2)姓名 编号 性别 成绩或教龄" << endl;
#70.        cin >>type>> name >> num >> gender >> x;
#71.        switch (type)    {
#72.        case 0:
#73.            pPerson[i]=new person;
#74.            break;
#75.        case 1:
#76.            pPerson[i]=new student;
#77.            break;
#78.        case 2:
#79.            pPerson[i]=new teacher;
#80.            break;
#81.        }
#82.        pPerson[i]->Set(name, num, gender, x);
#83.    }
#84.    for(int i=0; i < n; i++)
#85.        pPerson[i]->show();
#86.    for(int i=0; i < n; i++)
#87.        delete pPerson[i];
#88.    delete[]pPerson;
#89.    return 0;
#90. }
```

4. 思考

(1) ＃12行函数形参x起到什么作用?

(2) ＃12行该函数声明为virutal函数有什么意义?

(3) ＃20行该函数声明为virutal函数有什么意义?

(4) ＃59行为什么定义该类型? 作用是什么?

(5) ＃86行该循环的作用是什么?

(6) 本程序在哪里实现了多态?

14.4.4 案例4：类模板与泛型编程

1. 实验目的

(1) 掌握模板类的使用方法。

(2) 复习运算符重载的用法。

(3) 掌握泛型编程基本方法。

2. 实验内容

(1) 使用案例3的人员类 person、教师类 teacher。

(2) 修改人员类 person，在该类中添加重载"＞"运算符成员函数，参考代码如下：

```
#1.  class person {
#2.  ...
#3.      bool operator > (person &d)     {
#4.          return Num > d.Num;
#5.      }
#6.  };
```

(3) 创建数据表 CTable 类模板，封装通用记录数据类型基本操作，参考代码如下：

```
#1.  template <class T>
#2.  class CTable    {                                //表
#3.      T * pRec;                                    //记录数组
#4.      int nRec;                                    //记录个数
#5.      char Name[32];                               //记录名称
#6.  public:
#7.      CTable(const char Name[]);                   //构造函数,记录数据表名称
#8.      ~CTable();                                   //析构函数
#9.      int GetNum(){ return nRec; }                 //取得记录数量
#10.     int InsertRec(T * a, int n);                 //插入记录,返回插入后记录数量
#11.     const T * GetRecBySn(int i);                 //根据存储次序取得记录
#12.     void Sort();                                 //对记录排序
#13. };
```

(4) 在 main()函数中编写代码测试该类。

3. 实验步骤

(1) 使用 Visual C++ 或 Dev C++ 新建项目。

(2) 参考代码如下：

```
#1.  template <class T>
#2.  class CTable{                                    //表
#3.      T * pRec;                                    //记录
#4.      int nRec;                                    //记录个数
#5.      char Name[32];                               //记录名称
#6.  public:
#7.      CTable(const char * Name){strcpy(CTable::Name,Name);pRec=NULL; nRec=0;}
#8.      ~CTable(){ delete[]pRec; }
```

```
#9.     int GetNum(){ return nRec; }           //取得记录数量
#10.    int InsertRec(T *a, int n);            //插入记录,返回插入后记录数量
#11.    const T *GetRecBySn(int i){ return &pRec[i]; }    //根据序号取得记录
#12.    void Sort();                           //对记录排序
#13. };
#14. template <class T>
#15. int CTable<T>::InsertRec(T *a, int n){
#16.    T *rec=new T[nRec+n];
#17.    for(int i=0; i < nRec; i++)
#18.        rec[i]=pRec[i];
#19.    delete[]pRec;
#20.    for(int i=0; i < n; i++)
#21.        rec[nRec+i]=a[i];
#22.    pRec=rec;
#23.    nRec += n;
#24.    return nRec;
#25. }
#26. template <class T>
#27. void CTable<T>::Sort(){
#28.    for(int i=0;i<nRec-1;i++)
#29.        for(int j=0; j < nRec - i - 1; j++){
#30.            if (pRec[j] > pRec[j+1]){
#31.                T t=pRec[j];
#32.                pRec[j]=pRec[j+1];
#33.                pRec[j+1]=t;
#34.            }
#35.        }
#36. }
#37. int main(){
#38.    CTable<teacher> table("teacher");
#39.    teacher *pPerson=NULL;
#40.    int n=0,x;                             //x为临时变量
#41.    cout << "请输入人员数量:";
#42.    cin >> n;
#43.    pPerson=new teacher[n];
#44.    for(int i=0;i<n;i++){
#45.        char name[32], gender[8];
#46.        int num;
#47.        cout << "请依次输入:姓名 编号 性别 成绩或教龄" << endl;
#48.        cin >> name >> num >> gender >>x;
#49.        pPerson[i].Set(name, num, gender, x);
#50.    }
#51.    table.InsertRec(pPerson, n);
#52.    delete[]pPerson;
#53.    table.Sort();
#54.    for(int i=0; i < n; i++)
#55.        ((teacher *)table.GetRecBySn(i))->show();
#56.    return 0;
```

```
#57. }
```

4. 思考

(1) 为什么要在 person 类中重载“＞”运算符？

(2) CTable 模板类都有什么作用？如果用普通类可以吗？

(3) 将 main()函数中的测试代码中的类型由 teacher 改成 student 或 person，如何修改？

(4) ＃55 行的数据类型转换起什么作用？如果不希望使用类型转换如何实现？

第15章

基于MFC的Windows编程

15.1 知识要点

15.1.1 MFC基础

1. 概述

MFC(Microsoft Foundation Classes)是微软公司开发的一个C++类库(class libraries),以C++类的形式封装了Windows的API。MFC使用C++类的特性封装隐藏了大量Windows API调用细节,使用户在使用MFC开发Windows应用软件时,可以更加专注于自己的功能需求而不需要了解调用Windows API的内部细节。

2. Windows数据类型

微软公司在Windows API中自定义了一些数据类型用于Windows应用软件的开发,这些数据类型称为Windows数据类型。

3. Windows窗口消息

Windows系统是一种消息驱动(也被称为事件驱动)的操作系统。所谓消息驱动是指操作系统中的每一部分与其他部分之间都可以通过消息的方式进行通信。

4. 创建MFC框架程序

MFC不仅仅是一个C++类库,它还通过MFC类之间的关系定义了一套标准的程序结构,这套程序结构被称为MFC应用程序框架。使用MFC应用程序框架,用户可以快速构建自己的Windows应用程序,构建的程序称为MFC框架程序。

5. Windows程序的用户界面资源

Windows应用程序的显示界面通常包括菜单、工具栏、图标、位图、按钮、输入输出框等元素,这些元素的显示形式及它们窗口内的布局构成了一个Windows应用程序的外貌。Windows应用程序外貌的调整,如按钮的位置和大小的调整并不影响程序的逻辑结构,因此在开发Windows程序过程中可以将这些程序外貌的描述从程序代码中分离出来,单独以程序数据的形式存放,这些与程序逻辑结构无关的描述程序外貌的数据被统称为Windows程序的用户界面(UI)资源。

6. MFC对话框程序

MFC对话框程序是用户使用Visual C++快速创建的一种MFC框架程序。MFC对话框程序包含3个类,依次为C[项目名称]App、C[项目名称]Dlg、CAboutDlg,其中C[项目名称]App类实现程序的启动、创建对话框窗口、程序终止等功能,C[项目名称]Dlg类封装了对话框主窗口的管理功能,CAboutDlg类封装一个窗口用来显示程序信息。

15.1.2 MFC 控件

1. 按钮控件

按钮控件(Button)通常显示为一个凸起的矩形窗口▭。每个按钮代表一个单独的命令，单击按钮就会激发该命令所要执行的动作，MFC 类库中的 CButton 类封装了按钮控件的功能。

2. 静态控件

静态控件(Static)是一个矩形子窗口，工具箱中的图标为Aa。静态控件可用来向用户显示文本信息，MFC 类库中的 CStatic 类封装了静态控件的功能。

3. 编辑框控件

编辑框控件(EditBox)是一个矩形子窗口，在工具箱中的图标为ab|。编辑框允许用户输入或改变文本，它是对话框中用户进行输入的常用工具，MFC 类库中的 CEdit 类封装了编辑框控件的功能。

15.1.3 MFC 绘图

1. 基本概念

在 Windows 系统中包含一个图形设备接口(Graphics Device Interface，GDI)。它管理 Windows 系统下的所有图形输出，是 Windows 操作系统的重要组成部分，用户程序可以使用 GDI 进行绘图操作。使用 GDI 通常涉及以下 3 项内容：

(1) 画布。指图形要绘制在什么地方。GDI 提供的画布可以是屏幕上的窗口、打印机甚至是内存。

(2) 绘图工具。指使用什么进行绘制。GDI 提供了多种绘图工具，每种绘图工具可以设定多种属性。

(3) 绘图动作。指怎样绘制。GDI 提供了多种绘图函数，如直线、曲线及文本输出等绘图函数。

2. CDC 类与绘图

MFC 使用 C++ 类对 GDI 进行了封装，将绘图工具封装到 CGdiObject 类中，称为 GDI 对象类。将画布、绘图动作和 GDI 对象封装到 CDC 类中，称为设备环境类。使用 MFC 进行绘图的方法如下：

(1) 根据输出设备(如窗口)创建或取得 CDC 对象。

(2) 创建或取得绘图要使用的 CGdiObject 对象。

(3) 将 CGdiObject 对象附加到 CDC 对象。

(4) 使用该 CDC 对象的绘图成员函数绘制图形。

在 MFC 程序中通常并不直接创建 CDC 对象进行绘图，而是创建 CDC 的派生类对象，然后使用该派生类对象调用父类 CDC 的成员函数进行绘图。

3. GDI 类与绘图属性

在 MFC 中使用 CGdiObject 的派生类封装绘图工具。下面为常用的 CGdiObject 派生类。

(1) CPen 类。该类封装一个画笔对象，可用于指定画线的颜色、粗细、虚实等属性。

(2) CBrush 类。该类封装一个画刷对象，可用于对封闭区域内进行填充等操作。

(3) CBitmap 类。该类封装一个位图对象，可用来显示位图图形。

(4) CFont 类。该类封装一个字体对象，可用来设定输出文本的字体、字符大小、样式等。

使用 GDI 对象的方法如下：

(1) 创建 GDI 对象。

(2) 对 GDI 对象进行初始化。

(3) 使用 CGdiObject * CDC::SelectObject(CGdiObject * pObject)函数将创建的 GDI 对象附加到 CDC 对象,同时保存被取代的原 GDI 对象。

(4) 使用 CDC 类的绘图函数绘图输出。

(5) 使用 CGdiObject * CDC::SelectObject(CGdiObject * pObject)函数恢复 CDC 中原 GDI 对象。

4. 修改控件的字体

可以通过控件的 ID 在对话框初始化函数中设置该指定控件的字体,设置该控件字体的函数 CWnd::SetFont()定义如下：

```
void SetFont(
    CFont * pFont,                              //设置的新字体指针
    BOOL bRedraw=TRUE                           //是否更新重画窗口
);
```

15.1.4　常用消息

1. 鼠标消息

当鼠标光标在应用程序窗口中移动或操作时,Windows 发送消息给具有输入焦点的窗口。所谓具有输入焦点的窗口是指当前处于活动状态的窗口。用户程序可以选择接收、处理这些消息。

2. 键盘消息

当用户操作键盘时,Windows 发送消息给具有输入焦点的窗口。用户程序可以选择接收、处理这些消息。

3. 定时器消息

在 MFC 框架程序中,用户可以在程序中为指定窗口创建定时器。当用户为一个窗口创建定时器后,相应窗口对象就会根据创建定时器时的设置,持续地定时收到 WM_TIMER 消息,直到用户取消该定时器。

4. 关闭窗口消息

当用户操作关闭一个窗口时,Windows 会向该窗口对象发送 WM_CLOSE 消息,用户程序可以选择接收、处理该消息,控制窗口关闭过程,甚至取消用户的关闭操作。

15.2　例题分析与解答

一、选择题

1. 随着 C++ 的流行,微软公司推出了一种基于面向对象技术的 Windows 应用程序开发方法,该方法的基础是________。

A. MFC 类库　　　　B. C++ 标准模板库 STL

C. C 语言标准函数库　　　　D. C++ 流库

分析：MFC是一个用于Windows应用软件开发的类库，它通过封装，隐藏了大量Windows API调用细节，使用户在使用MFC开发Windows应用软件时，可以更加专注于自己的功能需求而不需要了解调用Windows API的实现细节。

答案：A

2. 微软公司在Windows API中使用________自定义了一些新的数据类型用于Windows系统下软件的开发。

A. class　　B. struct　　C. typedef　　D. enum

分析：在C/C++语言中，只能使用关键字typedef定义数据类型。

答案：C

3. 在Windows消息中，元素hwnd是一个________。

A. 字符串　　B. 整数　　C. 浮点数　　D. 字符

分析：hwnd是一个整数，是窗口在系统内的唯一标识(被称为窗口句柄)，这个参数用来说明消息是发送给哪个窗口的。

答案：B

4. 使用Visual Studio集成开发环境提供的“资源编辑器”，用户无法修改的项目是________。

A. 对话框外观　　B. 对话框字体　　C. 对话框标题　　D. 对话框颜色

分析：“资源编辑器”无法修改对话框颜色，但可以用在程序中通过代码修改。

答案：D

5. 在“添加资源”对话框中的“资源类型”栏选择________并选择“导入”按钮，显示位图“导入”对话框，通过该对话框可以导入位图资源。

A. Icon　　B. Bitmap　　C. Menu　　D. Toolbar

分析：略

答案：B

6. 如果要在用户Windows窗口程序中使用MFC类库中的控件，以下________操作通常是不需要的。

A. 使用“资源编辑器”添加控件　　B. 导入控件图片

C. 设置控件ID　　C. 为控件添加成员变量或对象

分析：很少会用到修改控件图片。

答案：B

7. 用户在Windows窗口程序中使用GDI进行各种绘图操作，以下________通常涉及不到。

A. 画布　　B. 绘图工具　　C. 文件　　D. 绘图动作

分析：GDI绘图三要素是画布、绘图工具、绘图动作。

答案：C

8. 在接到WM_PAINT消息时进行绘图操作，通常在对话框的窗口类的成员函数中创建________对象进行绘图。

A. CPaintDC　　B. CClientDC　　C. CDC　　D. CWindowDC

分析：CPaintDC类适用于在接到WM_PAINT消息时进行绘图操作。

答案：A

9. 如果需要指定绘制图形的填充颜色、阴影类型等属性，通常需要使用________类。

A. CPen　　B. CBrush　　C. CBitmap　　D. CFont

分析：CBrush类有多个构造函数，使用构造函数CBrush(COLORREF crColor)可以创建原色画刷，其中参数crColor用来设定画刷的颜色；使用构造函数CBrush(int nIndex, COLORREF crColor)可以创建阴影画刷。

答案：B

10. 如果需要删除一个定时器，通常需要使用________函数。

A. DestroyTimer()　　B. CloseTimer()

C. DelTimer()　　D. KillTimer()

分析：可以通过KillTimer()函数用于取消一个计时器。

答案：D

二、填空题

1. 微软公司为Windows系统下的软件开发提供了强大的应用程序开发接口，一般称为________。

分析：Windows API即Windows应用程序接口的简写。

答案：Windows API

2. Windows系统是一种________(也被称为事件驱动)的操作系统。

分析：Windows系统中的每一部分与其他部分之间都可以通过消息的方式进行通信。

答案：消息驱动

3. MFC使用________封装和隐藏了大量Windows API的调用，用户通过使用MFC即可获得大部分常用Windows API的功能而不用关注这些Windows API的调用细节。

分析：MFC包含了一个庞大的C++类库，利用C++类的面向对象特性封装和隐藏了大量的Windows API的调用。

答案：C++类

4. 当操作系统发现一个程序需要重画窗口时(例如一个遮挡该程序窗口的窗口被移开)，就向该程序发送________消息。

分析：略。

答案：WM_PAINT 或 更新窗口

5. 在开发Windows程序过程中可以将这些程序外貌的描述从程序代码中分离出来，单独以程序数据的形式存放，这些描述程序外貌的数据被统称为Windows程序的________。

分析：这些程序数据存放的文件称为资源文件，这些数据即被称为UI资源。

答案：UI资源

6. 对话框窗口类成员函数________在对话框创建之后、显示之前被框架程序自动调用，用户可以在本函数中添加一些窗口的初始化代码。

分析：对话框窗口的初始化代码一般都放在对话框窗口类的OnInitDialog()函数中。

答案：OnInitDialog()

7. 为了在程序中处理控件消息，需要为控件在对话框窗口类中添加________程序。

分析：系统通过消息和控件通信，处理这些消息的函数称为事件处理函数。

答案：事件处理

8. 静态控件可用来向用户显示________信息，用户通常不使用该控件与程序使用者进行交互，所以称为静态控件。

分析：静态控件向用户显示最多的信息即文本信息。

答案：文本或文字

9. 使用 MFC 处理鼠标消息需要使用到________类，它包含 2 个 LONG 类型成员 x，y，为鼠标光标的位置。

分析：CPoint 是 Windows API 定义的数据类型 POINT 的封装，主要用来封装一个窗口屏幕坐标的操作。

答案：CPoint

10. 当用户企图关闭一个窗口时，Windows 会向该窗口发送________消息，用户处理该消息可以控制窗口关闭过程，甚至取消用户的关闭操作。

分析：略

答案：WM_CLOSE

三、简答题

1. 以下程序代码的功能是什么？

```
#1.  void CMyTestDlg::OnPaint(){
#2.      if (IsIconic()){
#3.      ...
#4.      }
#5.      else    {
#6.          CPaintDC dc(this);
#7.          COLORREF OldColor, NewColor=RGB(255, 0, 0);
#8.          OldColor=dc.SetTextColor(NewColor);
#9.          int OldBkMode=dc.GetBkMode();
#10.         dc.SetBkMode(TRANSPARENT);
#11.         dc.TextOut(100, 100, "你好!");
#12.         dc.SetBkMode(OldBkMode);
#13.         dc.SetBkColor(OldColor);
#14.         CDialogEx::OnPaint();
#15.     }
#16. }
```

分析：窗口需要绘制时 OnPaint()将被自动调用，“CPaintDC dc(this);”用来创建一个在接到 WM_PAINT 消息时可以绘图的 dc 对象，SetTextColor()可以设置输出文本的颜色，SetBkMode()可以设置输出文本的背景模式，TextOut()可以在窗口内指定位置输出文本。

答案：在窗口内(100，100)的位置输出红色、背景透明的文字信息“你好!”。

2. 以下程序代码的功能是什么？

```
#1.  BOOL CMyTestDlg::OnInitDialog(){
#2.  ...
#3.      //TODO:在此添加额外的初始化代码
#4.      static CFont MyFont;
#5.      MyFont.CreatePointFont(120, "楷体", NULL);
#6.      GetDlgItem(IDC_SAVE)->SetFont(&MyFont);
```

```
#7.     return TRUE;                        //除非将焦点设置到控件,否则返回 TRUE
#8.  }
```

分析：OnInitDialog()在对话框窗口建立时会被自动调用，“static CFont MyFont;”用来创建一个静态字体对象 MyFont，“CFont::CreatePointFont”用来创建字体，“CWnd::SetFont”可以设置指定控件的字体。

答案：将 ID 为 IDC_SAVE 的控件的字体修改为 120 大小的楷体。

3. 以下程序代码的功能是什么？

```
#1.  void CMyTestDlg::OnMouseMove(UINT nFlags, CPoint point){
#2.      //TODO:在此添加消息处理程序代码和/或调用默认值
#3.      char szTemp[80];
#4.      sprintf_s(szTemp, "%d,%d", point.x,point.y);
#5.      SetWindowText(szTemp);
#6.      CDialogEx::OnMouseMove(nFlags, point);
#7.  }
```

分析：OnMouseMove()可以用来接收鼠标移动消息，SetWindowText()可以设置窗口的标题。

答案：在 CMyTestDlg 对话框标题上实时显示鼠标在当前对话框窗口内的坐标。

4. 以下程序代码的功能是什么？

```
#1.  BOOL CMyTestDlg::OnInitDialog(){
#2.  ...
#3.      //TODO:在此添加额外的初始化代码
#4.      SetTimer(1, 2000, NULL);
#5.      return TRUE;                        //除非将焦点设置到控件,否则返回 TRUE
#6.  }
#7.  void CMyTestDlg::OnTimer(UINT_PTR nIDEvent){
#8.      //TODO:在此添加消息处理程序代码和/或调用默认值
#9.      switch (nIDEvent)    {
#10.     case 1:
#11.         static int x;
#12.         char szTemp[80];
#13.         sprintf_s(szTemp, "%d", ++x);
#14.         GetDlgItem(IDC_STATIC1)->SetWindowText(szTemp);
#15.         UpdateData(FALSE);
#16.         break;
#17.     }
#18.     CDialogEx::OnTimer(nIDEvent);
#19. }
```

分析：SetTimer()可以用来创建一个定时器，OnTimer()用来接收定时器消息，GetDlgItem()可以取得一个控件窗口，SetWindowText()可以设置窗口的标题。

答案：创建一个编号为1的定时器，每2秒发送一次 WM_TIMER 消息给窗口；在 ID 为 IDC_STATIC1 的控件上显示窗口创建的时间(秒)，每2秒更新一次。

5. 以下程序在按下 Button1 按钮时隐藏某静态控件，但是存在错误，如何修改？

```
#1. void CMyTestDlg::OnBnClickedButton1(){
#2.     GetDlgItem(IDC_STATIC)->ShowWindow(SW_HIDE);
#3. }
```

分析：所有静态控件的默认 ID 均为 IDC_STATIC，若有唯一指定某控件，需要修改 ID。

答案：＃03 行改为 GetDlgItem(静态控件唯一 ID)－＞ShowWindow(SW_HIDE)；

6. 以下程序在对话框窗口中从(10,10)到(100,100)画一条线段，但是存在错误，如何修改？

```
#1. void CMyTestDlg::OnPaint(){
#2.     ...
#3.         CPaintDC dc(this);
#4.         dc.LineTo(10, 10);
#5.         dc.LineTo(110, 110);
#6.         CDialogEx::OnPaint();
#7.     ...
#8. }
```

分析：绘制线段的起点应该使用 CDC::MoveTo(int x,int y)。

答案：＃05 行改为 dc.MoveTo(10, 10)；

7. 以下程序按下 Button1 按钮后在窗口左上角输出文字，但是存在错误，如何修改？

```
#01. void CMyTestDlg::OnBnClickedButton1(){
#02.     CPaintDC dc(this);
#03.     dc.TextOut(0,0, "在窗口左上角输出文字");;
#04. }
```

分析："主动"进行绘图操作应该使用 CClientDC。

答案：＃02 行改为 CClientDC dc(this)；

8. 以下程序绘制一段虚线和点交替的蓝色线段，但是存在错误，如何修改？

```
#1. void CMyTestDlg::OnPaint(){
#2.     CPaintDC dc(this);
#3.     CPen *pOldPen,NewPen(PS_DASHDOTDOT, 3, RGB(0, 0, 255));
#4.     pOldPen=dc.SelectObject(&NewPen);
#5.     dc.Ellipse(100, 100, 200, 200);
#6.     dc.SelectObject(pOldPen);
#7. }
```

分析：创建虚线和点交替的画笔，画笔宽度不能超过 1。

答案：＃03 行改为 CPen *pOldPen,NewPen(PS_DASHDOTDOT, 1, RGB(0, 0, 255))；

9. 以下程序在载入一个 ID 为 IDB_BITMAP1 的位图资源并显示，但是存在错误，如何修改？

```
#1. void CMyTestDlg::OnPaint(){
#2. ...
#3.         CPaintDC dc(this);                          //创建 CPaintDC 对象
#4.         CBitmap    bmp;
#5.         BITMAP bm;
#6.         bmp.LoadBitmap(IDB_BITMAP1);
#7.         bmp.GetObject(sizeof(BITMAP), &bm);  //取得图片信息
#8.         CDC MemDC;
#9.         MemDC.CreateCompatibleDC(&dc);
#10.        CBitmap     * pOldBitmap=MemDC.SelectObject(&bm);
#11.        dc.BitBlt(0, 0, bm.bmWidth, bm.bmHeight, &MemDC, 0, 0, SRCCOPY);
#12.        MemDC.SelectObject(pOldBitmap);
#13. ...
#14. }
```

分析：CDC::SelectObject()函数应载入位图对象而不是位图信息。

答案：#10 行改为 CBitmap * pOldBitmap=MemDC.SelectObject(&bmp);

10. 简单的圆锥计算程序界面如图 15-1 所示。

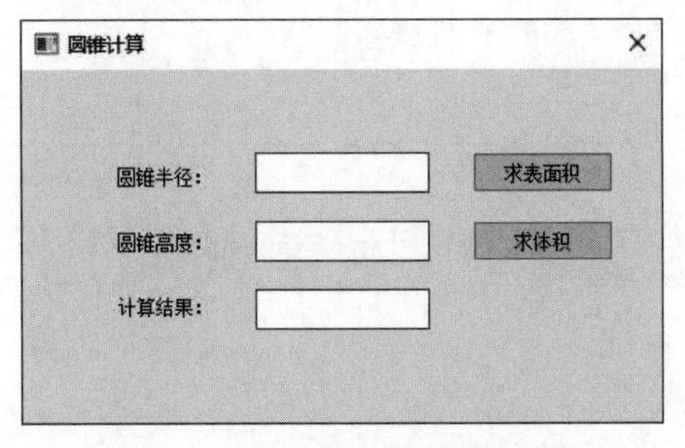

图 15-1　简单的圆锥计算程序界面

“圆锥半径”对应编辑框控件的 ID 为 IDC_EDIT1,对应值类型的成员变量为 double m_x。

“圆锥高度”对应编辑框控件的 ID 为 IDC_EDIT2,对应值类型的成员变量为 double m_y。

“计算结果”对应编辑框控件的 ID 为 IDC_EDIT3,对应值类型的成员变量为 double m_r。

“求表面积”按钮控件的 ID 为 IDC_BUTTON1,该按钮的功能是计算圆锥表面积并在“计算结果”对应的编辑框 IDC_EDIT3 内输出,已有该按钮命令消息处理函数定义如下:

```
#1. void CMy150205Dlg::OnBnClickedButton1(){
#2.     //TODO:在此添加控件通知处理程序代码
#3. }
```

“求体积”按钮控件的 ID 为 IDC_BUTTON2,该按钮的功能是计算圆锥体积并在“计算结果”对应的编辑框 IDC_EDIT3 内输出,已有该按钮命令消息处理函数定义如下:

```
#1. void CMy150205Dlg::OnBnClickedButton1(){
#2.     //TODO:在此添加控件通知处理程序代码
#3. }
```

完成按钮控件“求表面积”“求体积”的事件处理程序。

分析：使用UpdateData()从编辑框控件取得数据到对应的变量，根据表面积和体积公式计算，使用UpdateData(FALSE)将计算结果从对应变量返回给编辑框即可。

答案：

按钮控件“求表面积”的事件处理程序：

```
#1.  void CMyTestDlg::OnBnClickedButton1(){
#2.      //TODO:在此添加控件通知处理程序代码
#3.      UpdateData();
#4.      m_r=3.14*m_x * ( m_x+sqrt(m_x*m_x+m_y*m_y));
#5.      UpdateData(FALSE);
#6.  }
```

按钮控件“求体积”的事件处理程序：

```
#1.  void CMyTestDlg::OnBnClickedButton1(){
#2.      //TODO:在此添加控件通知处理程序代码
#3.      UpdateData();
#4.      m_r=(3.14*m_x *m_x*m_y)/3;
#5.      UpdateData(FALSE);
#6.  }
```

15.3 本章测试

15.3.1 测试题1

一、选择题

1. 微软公司为Windows系统下的软件开发提供了强大的应用程序接口（一般称为Windows API），该接口由多达________个系统功能的调用组成。

A. 几十　　B. 几百　　C. 几千　　D. 几万

2. 微软公司在Windows API中自定义了一些新的数据类型用于Windows系统下软件的开发。为了与标准C/C++语言中的数据类型区别，这些自定义的数据类型的名称用________表示。

A. 数字　　B. 大写字母

C. 小写字母　　D. 字母+数字组合

3. 所谓消息驱动是指操作系统中的每一部分与其他部分之间都可以通过________的方式进行通信。

A. 命令　　B. 函数调用　　C. 消息　　D. 邮件

4. 在Windows消息中，元素wParam、lParam是2个________，是消息的附加参数，其值的确切意义取决于消息本身，发送方通常用它们来传送一些附加的信息给接收消息的一方。

A. 字符串　　B. 浮点数　　C. 整数　　D. 字符

5. 在“添加资源”对话框中的“资源类型”栏选择________并单击“新建”按钮，程序添加新的图标资源并进入图标编辑状态。

A. Icon　　B. Bitmap　　C. Menu　　D. Toolbar

6. 使用 Visual Studio 集成开发环境提供的“资源编辑器”，用户无法修改的项目是________。

A. 添加指定控件　　B. 删除指定控件

C. 修改指定控件尺寸　　D. 修改指定控件字体

7. 在应用程序窗口按下鼠标左键时，系统生成鼠标消息并向窗口发送，用户程序可以使用________函数接收、处理该消息。

A. OnMouseMove()　　B. OnLButtonDown()

C. OnLButtonUp()　　D. OnLButtonDblClk()

8. 当用户企图关闭一个窗口时，Windows 会向该窗口发送________消息，用户处理该消息可以控制窗口关闭过程，甚至取消用户的关闭操作。

A. WM_DEL　　B. WM_TIMER　　C. WM_SHUT　　D. WM_CLOSE

9. 如果需要指定画线的颜色、粗细、虚实等属性，通常需要使用________类。

A. CPen　　B. CBrush　　C. CBitmap　　D. CFont

10. 使用 SetTimer()函数创建定时器时，可以设置的最小时间间隔是________。

A. 1 秒　　B. 0.1 秒　　C. 0.01 秒　　D. 0.001 秒

二、填空题

1. Windows 系统是一种________驱动(也被称为事件驱动)的操作系统。

2. MFC 不仅仅是一个 C++ 类库，它还通过 MFC 类之间的关系定义了一套标准的程序结构，这套程序结构被称为 MFC ________。

3. 通过 Visual Studio 集成开发环境提供的________，软件开发人员可以便捷地修改 Windows 程序的各种资源。

4. 在 MFC 中，通常从________类派生子类，使用该派生类的对象实现对话框的各项管理功能。

5. 窗口的 OnInitDialog()成员函数在对话框创建之后、显示之前被框架程序自动调用，用户可以在本函数中添加一些窗口的________代码。

6. 为了在程序中使用按钮控件，通常需要为按钮控件在对话框窗口类中添加________。

7. MFC 对 GDI 进行了封装，将绘图工具封装到________类中，称为 GDI 对象类。

8. 创建位图对象有多种方法，其中最方便的方法是使用资源编辑器先创建或导入________资源，然后使用位图对象加载该资源并进行显示。

9. 在 MFC 程序中，可以通过控件的________取得控件，并在对话框初始化函数中设定该控件的字体。

10. 用户通常可以使用________消息处理函数来处理键盘消息，nChar 参数值为 Windows 虚键代码，对于显示字符，其编码与 ASCII 码基本一致。

三、简答题

1. 以下程序代码的功能是什么？

```
#1. void CMyTestDlg::OnPaint(){
#2.     if (IsIconic()){
#3.     ...
#4.     }
```

```
#5.     else    {
#6.        CPaintDC dc(this);
#7.        CBitmap bmp;
#8.        BITMAP bm;
#9.        bmp.LoadBitmap(IDB_BITMAP_01);
#10.       bmp.GetObject(sizeof(BITMAP), &bm);  //取得图片信息
#11.       CDC MemDC;
#12.       MemDC.CreateCompatibleDC(&dc);
#13.       CBitmap * pOldBitmap=MemDC.SelectObject(&bmp);
#14.       dc.BitBlt(0, 10, bm.bmWidth, bm.bmHeight, &MemDC, 0, 0, SRCCOPY);
#15.       MemDC.SelectObject(pOldBitmap);
#16.       CDialogEx::OnPaint();
#17.    }
#18. }
```

2. 以下程序代码的功能是什么？

```
#1. BOOL CMyTestDlg::OnInitDialog(){
#2. ...
#3.     //TODO:在此添加额外的初始化代码
#4.     GetDlgItem(IDC_EDIT1)->EnableWindow(FALSE);
#5.     return TRUE;                          //除非将焦点设置到控件,否则返回 TRUE
#6. }
```

3. 以下程序代码的功能是什么？

```
#1. void CMyTestDlg::OnRButtonUp(UINT nFlags, CPoint point){
#2.     //TODO:在此添加消息处理程序代码和/或调用默认值
#3.     char szTemp[80];
#4.     sprintf_s(szTemp, "%d,%d", point.x, point.y);
#5.     AfxMessageBox(szTemp);
#6.     CDialogEx::OnRButtonUp(nFlags, point);
#7. }
```

4. 以下程序代码的功能是什么？

```
#1. void CMyTestDlg::OnBnClickedButton1(){
#2.     static bool bStart=false;
#3.     if (!bStart)    {
#4.        SetTimer(1, 10, NULL);
#5.        bStart=true;
#6.     }
#7.     else    {
#8.        KillTimer(1);
#9.        bStart=false;
#10.    }
#11. }
#12. void CMyTestDlg::OnTimer(UINT_PTR nIDEvent){
#13.    switch (nIDEvent)    {
#14.    case 1:
```

```
#15.        static int color=0, i=1;
#16.        if (color <= 0)
#17.            i=1;
#18.        if (color >= 255)
#19.            i=-1;
#20.        color += i;
#21.        CClientDC dc(this);
#22.        CBrush * pOldBrush, NewBrush(RGB(color, color, color));
#23.        pOldBrush=dc.SelectObject(&NewBrush);
#24.        dc.Rectangle(120, 10, 220, 110);
#25.        dc.SelectObject(pOldBrush);
#26.        break;
#27.    }
#28.    CDialogEx::OnTimer(nIDEvent);
#29. }
```

5. 以下程序用来设置控件字体，但是存在错误，如何修改？

```
#1. BOOL CMyTestDlg::OnInitDialog(){
#2. ...
#3.     //TODO:在此添加额外的初始化代码
#4.     CFont MyFont;
#5.     MyFont.CreatePointFont(120, "楷体", NULL);    //创建字体
#6.     GetDlgItem(IDC_SAVE)->SetFont(&MyFont);
#7.     return TRUE;                              //除非将焦点设置到控件，否则返回 TRUE
#8. }
```

6. 以下程序在对话框窗口内(10,10)位置输出一段黄色文字，但是存在错误，如何修改？

```
#1. void CMyTestDlg::OnPaint(){
#2. ...
#3.         CPaintDC dc(this);
#4.         COLORREF OldColor, NewColor=RGB(255, 0, 0);
#5.         dc.TextOut(10, 10, "使用 TextOut 黄色输出");
#6.         CDialogEx::OnPaint();
#7. }
```

7. 以下程序载入一个 ID 为 IDB_BITMAP1 的位图资源并显示，但是存在错误，如何修改？

```
#1. void CMyTestDlg::OnPaint(){
#2. ...
#3.         CPaintDC dc(this);                        //创建 CPaintDC 对象
#4.         CBitmap bmp;
#5.         BITMAP bmp;
#6.         bmp.LoadBitmap(IDB_BITMAP1);
#7.         bmp.GetObject(sizeof(BITMAP), &bm);  //取得图片信息
#8.         CDC MemDC;
#9.         MemDC.CreateCompatibleDC(&dc);
#10.        CBitmap * pOldBitmap=MemDC.SelectObject(&bmp);
```

```
#11.        dc.BitBlt(0, 0, bm.bmWidth, bm.bmHeight, &MemDC, 0, 0, SRCCOPY);
#12.        MemDC.SelectObject(pOldBitmap);
#13. }
```

8. 以下程序在窗口中创建一个时间间隔1秒的定时器，但是存在错误，如何修改？

```
#1. void CMyTestDlg::OnInitDialog(){
#2.     //TODO:在此添加消息处理程序代码和/或调用默认值
#3.     SetTimer(1,1,NULL);
#4.     ...
#5. }
```

9. 以下程序在按下按钮Button1后读入编辑框中的文字，然后通过调用OnPaint()函数重绘窗口，但是存在错误，如何修改？

```
#1. void CMyTestDlg::OnBnClickedButton1(){
#2.     UpdateData();
#3.     OnPaint();
#4. }
```

10. 简单的圆柱计算程序界面如图15-2所示。

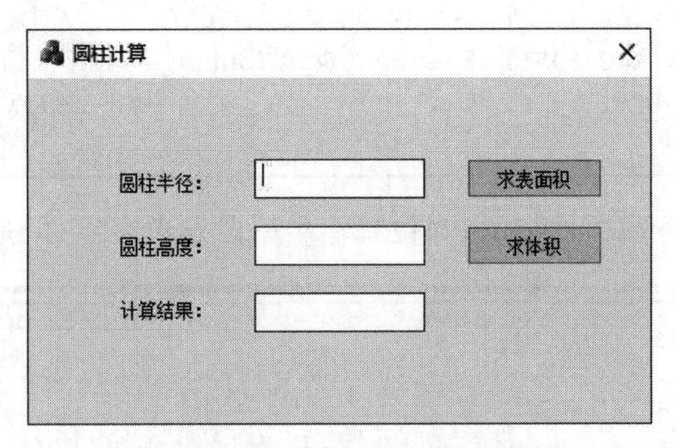

图15-2 简单的圆柱计算程序界面

“圆柱半径”对应编辑框控件的ID为IDC_EDIT1，对应值类型的成员变量为double m_x。

“圆柱高度”对应编辑框控件的ID为IDC_EDIT2，对应值类型的成员变量为double m_y。

“计算结果”对应编辑框控件的ID为IDC_EDIT3，对应值类型的成员变量为double m_r。

“求表面积”按钮控件的ID为IDC_BUTTON1，该按钮的功能是计算圆柱表面积并在“计算结果”对应的IDC_EDIT3编辑框内输出，已有该按钮命令消息处理函数定义如下：

```
#1. void CMyTestDlg::OnBnClickedButton1(){
#2.     //TODO:在此添加控件通知处理程序代码
#3. }
```

“求体积”按钮控件的ID为IDC_BUTTON2，该按钮的功能是计算圆柱体积并在“计算结果”对应的IDC_EDIT3编辑框内输出，已有该按钮命令消息处理函数定义如下：

```
#1. void CMyTestDlg::OnBnClickedButton2(){
#2.     //TODO:在此添加控件通知处理程序代码
#3. }
```

完成按钮控件“求表面积”“求体积”的事件处理程序。

15.3.2 测试题 2

一、选择题

1. 如果希望使用 C/C++ 开发出具有 Windows 系统同样技术特点的 Windows 应用程序，可以使用________。

A. C 语言标准函数库　　B. C++ 语言标准函数库

C. C++ 标准模板库　　D. Windows API

2. 微软公司在 Windows API 中自定义了一些新的数据类型，其中 INT 类型表示________范围内的有符号整数。

A. －128～127　　B. －32768～32767

C. $-2^{31}\sim(2^{31}-1)$　　D. $-10^{38}\sim10^{38}$

3. Windows 系统是一种消息驱动(也被称为事件驱动)的操作系统，在 Windows 中的消息种类很多，所有消息的格式是________的。

A. 动态的　　B. 固定的

C. 由消息类型确定　　D. 用户自己定义的

4. 在 Windows 消息中，元素 message 是一个________，用来标识 Windows 消息，该标识在 Windows API 的头文件 winuser.h 中定义。

A. 字符串　　B. 浮点数　　C. 整数　　D. 字符

5. MFC 中的________类封装了按钮的操作，通常显示为一个凸起的矩形窗口。

A. CButton　　B. CWnd　　C. CStatic　　D. CEdit

6. 使用控件的 ID 在对话框初始化函数中可以设定指定控件的字体，设定控件字体通常使用________函数。

A. CreatePointFont()　　B. SetFont()

C. CFont()　　D. OpenFont()

7. 在 MFC 对话框框架程序中，键盘消息默认发给控件而不是对话框窗口，通过重载对话框窗口类的________函数，将键盘消息发往对话框窗口。

A. OnKeyDown()　　B. OnKeyUp()

C. PreTranslateMessage()　　D. OnChar()

8. 在未接到 WM_PAINT 消息时主动进行绘图操作，通常在对话框的窗口类的成员函数中创建________对象进行绘图。

A. CPaintDC　　B. CClientDC　　C. CDC　　D. CWindowDC

9. 如果需要指定输出文字的大小、字体等属性，通常需要使用________类。

A. CPen　　B. CBrush　　C. CBitmap　　D. CFont

10. 用户为一个窗口创建________后，相应窗口就会根据创建时的设置，持续地定时收到 WM_TIMER 消息。

A. 秒表　　　　B. 时间控件　　　　C. 按钮控件　　　　D. 定时器

二、填空题

1. 使用MFC应用程序框架不仅可以提高软件的开发效率，而且由于MFC应用程序框架具有统一的结构，还有利于软件开发的________，方便软件的维护和升级。

2. 使用Visual Studio 2017创建的项目默认字符集为________，这里为了字符处理方便，需要将项目的默认字符集修改为ANSI。

3. ________资源是一组对话框窗口的布局设计数据。这组数据定义了对话框的外观、对话框中有哪些控件以及它们的位置、尺寸及属性等。

4. 为对话框添加控件，需要在对话框模板上添加控件，在对话框类中为控件添加对象成员，最后添加控件的________。

5. 在对话框窗口类中，成员函数________在窗口变化时被调用，可在该函数中添加绘图代码实现在对话框窗体上的绘图操作。

6. MFC从CWnd派生的________类封装了编辑控件的功能，编辑控件也被称为编辑框，允许用户输入或改变文本。

7. MFC对GDI进行了封装，将画布、绘图动作和GDI对象封装到________类中，称为设备环境类。

8. 窗口的成员函数OnPaint()通常在________时被调用，可在该函数中添加绘图代码实现在对话框窗体上的绘图操作。

9. 用户通常可以使用OnChar()消息处理函数处理键盘消息，nChar参数值为Windows虚键代码，对于显示字符，其编码与________码基本一致。

10. 当关闭窗口时，应用程序需要提醒用户保存文档或取消退出操作，此类情况可以在WN_CLOSE消息处理函数________中处理。

三、简答题

1. 以下程序代码的功能是什么？

```
#1. void CMyTestDlg::OnPaint(){
#2.     if (IsIconic()){
#3.     ...
#4.     }
#5.     else    {
#6.         CPaintDC dc(this);
#7.         CPen *pOldPen,NewPen(PS_SOLID, 3, RGB(0, 0, 150));
#8.         pOldPen=dc.SelectObject(&NewPen);
#9.         dc.MoveTo(10, 10);
#10.        dc.LineTo(110, 110);
#11.        dc.LineTo(210, 10);
#12.        dc.LineTo(10, 10);
#13.        dc.SelectObject(pOldPen);
#14.        CDialogEx::OnPaint();
#15.    }
#16. }
```

2. 以下程序代码的功能是什么？

```
#1. BOOL CMyTestDlg::OnInitDialog(){
#2. ...
#3.     //TODO:在此添加额外的初始化代码
#4.     GetDlgItem(IDC_EDIT1)->ShowWindow(SW_HIDE);
#5.     return TRUE;                              //除非将焦点设置到控件,否则返回 TRUE
#6. }
```

3. 以下程序代码的功能是什么?

```
#1. void CMyTestDlg::OnLButtonDblClk(UINT nFlags, CPoint point){
#2.     //TODO:在此添加消息处理程序代码和/或调用默认值
#3.     int iRet=AfxMessageBox("要退出程序吗?", MB_OKCANCEL | MB_ICONQUESTION);
#4.     if (iRet == IDOK)
#5.         exit(0);
#6.     CDialogEx::OnLButtonDblClk(nFlags, point);
#7. }
```

4. 以下程序代码的功能是什么?

```
#1. BOOL CMyTestDlg::PreTranslateMessage(MSG* pMsg){
#2.     //TODO:在此添加专用代码和/或调用基类
#3.     if (pMsg->message == WM_CHAR)
#4.     {
#5.         pMsg->hwnd=m_hWnd;
#6.         return FALSE;
#7.     }
#8.     return CDialogEx::PreTranslateMessage(pMsg);
#9. }
#10. void CMyTestDlg::OnChar(UINT nChar, UINT nRepCnt, UINT nFlags)
#11.     {//TODO:在此添加消息处理程序代码和/或调用默认值
#12.     char s[2]={ 0 };
#13.     s[0]=nChar;
#14.     AfxMessageBox(s);
#15.     CDialogEx::OnChar(nChar, nRepCnt, nFlags);
#16. }
```

5. 以下程序在按下按钮 Button1 后读入 m_Text 对应文本框的文字,将全部小写字母转换为大写后输出,但是存在错误,如何修改?

```
#1. void CMyTestDlg::OnBnClickedButton1(){
#2.     UpdateData();
#3.     m_Text.MakeUpper();
#4.     UpdateData();
#5. }
```

6. 以下程序当用户在窗口中单击,在鼠标处显示文字,但程序存在错误,如何修改?

```
#1. void CMyTestDlg::OnLButtonDown(UINT nFlags, CPoint point){
```

```
#2.     //TODO:在此添加消息处理程序代码和/或调用默认值
#3.     CClientDCdc(this);
#4.     dc.TextOut(1, 1, "在鼠标处使用 TextOut 输出");
#5.     CDialogEx::OnLButtonDown(nFlags, point);
#6. }
```

7. 以下程序绘制蓝色填充圆形，但程序存在错误，如何修改？

```
#1. void CMyTestDlg::OnPaint(){
#2.     CPaintDC dc(this);
#3.     CBrush *pOldBrush,NewBrush(RGB(0, 0, 255));
#4.     pOldBrush=dc.SelectObject(NewBrush);
#5.     dc.Ellipse(100, 100, 200, 200);
#6.     dc.SelectObject(pOldBrush);
#7. }
```

8. 以下程序在接到 WM_PAINT 消息后显示资源 ID 为 IDB_BITMAP1 的位图，但程序存在错误，如何修改？

```
#1. void CMyTestDlg::OnPaint(){
#2. ...
#3.         CPaintDC dc(this);                      //创建 CPaintDC 对象
#4.         CBitmap bmp;
#5.         BITMAP bm;
#6.         bmp.LoadBitmap(IDB_BITMAP1);
#7.         bmp.GetObject(sizeof(BITMAP), &bm);  //取得图片信息
#8.         CDC MemDC;
#9.         MemDC.CreateCompatibleDC(&dc);
#10.        CBitmap *pOldBitmap=dc.SelectObject(bmp);
#11.        dc.BitBlt(0, 0, bm.bmWidth, bm.bmHeight, &MemDC, 0, 0, SRCCOPY);
#12.        MemDC.SelectObject(pOldBitmap);
#13. ...
#14. }
```

9. 以下程序代码创建一个时间间隔 1 秒的定时器记录程序启动经历的时间，但是存在错误，如何修改？

```
#1. void CMyTestDlg::OnPaint(){
#2. ...
#3.     CPaintDC dc(this);
#4.     SetTimer(1,1000,NULL);
#5. ...
#6. }
```

10. 求长方体表面积和体积的程序界面如图 15-3 所示。

“长方体长”对应编辑框控件的 ID 为 IDC_EDIT1，对应值类型的成员变量为 double m_x。

“长方体宽”对应编辑框控件的 ID 为 IDC_EDIT2，对应值类型的成员变量为 double m_y。

“长方体高”对应编辑框控件的 ID 为 IDC_EDIT3，对应值类型的成员变量为 double m_z。

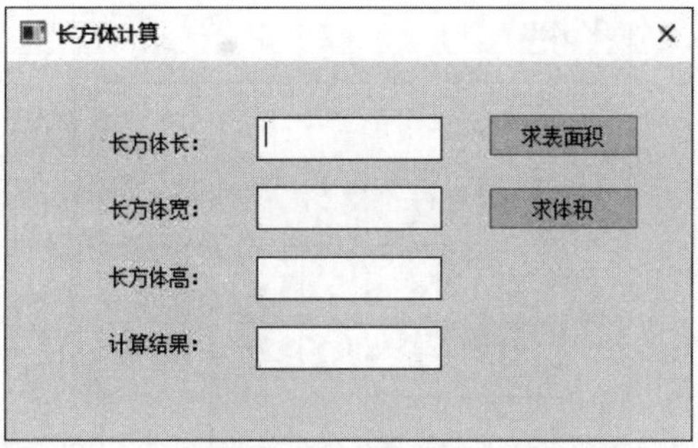

图 15-3　求长方体表面积和体积的程序界面

“计算结果”对应编辑框控件的 ID 为 IDC_EDIT4，对应值类型的成员变量为 double m_r。

“求表面积”按钮控件的 ID 为 IDC_BUTTON1，该按钮的功能是计算长方体表面积并在“计算结果”对应的 IDC_EDIT4 编辑框内输出，已有该按钮命令消息处理函数定义如下：

```
#1. void CMyTestDlg::OnBnClickedButton1(){
#2.     //TODO:在此添加控件通知处理程序代码
#3. }
```

“求体积”按钮控件的 ID 为 IDC_BUTTON2，该按钮的功能是计算长方体体积并在“计算结果”对应的 IDC_EDIT4 编辑框内输出，已有该按钮命令消息处理函数定义如下：

```
#1. void CMyTestDlg::OnBnClickedButton2(){
#2.     //TODO:在此添加控件通知处理程序代码
#3. }
```

完成按钮控件“求表面积”“求体积”的事件处理程序。

15.4　实验案例

15.4.1　案例 1：MFC 控件

1. 实验目的

(1) 掌握 MFC 对话框框架程序的创建方法。

(2) 掌握按钮控件的使用方法。

(3) 掌握静态控件的使用方法。

(4) 掌握编辑框控件的使用方法。

2. 实验内容

(1) 创建计算机资源文件，对话框模板及控件如图 15-4 所示。

(2) 为每个控件指定 ID：IDC_EQU，IDC_CLEAR，IDC_SIGN，IDC_ADD，IDC_SUB，IDC_MUL，IDC_DIV，IDC_PERCENT，IDC_NUM0，IDC_NUM1，IDC_NUM2，IDC_NUM3，IDC_NUM4，IDC_NUM5，IDC_NUM6，IDC_NUM7，IDC_NUM8，IDC_NUM9，IDC_DOT。

(3) 为编辑控件添加 CString 类型成员变量 m_csDisplay。

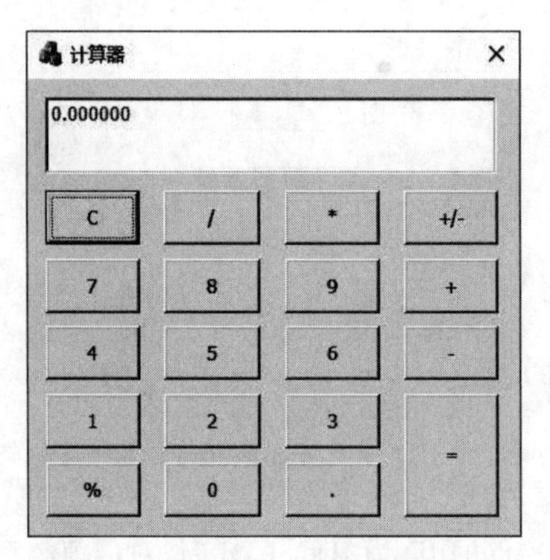

图 15-4 “计算器”对话框模板及控件

(4) 为每个按钮添加按键事件处理功能。

(5) 添加其他必要的数据成员和成员函数,实现计算器的功能。

3. 实验步骤

(1) 使用 Visual C++ 新建项目 Calculator,在“项目属性”页中将项目的“字符集”设置为“未设置”,以在程序中使用 ANSI 编码字符集。

(2) CCalculatorDlg 对话框类声明参考代码如下:

```
#1. class CCalculatorDlg :public CDialogEx{
#2. ...
#3. public:
#4.     afx_msg void OnBnClickedEqu();             //处理按键事件
#5.     afx_msg void OnBnClickedClear();           //处理按键事件
#6.     afx_msg void OnBnClickedSign();            //处理按键事件
#7.     afx_msg void OnBnClickedAdd();             //处理按键事件
#8.     afx_msg void OnBnClickedSub();             //处理按键事件
#9.     afx_msg void OnBnClickedMul();             //处理按键事件
#10.    afx_msg void OnBnClickedDiv();             //处理按键事件
#11.    afx_msg void OnBnClickedPercent();         //处理按键事件
#12.    afx_msg void OnBnClickedNum0();            //处理按键事件
#13.    afx_msg void OnBnClickedNum1();            //处理按键事件
#14.    afx_msg void OnBnClickedNum2();            //处理按键事件
#15.    afx_msg void OnBnClickedNum3();            //处理按键事件
#16.    afx_msg void OnBnClickedNum4();            //处理按键事件
#17.    afx_msg void OnBnClickedNum5();            //处理按键事件
#18.    afx_msg void OnBnClickedNum6();            //处理按键事件
#19.    afx_msg void OnBnClickedNum7();            //处理按键事件
#20.    afx_msg void OnBnClickedNum8();            //处理按键事件
#21.    afx_msg void OnBnClickedNum9();            //处理按键事件
#22.    afx_msg void OnBnClickedDot();             //处理按键事件
#23.    double m_first;                 //存储一次运算的第一个操作数及一次运算的结果
#24.    double m_second;                           //存储一次运算的第二个操作数
#25.    double m_coff;                             //存储小数点的系数权值
#26.    CString m_csOperator;                      //存储运算符
#27.    CString m_csDisplay;                       //显示内容
```

```
#28.    void UpdateDisplay(double dck);              //显示
#29.    void Calculate();                            //计算
#30.    void onButtonN(int n);                       //统一处理按键输入的数字
#31. };
```

(3) CCalculatorDlg 对话框类定义参考代码如下：

```
#1.  CCalculatorDlg::CCalculatorDlg(CWnd* pParent /*=nullptr*/)
#2.     :CDialogEx(IDD_CALCULATOR_DIALOG, pParent), m_csDisplay(""){
#3.     m_csOperator="+";
#4.     m_first=0;
#5.     m_second=0;
#6.     m_coff=1.0;
#7.     m_hIcon=AfxGetApp()->LoadIcon(IDR_MAINFRAME);
#8.  }
#9.  void CCalculatorDlg::OnBnClickedEqu(){
#10.    Calculate();
#11. }
#12. void CCalculatorDlg::OnBnClickedClear(){
#13.    m_first=0.0;
#14.    m_second=0.0;
#15.    m_csOperator="+";
#16.    m_coff=1.0;
#17.    UpdateDisplay(0.0);
#18. }
#19. void CCalculatorDlg::OnBnClickedSign(){
#20.    m_second=-m_second;
#21.    UpdateDisplay(m_second);
#22. }
#23. void CCalculatorDlg::OnBnClickedAdd(){
#24.    Calculate();
#25.    m_csOperator="+";
#26. }
#27. void CCalculatorDlg::OnBnClickedSub(){
#28.    Calculate();
#29.    m_csOperator="-";
#30. }
#31. void CCalculatorDlg::OnBnClickedMul(){
#32.    Calculate();
#33.    m_csOperator="*";
#34. }
#35. void CCalculatorDlg::OnBnClickedDiv(){
#36.    Calculate();
#37.    m_csOperator="/";
#38. }
#39. void CCalculatorDlg::OnBnClickedPercent(){
#40.    Calculate();
#41.    m_csOperator="%";
#42. }
#43. void CCalculatorDlg::OnBnClickedNum0(){
#44.    onButtonN(0);
```

```
#45. }
#46. void CCalculatorDlg::OnBnClickedNum1(){
#47.     onButtonN(1);
#48. }
#49. void CCalculatorDlg::OnBnClickedNum2(){
#50.     onButtonN(2);
#51. }
#52. void CCalculatorDlg::OnBnClickedNum3(){
#53.     onButtonN(3);
#54. }
#55. void CCalculatorDlg::OnBnClickedNum4(){
#56.     onButtonN(4);
#57. }
#58. void CCalculatorDlg::OnBnClickedNum5(){
#59.     onButtonN(5);
#60. }
#61. void CCalculatorDlg::OnBnClickedNum6(){
#62.     onButtonN(6);
#63. }
#64. void CCalculatorDlg::OnBnClickedNum7(){
#65.     onButtonN(7);
#66. }
#67. void CCalculatorDlg::OnBnClickedNum8(){
#68.     onButtonN(8);
#69. }
#70. void CCalculatorDlg::OnBnClickedNum9(){
#71.     onButtonN(9);
#72. }
#73. void CCalculatorDlg::OnBnClickedDot(){
#74.     m_coff=0.1;
#75. }
#76. void CCalculatorDlg::UpdateDisplay(double dck){
#77.     m_csDisplay.Format("%f", dck);
#78.     UpdateData(false);
#79. }
#80. void CCalculatorDlg::Calculate(){
#81.     switch (m_csOperator.GetAt(0)){
#82.     case '+':    m_first += m_second;    break;
#83.     case '-':    m_first -= m_second;    break;
#84.     case '*':    m_first *= m_second;    break;
#85.     case '/':    m_first /= m_second;    break;
#86.     }
#87.     m_second=0.0;
#88.     m_coff=1.0;
#89.     m_csOperator="+";
#90.     UpdateDisplay(m_first);                       //更新编辑框显示内容
#91. }
#92. void CCalculatorDlg::onButtonN(int n){
#93.     if (m_coff == 1.0)
#94.        m_second=m_second * 10+n;                  //作为整数输入数字
#95.     else   {
#96.        m_second=m_second+n * m_coff;              //作为小数输入数字
```

```
#97.        m_coff *= 0.1;
#98.    }
#99.    UpdateDisplay(m_second);                        //更新编辑框的数字显示
#100. }
```

4. 思考

(1) 如何添加乘方和开方功能?

(2) 如何添加函数运算功能?

(3) 如果发生除以 0 运算如何处理?

(4) onButtonN 起到什么作用?

(5) 如何修改计算器程序图标?

15.4.2　案例 2：MFC 绘图

1. 实验目的

(1) 掌握 CDC 绘图函数的基本用法。

(2) 掌握 GDI 对象的基本使用方法。

(3) 掌握鼠标消息的使用方法。

2. 实验内容

(1) 创建计算机资源文件,修改对话框模板如图 15-5 所示。

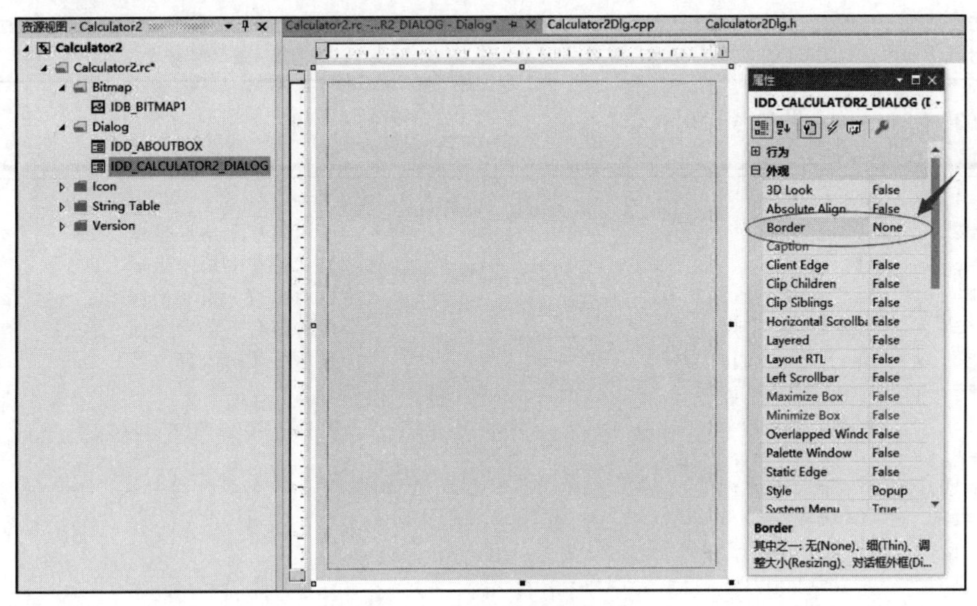

图 15-5　修改对话框模板

(2) 创建 CMyShow 类,封装计算器显示窗的操作。

(3) 创建 CMyButton 类,封装计算机按钮的操作。

(4) 在对话框窗口类中添加 CMyShow 对象成员。

(5) 在对话框窗口类中添加 CMyButton 对象成员数组。

(6) 在对话框窗口类构造函数中初始化 CMyButton 对象和 CMyShow 对象。

(7) 在对话框窗口类 OnPaint()函数中显示 CMyButton 对象和 CMyShow 对象。

（8）为对话框窗口类添加鼠标消息处理函数，判断用户单击了哪个按钮，如果是“退出”按钮则退出程序，如果是其他按钮则显示该按钮信息。

（9）程序运行效果如图15-6所示。

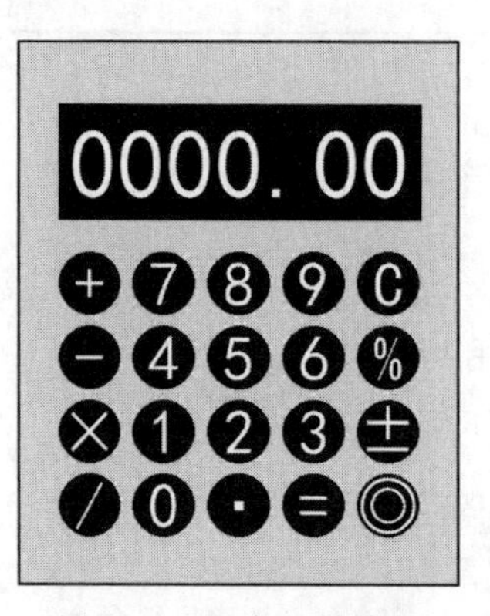

图15-6 程序运行效果

3. 实验步骤

（1）使用Visual C++新建项目Calculator2，将项目“字符集”设置为“未设置”。

（2）Visual C++高版本使用framework.h文件取代了stdafx.h文件，读者可根据自己使用的Visual C++编译器，将以下行添加到stdafx.h或framework.h文件起始处：

```
#define _CRT_SECURE_NO_WARNINGS
```

（3）CMyShow类参考代码：

```
#1. class CMyShow{
#2.     int m_x1;                              //显示窗左上角 x 坐标
#3.     int m_y1;                              //显示窗左上角 y 坐标
#4.     int m_x2;                              //显示窗右下角 x 坐标
#5.     int m_y2;                              //显示窗右下角 x 坐标
#6.     char m_cTxt[16];                       //显示窗显示内容
#7. public:
#8.     void SetShow(int x1, int y1, int x2, int y2, const char cTxt[]){
#9.         m_x1=x1;
#10.        m_y1=y1;
#11.        m_x2=x2;
#12.        m_y2=y2;
#13.        strcpy(m_cTxt, cTxt);
#14.    }
#15.    void Show(CDC * pDC){                   //显示显示窗
#16.        CBrush * pOldBrush;
#17.        CBrush NewBrush(RGB(50, 55, 60));
#18.        pOldBrush=pDC->SelectObject(&NewBrush);
#19.        pDC->Rectangle(m_x1,m_y1,m_x2, m_y2);
#20.        pDC->SelectObject(pOldBrush);
#21.        COLORREF OldColor, NewColor=RGB(255, 255, 255);
#22.        OldColor=pDC->SetTextColor(NewColor);
#23.        int OldBkMode=pDC->GetBkMode();
```

```
#24.        pDC->SetBkMode(TRANSPARENT);
#25.        pDC->TextOut(m_x1+10,m_y1+10, m_cTxt);
#26.        pDC->SetBkMode(OldBkMode);
#27.        pDC->SetTextColor(OldColor);
#28.    }
#29. };
```

(4) CMyButton 类参考代码：

```
#1. class CMyButton{
#2.     int m_x;                                    //按钮中心 x 坐标
#3.     int m_y;                                    //按钮中心 y 坐标
#4.     int m_r;                                    //按钮半径
#5.     char m_cTxt[8];                             //按钮上显示信息内容(按钮名称)
#6. public:
#7.     void SetButton(int x, int y, int r, const char cTxt[]){
#8.         m_x=x;
#9.         m_y=y;
#10.        m_r=r;
#11.        strcpy(m_cTxt, cTxt);
#12.    }
#13.    void Show(CDC * pDC){                       //显示按钮
#14.        CBrush * pOldBrush;
#15.        CBrush NewBrush(RGB(55, 61, 75));
#16.        pOldBrush=pDC->SelectObject(&NewBrush);
#17.        pDC->Ellipse(m_x-m_r, m_y - m_r, m_x+m_r, m_y+m_r);
#18.        pDC->SelectObject(pOldBrush);
#19.        COLORREF OldColor, NewColor=RGB(255, 255, 255);
#20.        OldColor=pDC->SetTextColor(NewColor);
#21.        int OldBkMode=pDC->GetBkMode();
#22.        pDC->SetBkMode(TRANSPARENT);
#23.        if(strlen(m_cTxt)==2)
#24.            pDC->TextOut(m_x-m_r, m_y - m_r, m_cTxt);
#25.        else
#26.            pDC->TextOut(m_x - m_r / 2, m_y - m_r, m_cTxt);
#27.        pDC->SetBkMode(OldBkMode);
#28.        pDC->SetTextColor(OldColor);
#29.    }
#30.    bool HitTest(int x, int y){                 //判断本按钮是否被单击
#31.        if (sqrt((x - m_x) * (x - m_x)+ (y - m_y) * (y - m_y))<= m_r)
#32.            return true;
#33.        return false;
#34.    }
#35.    const char * GetName(){ return m_cTxt; }   //取得本按钮名称
#36. };
```

(5) CCalculator2Dlg 对话框类声明增加成员：

```
#1. class CCalculator2Dlg :public CDialogEx{
#2.     CMyShow m_Show;                             //输出显示窗
#3.     CMyButton m_Button[20];                     //计算机的 20 个按钮
```

```
#4. ...
#5. }
```

(6) CCalculator2Dlg类定义参考代码:

```
#1. CCalculator2Dlg::CCalculator2Dlg(CWnd* pParent /*=nullptr*/)
#2.     :CDialogEx(IDD_CALCULATOR2_DIALOG, pParent){
#3.     char buttton[20][4]={ "+", "7", "8", "9", "C",
#4.                           "-", "4", "5", "6", "%",
#5.                           "×","1", "2", "3", "±",
#6.                           "/", "0", "•","=", "◎", };
#7.     int dx=70, dy=230;
#8.     m_Show.SetShow(40,60,dx+320, dy-60,"0000.00");
#9.     for(int i=0; i < 4; i++)                                    //5行
#10.        for(int j=0; j < 5; j++)                                 //4列
#11.            m_Button[i*5+j].SetButton(dx+j * 72, dy+i * 70, 30, buttton[i*5
+j]);
#12.    m_hIcon=AfxGetApp()->LoadIcon(IDR_MAINFRAME);
#13.}
#14.void CCalculator2Dlg::OnPaint(){
#15....
#16.        CPaintDC dc(this);                                       //创建CPaintDC对象
#17.        CFont MyFontShow, *pOldFont;
#18.        MyFontShow.CreatePointFont(700, "黑体", &dc);            //创建字体
#19.        pOldFont=dc.SelectObject(&MyFontShow);                   //选择字体
#20.        m_Show.Show(&dc);                                        //显示显示窗
#21.        CFont MyFont;
#22.        MyFont.CreatePointFont(450, "黑体", &dc);                //创建字体
#23.        dc.SelectObject(&MyFont);                                //选择字体
#24.        for(int i=0; i < 20; i++)
#25.            m_Button[i].Show(&dc);                               //显示按钮
#26.        dc.SelectObject(pOldFont);                               //恢复字体
#27.        CDialogEx::OnPaint();
#28.    }
#29.}
#30.void CCalculator2Dlg::OnLButtonUp(UINT nFlags, CPoint point){
#31.    //TODO:在此添加消息处理程序代码和/或调用默认值
#32.    for(int i=0;i<20;i++)
#33.        if (m_Button[i].HitTest(point.x,point.y)== true){
#34.            const char *pButtonName =m_Button[i].GetName();
#35.            if (strcmp(pButtonName, "◎")==0)
#36.                exit(0);
#37.            else
#38.                AfxMessageBox(pButtonName);
#39.        }
#40.    CDialogEx::OnLButtonUp(nFlags, point);
#41.}
```

4. 思考

(1) 如何给计算器插入背景图,进一步美化计算机的显示效果,实现如图15-7所示的显示效果?

(2) 如何修改本案例中程序,实现案例1中计算器的计算功能?

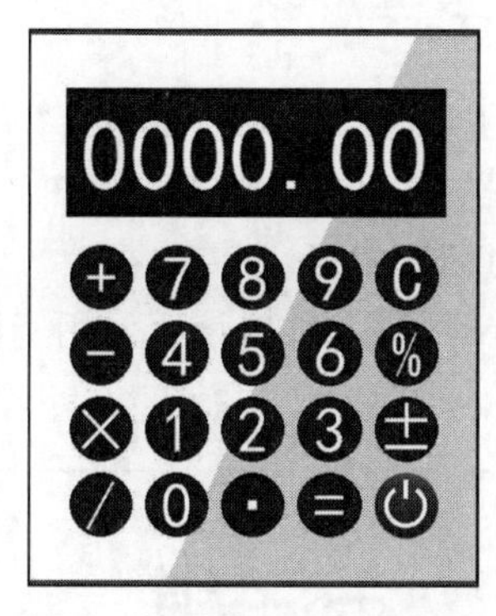

图 15-7　美化后的显示效果

15.5　综合案例

15.5.1　综合案例 1：游戏软件制作

1. 实验目的

（1）掌握 CDC 绘图函数的基本用法。

（2）掌握 GDI 对象的基本使用方法。

（3）掌握鼠标消息的使用方法。

（4）熟悉 UI 资源的使用。

（5）熟悉 MFC 框架程序的开发。

2. 实验内容

（1）根据实验需求创建 UI 资源。

（2）使用 CDC 结合 UI 资源和 CDC 绘图功能实现显示效果。

（3）使用鼠标消息实现对弈功能。

（4）玩家单击“开始”按钮开始游戏，实现双人对战功能，窗口上侧显示游戏持续时间。

（5）当一方成功连接五子游戏提示结束，游戏程序运行效果如图 15-8 所示。

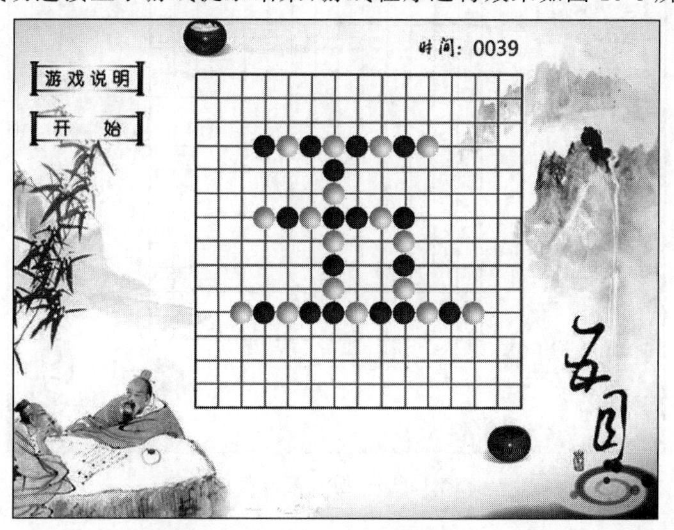

图 15-8　五子游戏程序运行效果

3. 实验步骤

(1) 使用 Visual C++ 新建项目 FiveInARow，将项目“字符集”设置为“未设置”。

(2) 修改项目的 UI 资源，方法如下：

① 参照 MFC 绘图案例修改对话框模板。

② 添加位图资源 IDB_BITMAP_ABOUT，该资源用于游戏说明，用户可以使用绘图软件绘制，内容可参考图 15-9。

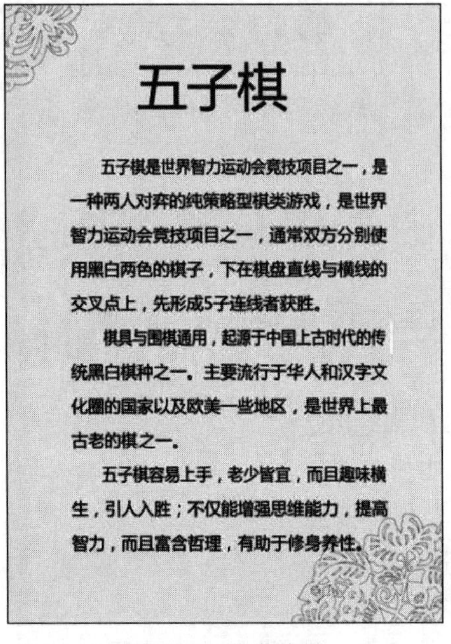

图 15-9　游戏说明

③ 添加位图资源 IDB_BITMAP_BK，该资源用于游戏窗口背景，用户可以使用绘图软件绘制，内容可参考图 15-9。

图 15-10　游戏窗口背景

④ 添加位图资源 IDB_BITMAP_HZ、IDB_BITMAP_BZ、IDB_BITMAP_MASK，该资源用于显示棋子，用户可以使用绘图软件绘制，内容可参考图 15-11。

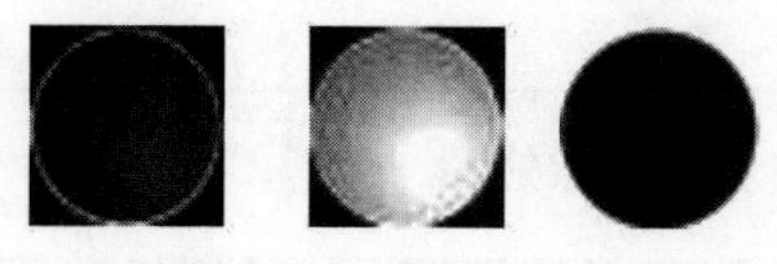

图 15-11　绘制的内容

(3) 添加类 CChess，该类封装棋子的各项操作功能。

Visual Studio 添加新类方法如下：在类视图窗口项目名称上右击，在弹出的快捷菜单中选择“添加/类”菜单项，显示“添加类”对话框如图 15-12 所示。在对话框中输入类的名字，单击“确定”按钮就可添加完成，新添加类的声明和实现分别存放在如图 15-12 所示的两个文件中。

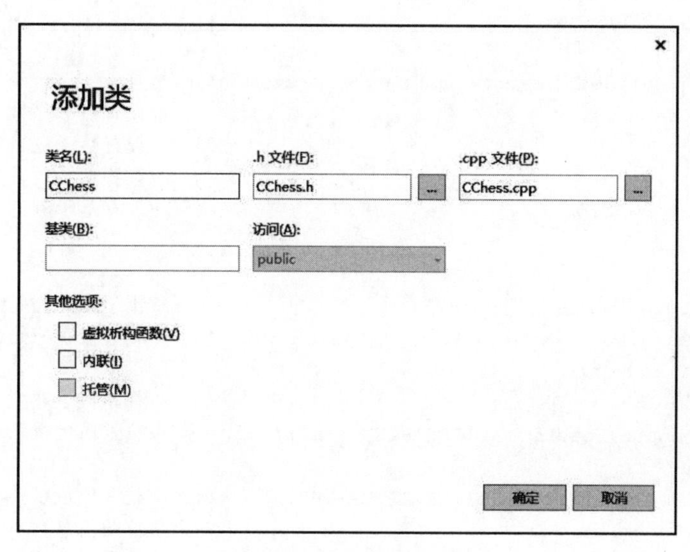

图 15-12　“添加类”对话框

① CChess 类参考代码如下(CChess.h)：

```
#1.  #pragma once
#2.  enum COLOR { BLACK, WHITE };                          //棋子只有两种颜色
#3.  class CChess{
#4.      int m_Num;                                        //序号
#5.      int m_x;                                          //棋子位置 x 坐标
#6.      int m_y;                                          //棋子位置 y 坐标
#7.      COLOR m_Color;                                    //棋子颜色
#8.  public:
#9.      CChess();
#10.     ~CChess();
#11.     void Set(int num, int x, int y, COLOR color);     //设置棋子属性
#12.     COLOR GetColor() { return m_Color; }              //取得棋子颜色
#13.     int GetX() { return m_x; }                        //取得棋子逻辑坐标 x
#14.     int GetY() { return m_y; }                        //取得棋子逻辑坐标 y
#15.     void Show(CDC * pDC);                             //显示棋子
```

```
#16.     static int m_dx;                         //棋盘左上角屏幕坐标 x
#17.     static int m_dy;                         //棋盘左上角屏幕坐标 y
#18.     static double m_d;                       //棋子间距离
#19. };
```

② CChess 类成员函数代码如下(CChess.cpp)：

```
#1. #include "stdafx.h"                          //或 #include "pch.h"
#2. #include "CChess.h"
#3. #include "Resource.h"
#4. int CChess::m_dx=271;                         //该坐标可根据背景图调整
#5. int CChess::m_dy=68;                          //该坐标可根据背景图调整
#6. double CChess::m_d=36.5;                      //该间距可根据背景图调整
#7. CChess::CChess(){
#8. }
#9. CChess::~CChess(){
#10. }
#11. void CChess::Set(int num, int x, int y, COLOR color){
#12.     m_Num=num;                               //设置落子序号
#13.     m_x=x;                                   //设置落子逻辑坐标 x
#14.     m_y=y;                                   //设置落子逻辑坐标 y
#15.     m_Color=color;                           //设置落子颜色
#16. }
#17. void CChess::Show(CDC *pDC){
#18.     CBitmap bmpMask;                         //棋子位图掩码
#19.     bmpMask.LoadBitmap(IDB_BITMAP_MASK);     //载入棋子掩码位图资源
#20.     CBitmap bmpQz;                           //棋子位图
#21.     if (m_Color==WHITE)                      //判断棋子颜色
#22.         bmpQz.LoadBitmap(IDB_BITMAP_BZ);     //载入白色棋子位图资源
#23.     else
#24.         bmpQz.LoadBitmap(IDB_BITMAP_HZ);     //载入黑色棋子位图资源
#25.     BITMAP bm;                               //位图信息
#26.     bmpQz.GetObject(sizeof(BITMAP), &bm);    //取得位图信息
#27.     CDC mDc0;                                //内存 DC,用来显示棋子位图掩码
#28.     mDc0.CreateCompatibleDC(pDC);            //创建用来显示棋子位图掩码的 DC
#29.     CBitmap *pOldBitmapMask=mDc0.SelectObject(&bmpMask);
#30.     CDC mDc1;                                //内存 DC,用来显示棋子位图
#31.     mDc1.CreateCompatibleDC(pDC);            //创建用来显示棋子位图的 DC
#32.     CBitmap *pOldBitmapQz=mDc1.SelectObject(&bmpQz);
#33. //将掩码位图(棋子区域黑色,其他区域白色)与棋盘与运算,将棋子区域置黑,其他区域不变
#34.     pDC->BitBlt(m_dx+m_x*m_d,m_dy+m_y*m_d,bm.bmWidth,bm.bmHeight,&mDc0,0,
0,SRCAND);
#35. //将棋子位图(棋子区域正常,其他区域黑色)与棋盘异或运算,显示棋子,其他区域不变
#36.     pDC->BitBlt(m_dx+m_x*m_d,m_dy+m_y*m_d,bm.bmWidth,bm.bmHeight,&mDc1,0,
0,SRCPAINT);
#37.     mDc1.SelectObject(pOldBitmapMask);
#38.     mDc0.SelectObject(pOldBitmapQz);
#39. }
```

(4) 添加类 CChessManager,该类封装五子棋的落子数据及各项操作功能,类添加方法同 CChess。

① CChessManager 类参考代码如下(CChessManager.h)：

```
#1. #pragma once
#2. #include "CChess.h"
#3. #define MAX_ROWS      15                         //棋盘行数
#4. #define MAX_COLS      15                         //棋盘列数
#5. #define MAX_CHESS     MAX_ROWS * MAX_COLS        //最多落子数
#6. #define WIN_NUM       5                          //赢棋标准(连续五子)
#7. class CChessManager{
#8.     CChess m_aChess[MAX_CHESS];                  //保存落子信息对象数组
#9.     int m_nChess;                                //落子个数
#10.    COLOR m_Color;                               //当前将要落子的颜色
#11.    bool CheckRows();                            //检查行是否达到赢棋标准
#12.    bool CheckCols();                            //检查列是否达到赢棋标准
#13.    bool CheckLSlash();                          //检查左斜线 '\'方向是否达到赢棋标准
#14.    bool CheckRSlash();                          //检查右斜线 '/'方向是否达到赢棋标准
#15. public:
#16.    CChessManager();
#17.    ~CChessManager();
#18.    void NewGame(){ m_nChess=0; m_Color=BLACK; }  //开始新的一局
#19.    bool Xy2Xy(int x0,int y0,int &x1,int &y1);  //物理坐标转换为逻辑坐标成功返回 true
#20.    int Add(int x,int y);//在物理坐标 x,y 处落子,成功返回 0,没点中返回 1,重复返回 2
#21.    void Show(CDC * pDC);                        //显示所有棋子
#22.    bool GameOver();                             //判断游戏是否结束
#23.    COLOR GetWinner(){ return m_aChess[m_nChess-1].GetColor();}
                                                    //取得获胜方棋子颜色
#24.    CChess * GetQz(int x, int y);                //取得指定逻辑坐标的棋子,若无则返回空
#25. };
```

② CChessManager 类部分成员函数参考代码如下(CChessManager.cpp)：

```
#1. #include "stdafx.h"                             //或 #include "pch.h"
#2. #include "CChessManager.h"
#3. CChessManager::CChessManager(){
#4. }
#5. CChessManager::~CChessManager(){
#6. }
#7. bool CChessManager::Xy2Xy(int x0, int y0, int &x1, int &y1){
#8.     int x, y;                                    //棋盘上每个交叉点位置坐标
#9.     for(int i=0;i<15;i++)                        //遍历棋盘每一列
#10.        for(int j=0; j < 15; j++){               //遍历棋盘每一行
#11.            x=CChess::m_dx+i * CChess::m_d+CChess::m_d * 0.5;     //交叉点 x 坐标
#12.            y=CChess::m_dy+j * CChess::m_d+CChess::m_d * 0.5;     //交叉点 y 坐标
#13.            if(sqrt((x-x0) * (x-x0)+(y-y0) * (y-y0))<15){
                                                    //x,y 到交叉点距离小于 15
#14.                x1=i, y1=j;                      //设置逻辑坐标
#15.                return true;                     //成功则返回 true
#16.            }
#17.        }
#18.    return false;                                //没有找到 x,y 临近交叉点
#19. }
```

```
#20. int CChessManager::Add(int x, int y){          //落子,成功返回 0,失败返回非 0 值
#21.     int x1, y1;
#22.     if (!Xy2Xy(x, y, x1, y1))              //将物理坐标 x,y 转为棋盘上的逻辑坐标 x1,y1
#23.         return 1;                          //物理坐标 x,y 不在棋盘交叉点上,返回 1
#24.     for(int i=0;i<m_nChess;i++)            //遍历落子数组,根据逻辑坐标判断是否已有落子
#25.         if (x1 == m_aChess[i].GetX() && y1 == m_aChess[i].GetY())
#26.             return 2;                      //已有落子,返回 2
#27.     m_aChess[m_nChess].Set(m_nChess, x1, y1, m_Color);   //将落子添加到落子数组
#28.     m_nChess++;                            //落子数量加 1
#29.     m_Color=(m_Color == WHITE ? BLACK :WHITE);          //设置下次落子的颜色
#30.     return 0;                              //落子成功返回 0
#31. }
#32. void CChessManager::Show(CDC * pDC){       //显示所有落子
#33.     for(int i=0; i < m_nChess; i++)
#34.         m_aChess[i].Show(pDC);             //调用棋子对象成员函数显示棋子
#35. }
#36. bool CChessManager::GameOver(){            //判断游戏是否结束
#37.     if (CheckRows())                       //判断棋盘所有行
#38.         return true;
#39.     if (CheckCols())                       //判断棋盘所有列
#40.         return true;
#41.     if (CheckLSlash())                     //判断棋盘所有"\"方向左斜线
#42.         return true;
#43.     if (CheckRSlash())                     //判断棋盘所有"/"方向右斜线
#44.         return true;
#45.     return false;
#46. }
#47. CChess *  CChessManager::GetQz(int x, int y){ //根据逻辑坐标取得棋子,若失败则返回空
#48.     for(int i=0; i < m_nChess; i++)
#49.         if (m_aChess[i].GetX()== x&&m_aChess[i].GetY()== y)
#50.             return &m_aChess[i];
#51.     return nullptr;
#52. }
#53. bool CChessManager::CheckRows(){           //按行方向检查
#54.     CChess * pQz;                                      //取得棋子
#55.     COLOR color;                                       //上一个棋子颜色
#56.     int iCount;                                        //已连续同色棋子个数
#57.     for(int i=0; i < MAX_ROWS; i++)                    //扫描所有行
#58.     {
#59.         iCount=0;
#60.         for(int j=0; j < MAX_COLS ; j++)               //扫描所有列
#61.             if (pQz=GetQz(j, i)){                      //取得下一个棋子
#62.                 if (iCount == 0){                      //如果是第一个棋子
#63.                     color=pQz->GetColor();             //保存颜色
#64.                     iCount++;                          //记录已连续数量
#65.                 }
#66.                 else if (color == pQz->GetColor()){    //是同色连续棋子
#67.                         iCount++;                      //已连续数量加 1
#68.                     if (iCount == WIN_NUM)             //已达到获胜数
#69.                         return true;                   //游戏结束
#70.                 }
#71.                 else    {                              //新颜色棋子
```

```
#72.                    color=pQz->GetColor();           //保存颜色
#73.                    iCount=1;                        //记录数量
#74.                }
#75.            }
#76.            else                                     //该行、列无棋子
#77.                iCount=0;                            //连续棋子数量置 0
#78.    }
#79.    return false;                                    //未达获胜数
#80.}
#81.bool CChessManager::CheckCols(){                     //按列方向检查
#82.    CChess * pQz;                                    //取得棋子
#83.    COLOR color;                                     //上一个棋子颜色
#84.    int iCount;                                      //已连续同色棋子个数
#85.    for(int i=0; i < MAX_COLS; i++){                 //扫描所有列
#86.        iCount=0;                                    //已连续同色棋子 0
#87.        for(int j=0; j < MAX_ROWS; j++)              //扫描所有行
#88.            if (pQz=GetQz(i, j)){                    //取得下一棋子
#89.                if (iCount == 0){                    //如果是第一个棋子
#90.                    color=pQz->GetColor();           //保存颜色
#91.                    iCount++;                        //记录已连续数量
#92.                }
#93.                else if (color == pQz->GetColor()){  //是同色连续棋子
#94.                        iCount++;                    //已连续数量加 1
#95.                    if (iCount == WIN_NUM)           //已达到获胜数量
#96.                        return true;                 //游戏结束
#97.                }
#98.                else    {                            //新颜色棋子
#99.                    color=pQz->GetColor();           //保存颜色
#100.                   iCount=1;                        //记录数量
#101.               }
#102.           }
#103.           else                                     //该行、列无棋子
#104.               iCount=0;                            //连续数量置 0
#105.   }
#106.    return false;
#107.}
#108.bool CChessManager::CheckLSlash(){                   //检查左斜线 '\'方向
#109.    CChess * pQz;
#110.    COLOR color;                                     //上一个棋子颜色
#111.    int iCount;                                      //已连续同色棋子个数
#112.    for(int i=-14; i < MAX_COLS; i++){           //棋盘左侧虚拟 14 列,扫描所有列
#113.        iCount=0;                                    //已连续同色棋子 0
#114.        for(int j=0; j < MAX_ROWS; j++)              //扫描所有行
#115.            if (pQz=GetQz(i+j, j)){                  //取得下一棋子
#116.                if (iCount == 0){                    //如果是第一个棋子
#117.                    color=pQz->GetColor();           //保存颜色
#118.                    iCount++;                        //记录已连续数量
#119.                }
#120.                else if (color == pQz->GetColor()){  //是同色连续棋子
#121.                        iCount++;                    //已连续数量加 1
#122.                    if (iCount == WIN_NUM)           //已达到获胜数量
#123.                        return true;                 //游戏结束
```

```
#124.             }
#125.             else    {                              //新颜色棋子
#126.                 color=pQz->GetColor();             //保存颜色
#127.                 iCount=1;                          //记录数量
#128.             }
#129.         }
#130.         else                                       //该行、列无棋子
#131.             iCount=0;                              //连续数量置 0
#132.     }
#133.     return false;
#134.}
#135.bool CChessManager::CheckRSlash(){                   //检查右斜线 '/'方向
#136.     CChess *pQz;
#137.     COLOR color;                                   //上一个棋子颜色
#138.     int iCount;                                    //已连续同色棋子个数
#139.     for(int i=0; i < MAX_COLS+14; i++)    {     //棋盘右侧虚拟 14 列,扫描所有列
#140.         iCount=0;                                  //已连续同色棋子 0
#141.         for(int j=0; j < MAX_ROWS; j++)            //扫描所有行
#142.             if (pQz=GetQz(i - j, j)){              //取得下一棋子
#143.                 if (iCount == 0){                  //如果是第一个棋子
#144.                     color=pQz->GetColor();         //保存颜色
#145.                     iCount++;                      //记录已连续数量
#146.                 }
#147.                 else if (color == pQz->GetColor()){   //是同色连续棋子
#148.                         iCount++;                  //已连续数量加 1
#149.                     if (iCount == WIN_NUM)         //已达到获胜数量
#150.                         return true;               //游戏结束
#151.                 }
#152.                 else    {                          //新颜色棋子
#153.                     color=pQz->GetColor();         //保存颜色
#154.                     iCount=1;                      //记录数量
#155.                 }
#156.             }
#157.             else                                   //该行列、无棋子
#158.                 iCount=0;                          //连续数量置 0
#159.     }
#160.     return false;
#161.}
```

(5) 修改对话框类 CFiveInARowDlg,添加数据成员和成员函数:

① CFiveInARowDlg 类参考代码如下:

```
#1. #pragma once
#2. #include "CChessManager.h"
#3. //CFiveInARowDlg 对话框
#4. class CFiveInARowDlg :public CDialogEx{
#5. ...
#6.     CChessManager m_Manager;                         //实现五子棋各项操作
#7.     CFont m_FontTimer;                               //计时显示字体
#8.     CFont m_FontOver;                                //游戏结束显示字体
#9.     int  m_iTime;                                    //记录游戏开始时间,秒数
```

```
#10.     bool m_bState;                                     //游戏开始为 true
#11. public:
#12.     afx_msg void OnLButtonUp(UINT nFlags, CPoint point); //鼠标左键消息处理函数
#13.     bool NewGame(int x, int y);                         //判断是否开始新游戏
#14.     bool About(int x, int y);                           //判断是否显示游戏说明
#15.     afx_msg void OnTimer(UINT_PTR nIDEvent);    //处理计时器消息,显示游戏开始时间
#16. };
```

② CFiveInARowDlg 类部分成员函数参考代码如下(CChessManager.cpp):

```
#1. BOOL CFiveInARowDlg::OnInitDialog(){
#2. ...
#3.     //TODO:在此添加额外的初始化代码
#4.     SetWindowPos(NULL, 0, 0, 1024, 768, SWP_NOZORDER | SWP_NOMOVE);
                                                            //设置显示窗口大小
#5.     m_FontTimer.CreatePointFont(250, "Segoe UI Semibold", NULL);
                                                            //创建计时显示字体
#6.     m_FontOver.CreatePointFont(1666, "微软雅黑", NULL);    //创建游戏结束字体
#7.     m_bState=false;                                     //游戏状态未开始
#8.     return TRUE;                          //除非将焦点设置到控件,否则返回 TRUE
#9.  }
#10. void CFiveInARowDlg::OnPaint(){
#11. ...
#12.         CPaintDC dc(this);                              //创建 CPaintDC 对象
#13.         CBitmap    bmp;
#14.         BITMAP bm;
#15.         bmp.LoadBitmap(IDB_BITMAP_BK);                  //载入背景图片资源
#16.         bmp.GetObject(sizeof(BITMAP), &bm);             //取得图片信息
#17.         CDC MemDC;
#18.         MemDC.CreateCompatibleDC(&dc);                  //创建内存 DC
#19.         CBitmap    *pOldBitmap=MemDC.SelectObject(&bmp); //载入图片资源
#20.         dc.BitBlt(0, 0, bm.bmWidth, bm.bmHeight, &MemDC, 0, 0, SRCCOPY);
                                                            //显示背景
#21.         MemDC.SelectObject(pOldBitmap);                 //恢复位图
#22.         m_Manager.Show(&dc);                            //显示所有棋子
#23.         CDialogEx::OnPaint();
#24. }
#25. void CFiveInARowDlg::OnLButtonUp(UINT nFlags, CPoint point){
                                                      //按下后弹起鼠标左键
#26.     if (NewGame(point.x, point.y))                //判断是否开始新游戏
#27.         return;
#28.     if (About(point.x, point.y))                  //判断是否显示游戏说明
#29.         return;
#30.     if (!m_bState)    {                           //判断游戏是否开始
#31.         AfxMessageBox("请单击“开始”按钮开始新的游戏,按 Esc 键退出游戏!");
#32.         return;
#33.     }
#34.     int r=m_Manager.Add(point.x, point.y);        //添加落子
#35.     if (r == 0){                                  //落子成功
#36.         CClientDC dc(this);
#37.         m_Manager.Show(&dc);                      //显示所有落子
```

```
#38.        if (m_Manager.GameOver()){                         //判断游戏是否结束
#39.            KillTimer(1);                                  //关闭游戏计时
#40.            CString csTemp;
#41.            if (m_Manager.GetWinner()== WHITE)             //取得获胜方
#42.                csTemp.Format("白方胜!");
#43.            else
#44.                csTemp.Format("黑方胜!");
#45.            m_bState=false;
#46.            CClientDC dc(this);
#47.            CFont  *pOldFont=dc.SelectObject(&m_FontOver);//设置输出字体
#48.            int OldBkMode=dc.GetBkMode();                  //取得文字背景模式
#49.             COLORREF OldColor,NewColor1= RGB(60, 60, 60),NewColor2=RGB(250,
50, 50);
#50.            dc.SetBkMode(TRANSPARENT);                     //设置文字输出背景透明
#51.            OldColor=dc.SetTextColor(NewColor1);           //设置文字阴影颜色
#52.            dc.TextOut(158, 208, csTemp);                  //输出文字阴影
#53.            dc.SetTextColor(NewColor2);                    //设置文字颜色
#54.            dc.TextOut(150, 200, csTemp);                  //输出文字
#55.            dc.SetTextColor(OldColor);                     //恢复文字颜色
#56.            dc.SetBkMode(OldBkMode);                       //恢复文字背景模式
#57.            dc.SelectObject(pOldFont);                     //恢复文字字体
#58.        }
#59.    }
#60.    if (r == 1)                                            //返回 1,说明不在交叉点附近
#61.        AfxMessageBox("请在棋盘交叉点落子!");
#62.    else if (r == 2)                                       //返回 2,说明该处已有落子
#63.        AfxMessageBox("不可以重复落子!");
#64.    CDialogEx::OnLButtonUp(nFlags, point);
#65.}
#66.bool CFiveInARowDlg::NewGame(int x,int y){                   //判断开始新游戏
#67.    int x0=35, y0=150, x1=200, y1=185;                     //设置接受区域
#68.    if ((x >= x0&&x <= x1)&& (y >= y0&&y <= y1))         { //单击在接受区域内
#69.        m_Manager.NewGame();                               //开始新游戏
#70.        Invalidate();                                      //让系统发送 WM_PAINT 消息
#71.        m_iTime=0;                                         //重新从 0 开始计时
#72.        SetTimer(1, 1000, NULL);                           //创建计时器
#73.        m_bState=true;                                     //设置开始游戏状态
#74.        return true;
#75.    }
#76.    return false;
#77.}
#78.bool CFiveInARowDlg::About(int x, int y){                    //判断显示游戏说明
#79.    int x0=35, y0=70, x1=200, y1=95;                       //设置接受区域
#80.    if ((x >= x0&&x <= x1)&& (y >= y0&&y <= y1))         { //在接受区域内单击
#81.        CAboutDlg dlg;                                     //创建游戏说明对话框
#82.        dlg.DoModal();                                     //显示游戏说明对话框
#83.        return true;
#84.    }
#85.    return false;
#86.}
#87.void CFiveInARowDlg::OnTimer(UINT_PTR nIDEvent){            //游戏计时器消息
#88.    switch (nIDEvent){
```

```
#89.     case 1:{
#90.         CClientDC dc(this);
#91.         CFont   * pOldFont;
#92.         pOldFont=dc.SelectObject(&m_FontTimer);     //选择计时字体
#93.         m_iTime++;                                  //计时
#94.         CString csTemp;
#95.         csTemp.Format("%04d ", m_iTime);
#96.         COLORREF OldColor, NewColor=RGB(150, 50, 50);  //计时输出颜色
#97.         OldColor=dc.SetTextColor(NewColor);         //设置计时输出颜色
#98.         dc.TextOut(725,20, csTemp);                 //输出计时信息
#99.         dc.SetTextColor(OldColor);                  //恢复文字颜色
#100.        dc.SelectObject(pOldFont);                  //恢复文字输出字体
#101.        break;
#102.        }
#103.    }
#104.    CDialogEx::OnTimer(nIDEvent);
#105.}
```

4. 思考

(1) 修改案例程序，如何实现悔棋功能？

(2) 修改案例程序，如何实现游戏中存盘、恢复功能？

(3) 修改案例程序，如何实现对玩家分别计时功能？

(4) 如果添加背景音乐功能？

(5) 如何添加智能算法实现人机对弈功能？

15.5.2　综合案例 2：绘图软件制作

1. 实验目的

(1) 熟练应用 CDC 绘图功能。

(2) 熟练应用 GDI 对象。

(3) 熟练应用鼠标消息。

(4) 掌握 MFC 文件对话框的用法。

(5) 熟练运用 MFC 框架程序开发软件。

2. 实验内容

(1) 创建 MFC 对话框框架程序 Draw。

(2) 根据实验需求创建 UI 资源。

(3) 创建自定义数据结构存储图形，图形的尺寸单位为毫米。

(4) 创建自定义类完成图形处理功能。

(5) 修改 MFC 框架程序，实现一个简单的绘图软件，该软件运行效果如图 15-13 所示。

(6) 用 AutoCAD 或 CorelDraw 等专业绘图软件制作图形，用 Draw 打开这些软件创建的图形文件，实现对这些图形的编辑、修改如图 15-14 和图 15-15 所示。

3. 实验步骤

(1) 使用 Visual C++ 新建项目 Draw，将项目“字符集”设置为“未设置”。

(2) 修改项目的 UI 资源如图 15-16 所示。

(3) 为每个按钮控件设置 ID，从上到下依次如下：IDC_NEW，IDC_OPEN，IDC_SAVE，

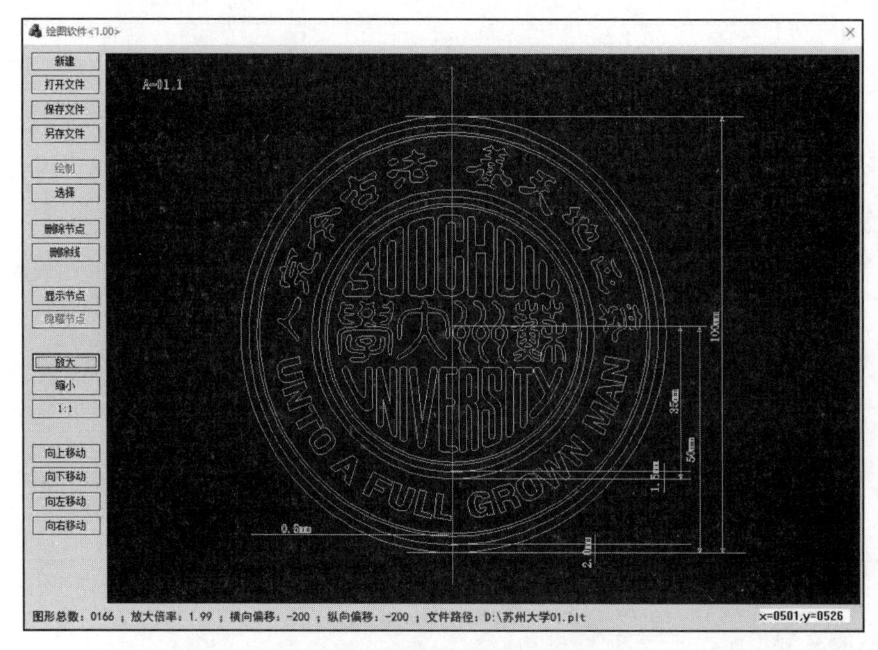

图 15-13 简单绘图软件运行效果

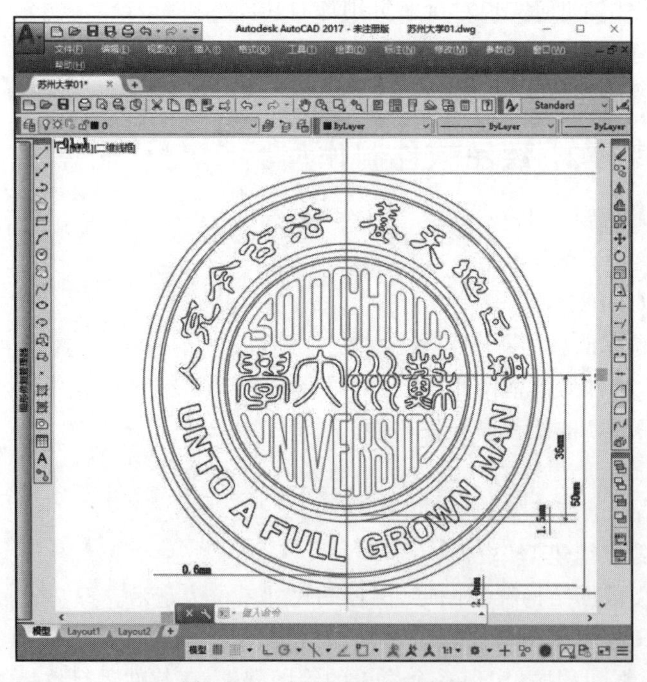

图 15-14 用 AutoCAD 绘制

IDC_SAVE_AS,IDC_DRAW,IDC_SEL,IDC_DEL_POINT, DC_DEL_LINE,IDC_VIEW_POINT,IDC_HIDE_POINT,IDC_ZOOMIN,IDC_ZOOMOUT,IDC_ZOOMDEF,IDC_MUP,IDC_MDOWN,IDC_ML, IDC_MR。

(4) 添加 CLine 类,用该类封装一个曲线(本软件用连续线段模拟曲线)的数据和操作。

① 在 CLine 类头文件中添加结构体 SShowState,用来存储当前显示状态信息,struct

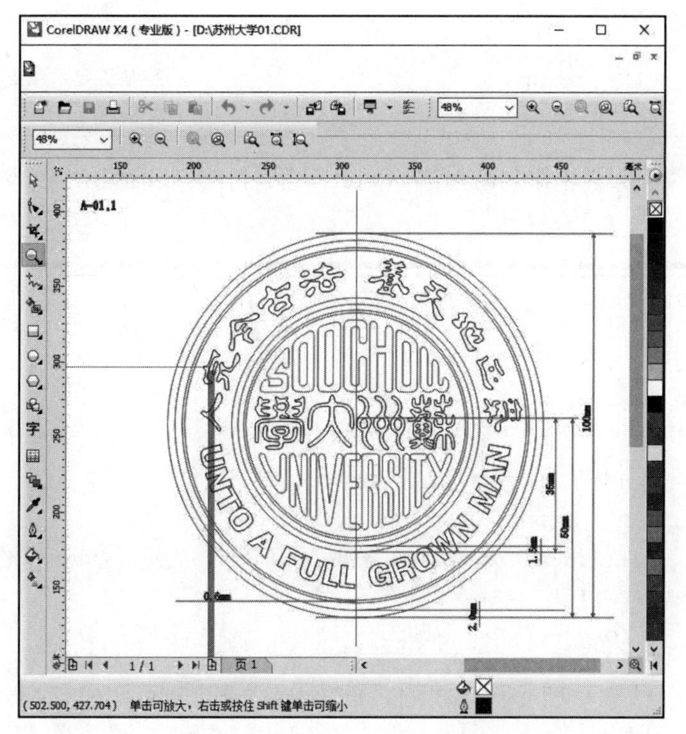

图 15-15　用 CorelDraw 绘制

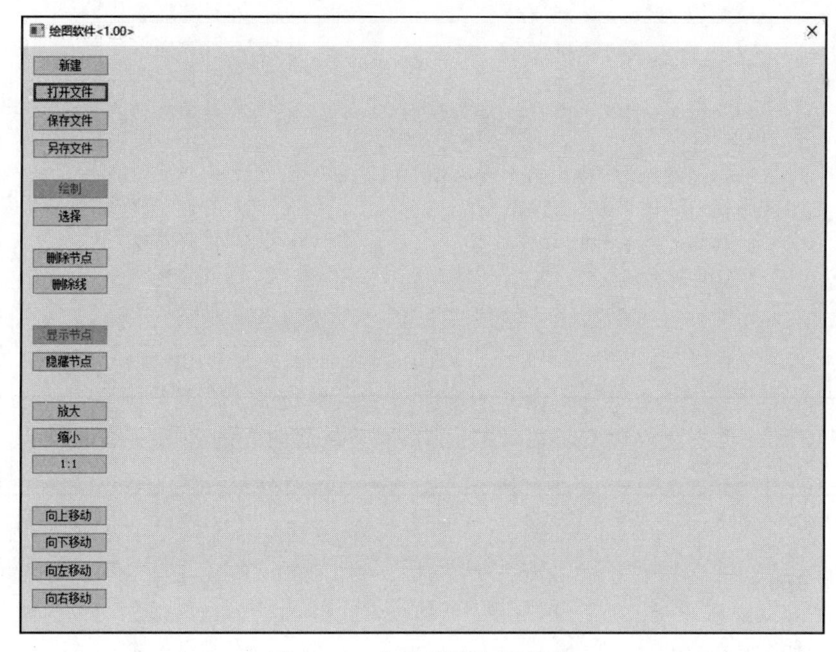

图 15-16　修改项目的 UI 资源

SShowState 定义如下：

```
#1. struct SShowState{                                    //显示状态
#2.     double m_r;                                       //放大倍率
```

```
#3.     int m_dx;                                   //水平移动
#4.     int m_dy;                                   //垂直移动
#5.     bool m_bViewPoint;                          //是否显示结点
#6. };
```

② 在CLine类头文件中添加结构体SPoint，该结构体封装曲线结点的数据和操作，struct SPoint定义如下：

```
#1. struct SPoint{
#2.     int m_sn;                                   //序号
#3.     double m_x;                                 //x 坐标
#4.     double m_y;                                 //y 坐标
#5.     SPoint(){                                   //构造函数创建空的结点
#6.         m_sn=0;
#7.         m_x=0;
#8.         m_y=0; }
#9.         SPoint(int sn, double x, double y){     //构造函数创建结点并赋值
#10.        m_sn=sn;
#11.        m_x=x;
#12.        m_y=y; }
#13.        static void XY2xy(SPoint &point, SPoint p0, SShowState state){
                                                    //坐标转换
#14.        point.m_x /= state.m_r;                 //计算缩放
#15.        point.m_y /= state.m_r;                 //计算缩放
#16.        p0.m_y /= state.m_r;                    //计算缩放
#17.        p0.m_x /= state.m_r;                    //计算缩放
#18.        point.m_x -= p0.m_x;                    //计算移动
#19.        point.m_y=p0.m_y - point.m_y;           //计算移动
#20.    }
#21.    static void xy2XY(SPoint &point, SPoint p0, SShowState state){//坐标转换
#22.        point.m_x *= state.m_r;                 //计算缩放
#23.        point.m_y *= state.m_r;                 //计算缩放
#24.        point.m_x=point.m_x+p0.m_x;             //计算移动
#25.        point.m_y=p0.m_y - point.m_y;           //计算移动
#26.    }
#27. };
```

③ 完善CLine类头文件中CLine类的声明，该类封装曲线的各项操作，参考代码如下：

```
#1. #define MAX_POINT    8192                       //每条线结点最大数量
#2. class CLine{
#3.     int m_sn;                                   //线序号,从 1 开始
#4.     SPoint *m_pPoint;                           //结点数组
#5.     int m_nPoint;                               //结点数量
#6.     SPoint *m_pCurPoint;                        //当前结点
#7. public:
#8.     CLine(int sn, SPoint &p0);                  //构造函数
#9.     ~CLine();                                   //析构函数
#10.    int GetNum(){ return m_nPoint; }            //取得结点数量
#11.    SPoint GetPoint(int i){return m_pPoint[i];} //取得指定点
```

```
#12.     int AddPoint(SPoint &p0);                         //添加一个点,返回点序号
#13.     bool DelPoint();                                  //删除一个点,成功则返回 true
#14.     bool SetCurrent(SPoint p0, int d=3);              //根据 p0 选择当前线、点,d 为范围
#15.     void ShowLine(CDC * pDC, SPoint p0, SShowState state);                //显示线
#16.     void ShowPoint(CDC * pDC, SPoint p0, SShowState state,int d=2);   //显示点
#17.     void ShowCurPoint(CDC * pDC,SPoint p0,SShowState state,int d=3);
                                                           //显示当前点
#18. };
```

④ 完善 CLine 类的定义(CLine.cpp 文件),参考代码如下:

```
#1. #include "stdafx.h"                                   //或 #include "pch.h"
#2. #include "CLine.h"
#3. CLine::CLine(int sn, SPoint &p0){
#4.     m_pPoint=new SPoint[MAX_POINT];
#5.     m_pPoint[0]=p0;
#6.     m_pPoint[0].m_sn=1;
#7.     m_sn=sn;
#8.     m_nPoint=1;
#9.     m_pCurPoint=NULL;
#10. }
#11. CLine::~CLine(){
#12.     delete[]m_pPoint;
#13. }
#14. int CLine::AddPoint(SPoint &p0){
#15.     m_pPoint[m_nPoint]=p0;
#16.     m_pPoint[m_nPoint].m_sn=m_nPoint - 1;
#17.     m_pCurPoint=&m_pPoint[m_nPoint];
#18.     m_nPoint++;
#19.     return m_nPoint;
#20. }
#21. bool CLine::DelPoint(){
#22.     if (!m_pCurPoint)
#23.         return false;
#24.     for(int i=0; i < m_nPoint; i++)
#25.         if (m_pCurPoint == &m_pPoint[i])    {
#26.             m_pCurPoint=NULL;
#27.             for(int j=i; j < m_nPoint; j++)
#28.                 m_pPoint[j]=m_pPoint[j+1];
#29.             m_nPoint--;
#30.             return true;
#31.         }
#32.     return false;
#33. }
#34. bool CLine::SetCurrent(SPoint p0, int d){
#35.     for(int i=0; i < m_nPoint; i++){
#36.         if (m_pPoint[i].m_x >= p0.m_x - d&&m_pPoint[i].m_y > p0.m_y - d
#37.             && m_pPoint[i].m_x <= p0.m_x+d&&m_pPoint[i].m_y <= p0.m_y+d){
#38.             m_pCurPoint=&m_pPoint[i];
#39.             return true;
#40.         }
```

```
#41.     }
#42.     return false;
#43. }
#44. void CLine::ShowLine(CDC * pDC, SPoint p0, SShowState state){
#45.     if (m_nPoint >= 2)     {
#46.         SPoint tPoint=m_pPoint[0];
#47.         SPoint::xy2XY(tPoint, p0, state);
#48.         pDC->MoveTo(tPoint.m_x+state.m_dx, tPoint.m_y - state.m_dy);
#49.         for(int i=1; i < m_nPoint; i++){
#50.             tPoint=m_pPoint[i];
#51.             SPoint::xy2XY(tPoint, p0, state);
#52.             pDC->LineTo(tPoint.m_x+state.m_dx, tPoint.m_y - state.m_dy);
#53.         }
#54.     }
#55. }
#56. void CLine::ShowPoint(CDC * pDC, SPoint p0, SShowState state, int d){
#57.     SPoint tPoint;
#58.     for(int i=0; i < m_nPoint; i++){
#59.         tPoint=m_pPoint[i];
#60.         SPoint::xy2XY(tPoint, p0, state);
#61.         pDC->Rectangle(tPoint.m_x+state.m_dx - d, tPoint.m_y - state.m_dy - d,
tPoint.m_x+state.m_dx+d, tPoint.m_y - state.m_dy+d);
#62.     }
#63. }
#64. void CLine::ShowCurPoint(CDC * pDC,SPoint p0,SShowState state,int d){//显示点
#65.     if (m_pCurPoint){
#66.         SPoint tPoint;
#67.         tPoint= * m_pCurPoint;
#68.         SPoint::xy2XY(tPoint, p0, state);
#69.         pDC->Rectangle(tPoint.m_x+state.m_dx - d, tPoint.m_y - state.m_dy - d,
tPoint.m_x+state.m_dx+d, tPoint.m_y - state.m_dy+d);
#70.     }
#71. }
```

(5) 添加CData类，封装整个图形(可包含若干条曲线)的操作，参考代码如下：

① 完善CData类的声明(CData.h文件)，参考代码如下：

```
#1.  #pragma once
#2.  #include "CLine.h"
#3.  #define MAX_LINE 1024                          //一个图形最多有1024个曲线
#4.  class CData{
#5.      CLine * m_pLine[MAX_LINE];
#6.      int  m_nLine;
#7.      CLine  * m_pCurLine;                       //当前线
#8.  public:
#9.      CData();
#10.     ~CData();
#11.     int GetNum(){ return m_nLine; }
#12.     int AddLine(SPoint p0);                    //添加一条新线返回该线序号
#13.     int AddPoint( SPoint p0, int sn=0);  //为指定线添加一个点,sn=0表示默认当前线
#14.     bool SetCurrent(SPoint p0,int d=3);        //选择当前线、点
```

```
#15.     void EndLine() { m_pCurLine=nullptr; }
#16.     bool DelLine();
#17.     bool DelPoint();
#18.     void ShowLine(CDC * pDC,SPoint p0, SShowState state);
#19.     void ShowCurLine(CDC * pDC, SPoint p0, SShowState state);
#20.     void ShowPoint(CDC * pDC, SPoint p0, SShowState state,int d=2);
#21.     void ShowCurPoint(CDC * pDC, SPoint p0, SShowState state, int d=3);
#22.     bool ReadPlt(const char * szFname);              //从 PLT 文件读入图形
#23.     bool WritePlt(const char * szFname);             //将图形数据写入 PLT 文件
#24.     void Clear();                                    //清空数据
#25. };
```

② 完善 CData 类的定义(CData.cpp 文件),参考代码如下:

```
#1. include "stdafx.h"                                   //或 #include "pch.h"
#2. #include "CData.h"
#3. CData::CData(){
#4.     m_nLine=0;
#5. }
#6. CData::~CData(){
#7.     Clear();
#8. }
#9. int CData::AddLine(SPoint p0){                        //添加一条新线返回该线序号
#10.    m_pLine[m_nLine]=new CLine(m_nLine,p0);
#11.    m_pCurLine=m_pLine[m_nLine];                      //新线为当前线
#12.    m_nLine++;
#13.    return m_nLine-1;
#14. }
#15. int CData::AddPoint(SPoint p0, int sn){              //为指定线添加一个点,返回点序号
#16.    if (sn)
#17.        return m_pLine[sn - 1]->AddPoint(p0);
#18.    else if (m_pCurLine){
#19.        return m_pCurLine->AddPoint(p0);
#20.    }
#21.    else    {
#22.        AddLine(p0);
#23.        return p0.m_sn;
#24.    }
#25. }
#26. bool CData::SetCurrent(SPoint p0, int d){            //选择当前线,点
#27.    for(int i=0; i < m_nLine; i++){
#28.        if (m_pLine[i]->SetCurrent(p0,d)){
#29.            m_pCurLine=m_pLine[i];
#30.            return true;
#31.        }
#32.    }
#33.    return false;
#34. }
#35. void CData::ShowLine(CDC * pDC, SPoint p0, SShowState state){
#36.    for(int i=0; i < m_nLine; i++)
#37.        m_pLine[i]->ShowLine(pDC, p0, state);
```

```
#38. }
#39. void CData::ShowCurLine(CDC * pDC, SPoint p0, SShowState state) {
#40.     if(m_pCurLine)
#41.         m_pCurLine->ShowLine(pDC, p0, state);
#42. }
#43. bool  CData::DelLine() {
#44.     if (!m_pCurLine)
#45.         return false;
#46.     for(int i=0; i < m_nLine; i++)
#47.         if (m_pCurLine == m_pLine[i]) {
#48.             delete m_pCurLine;
#49.             m_pCurLine=NULL;
#50.             for(int j=i; j < m_nLine; j++) {
#51.                 m_pLine[j]=m_pLine[j+1];
#52.             }
#53.             m_pLine[m_nLine - 1]=NULL;
#54.             m_nLine--;
#55.             return true;
#56.         }
#57.     return false;
#58. }
#59. void CData::ShowPoint(CDC * pDC, SPoint p0, SShowState state, int d) {
#60.     for(int i=0; i < m_nLine; i++)
#61.         m_pLine[i]->ShowPoint(pDC, p0, state, d);
#62. }
#63. void CData::ShowCurPoint(CDC * pDC, SPoint p0, SShowState state, int d) {
#64.     if (m_pCurLine)
#65.         m_pCurLine->ShowCurPoint(pDC, p0, state, d);
#66. }
#67. bool CData::DelPoint() {
#68.     if (!m_pCurLine)
#69.         return false;
#70.     return m_pCurLine->DelPoint();
#71. }
#72. bool CData::ReadPlt(const char * szFname) {
#73.     FILE *plt;
#74.     if (fopen_s(&plt, szFname, "rt"))
#75.         return false;
#76.     Clear();
#77.     char cBuf[256];                                      //保存文件的一行
#78.     int x, y;                                            //读入 PLT 点坐标
#79.     while(!feof(plt))    {
#80.         fgets(cBuf, sizeof(cBuf), plt);
#81.         if (strstr(cBuf, "PU")) {                        //开始新线
#82.             EndLine();
#83.             sscanf_s(cBuf, "PU%d%d", &x, &y);
#84.         }
#85.         else if (strstr(cBuf, "PD")) {
#86.             sscanf_s(cBuf, "PD%d%d", &x, &y);
#87.         }
#88.         else
#89.             continue;
```

```
#90.        AddPoint(SPoint(0,x / 40.0, y / 40.0));    //转换为毫米
#91.    }
#92.    EndLine();
#93.    fclose(plt);
#94.    return true;
#95.}
#96.bool CData::WritePlt(const char * szFname){
#97.    FILE * fp;
#98.    if (fopen_s(&fp, szFname, "wt"))
#99.        return false;
#100.    fprintf(fp, "IN;\n");
#101.    for(int i=0; i < m_nLine; i++){
#102.        fprintf(fp, "SP1;\n");
#103.        fprintf(fp, "PU%d %d;\n", (int)(m_pLine[i]->GetPoint(0).m_x * 40),
(int)(m_pLine[i]->GetPoint(0).m_y * 40));
#104.        for(int j=1; j < m_pLine[i]->GetNum(); j++)    {
#105.            fprintf(fp, "PD%d %d;\n", (int)(m_pLine[i]->GetPoint(j).m_x *
40), (int)(m_pLine[i]->GetPoint(j).m_y * 40));
#106.        }
#107.    }
#108.    fprintf(fp, "SP0;\n");
#109.    fclose(fp);
#110.    return true;
#111.}
#112.void CData::Clear(){                              //清空数据
#113.    for(int i=0; i < m_nLine; i++)
#114.        delete m_pLine[i];
#115.    m_nLine=0;
#116.    m_pCurLine=nullptr;
#117.}
```

（6）完善CDrawDlg对话框类，实现消息处理及显示功能。

① 在CDrawDlg类声明（在DrawDlg.h文件）中添加必要的数据成员和成员函数，参考代码如下：

```
#1. #pragma once
#2. #include "CData.h"
#3. //CDrawDlg对话框
#4. class CDrawDlg :public CDialogEx{
#5. ...
#6.     int m_w;                                  //对话框窗口宽度
#7.     int m_h;                                  //对话框窗口高度
#8.     int m_x1;                                 //绘图区域左上角物理坐标 x
#9.     int m_y1;                                 //绘图区域左上角物理坐标 y
#10.    int m_x2;                                 //绘图区域右下角物理坐标 x
#11.    int m_y2;                                 //绘图区域右下角物理坐标 y
#12.    SShowState m_StateShow;                   //当前显示状态
#13.    bool m_bDraw;                             //true绘图,false选择
#14.    CData m_Data;                             //数据处理对象
#15.    CString m_csFilePath;                     //当前文件路径
#16.    CFont m_Font;                             //当前字体
```

```
#17.     COLORREF m_ColorLine;                                    //画线颜色
#18.     COLORREF m_ColorPoint;                                   //画点颜色
#19.     COLORREF m_ColorLineCur;                                 //当前线颜色
#20.     COLORREF m_ColorPointCur;                                //当前点颜色
#21. public:
#22.     afx_msg void OnLButtonUp(UINT nFlags, CPoint point);     //鼠标左键弹起消息
#23.     afx_msg void OnRButtonDown(UINT nFlags, CPoint point);   //鼠标右键按下消息
#24.     afx_msg void OnMouseMove(UINT nFlags, CPoint point);     //鼠标移动消息
#25.     afx_msg void OnBnClickedNew();                           //新建图形
#26.     afx_msg void OnBnClickedOpen();                          //打开文件
#27.     afx_msg void OnBnClickedSave();                          //保存文件
#28.     afx_msg void OnBnClickedSaveAs();                        //文件另存为
#29.     afx_msg void OnBnClickedZoomin();                        //显示放大
#30.     afx_msg void OnBnClickedZoomout();                       //显示缩小
#31.     afx_msg void OnBnClickedZoomdef();                       //显示 1:1
#32.     afx_msg void OnBnClickedMup();                           //显示上移
#33.     afx_msg void OnBnClickedMdown();                         //显示下移
#34.     afx_msg void OnBnClickedMl();                            //显示左移
#35.     afx_msg void OnBnClickedMr();                            //显示右移
#36.     afx_msg void OnBnClickedViewPoint();                     //显示结点
#37.     afx_msg void OnBnClickedHidePoint();                     //隐藏结点
#38.     afx_msg void OnBnClickedDraw();                          //绘图状态
#39.     afx_msg void OnBnClickedSel();                           //选择状态
#40.     afx_msg void OnBnClickedDelPoint();                      //删除结点
#41.     afx_msg void OnBnClickedDelLine();                       //删除线
#42.     void ShowStatus(CDC * pDC);                              //显示状态信息
#43.     void Draw(CDC * pDC);                                    //绘制图形
#44. };
```

② 完善CDrawDlg类的定义(在DrawDlg.cpp文件中),参考代码如下:

```
#1. //CDrawDlg 对话框
#2. CDrawDlg::CDrawDlg(CWnd* pParent /*=nullptr*/):CDialogEx(IDD_DRAW_DIALOG, pParent){
#3.     m_w=1024;
#4.     m_h=720;
#5.     m_x1=100;
#6.     m_y1=10;
#7.     m_x2=m_w-20;
#8.     m_y2=m_h-70;
#9.     m_StateShow.m_r=1.0;                                     //放大倍率
#10.    m_StateShow.m_dx=0;                                      //水平移动
#11.    m_StateShow.m_dy=0;                                      //垂直移动
#12.    m_StateShow.m_bViewPoint=true;                           //显示结点
#13.    m_ColorLine=RGB(127, 255, 127);                          //亮绿色
#14.    m_ColorPoint=RGB(255, 0, 255);                           //黄色
#15.    m_ColorLineCur=RGB(255, 127, 255);                       //亮黄色
#16.    m_ColorPointCur=RGB(255, 255, 255);                      //黄色
#17.    m_bDraw=true;
#18.    m_hIcon=AfxGetApp()->LoadIcon(IDR_MAINFRAME);
#19. }
```

```
#20. BOOL CDrawDlg::OnInitDialog(){
#21. ...
#22.     SetWindowPos(NULL, 0, 0, m_w, m_h, SWP_NOZORDER | SWP_NOMOVE);
#23.     m_Font.CreatePointFont(105, "黑体", NULL);
#24.     GetDlgItem(IDC_SAVE)->EnableWindow(false);
#25.     return TRUE;                          //除非将焦点设置到控件,否则返回 TRUE
#26. }
#27. void CDrawDlg::OnPaint(){
#28. ...
#29.         CPaintDC dc(this);                //用于绘制的设备上下文
#30.         Draw(&dc);
#31.         ShowStatus(&dc);
#32.         CDialogEx::OnPaint();
#33.     }
#34. }
#35. void CDrawDlg::Draw(CDC * pDC){
#36.     CBrush * pOldBrush, BrushBk(RGB(0, 0, 0));
#37.     pOldBrush=pDC->SelectObject(&BrushBk);
#38.     pDC->Rectangle(m_x1, m_y1, m_x2, m_y2);
#39.     pDC->SelectObject(pOldBrush);
#40.     CPen * pOldPen;
#41.     CPen NewPen(PS_SOLID, 1, m_ColorLine);
#42.     pOldPen=pDC->SelectObject(&NewPen);
#43.     m_Data.ShowLine(pDC, SPoint(0, m_x1, m_y2),m_StateShow);
#44.     CPen NewPenCur(PS_SOLID, 1, m_ColorLineCur);
#45.     pDC->SelectObject(&NewPenCur);
#46.     m_Data.ShowCurLine(pDC, SPoint(0, m_x1, m_y2), m_StateShow);
#47.     if (m_StateShow.m_bViewPoint){
#48.         CPen NewPen(PS_SOLID, 1, m_ColorPoint);
#49.         pDC->SelectObject(&NewPen);
#50.         m_Data.ShowPoint(pDC, SPoint(0, m_x1, m_y2), m_StateShow);
#51.         CPen NewPenCur(PS_SOLID, 1, m_ColorPointCur);
#52.         pDC->SelectObject(&NewPenCur);
#53.         m_Data.ShowCurPoint(pDC, SPoint(0, m_x1, m_y2), m_StateShow);
#54.     }
#55.     pDC->SelectObject(pOldPen);
#56. }
#57. void CDrawDlg::OnLButtonUp(UINT nFlags, CPoint point){
#58.     if (point.x <= m_x1 || point.x >= m_x2 || point.y <= m_y1 || point.y >= m_y2)
#59.         return;
#60.     point.x -= m_StateShow.m_dx;
#61.     point.y += m_StateShow.m_dy;
#62.     SPoint tPoint={ 0,(double)point.x, (double)point.y };
#63.     SPoint::XY2xy(tPoint, SPoint(0, m_x1,m_y2),m_StateShow);
#64.     if (m_bDraw)
#65.         m_Data.AddPoint(tPoint);
#66.     else
#67.         m_Data.SetCurrent(tPoint);
#68.     CClientDC  dc(this);
#69.     Draw(&dc);
#70.     ShowStatus(&dc);
#71.     CDialogEx::OnLButtonUp(nFlags, point);
```

```
#72. }
#73. void CDrawDlg::OnRButtonDown(UINT nFlags, CPoint point){
#74.     //TODO:在此添加消息处理程序代码和/或调用默认值
#75.     m_Data.EndLine();
#76.     CDialogEx::OnRButtonDown(nFlags, point);
#77. }
#78. void CDrawDlg::OnBnClickedOpen(){
#79.     char szFilter[]="HPGL Plotter files (*.PLT)|*.plt|Text files(*.txt)|*.
txt||";
#80.     CFileDialog dlg(TRUE, NULL, NULL, OFN_HIDEREADONLY | OFN_OVERWRITEPROMPT,
szFilter);
#81.     if (dlg.DoModal()== IDOK){
#82.         m_csFilePath=dlg.GetPathName();
#83.         m_Data.ReadPlt(dlg.GetPathName());
#84.         GetDlgItem(IDC_SAVE)->EnableWindow(true);
#85.
#86.         Invalidate();
#87.     }
#88. }
#89. void CDrawDlg::OnBnClickedSave(){
#90.     m_Data.WritePlt(m_csFilePath);
#91.     AfxMessageBox("文件保存成功!");
#92. }
#93. void CDrawDlg::OnBnClickedSaveAs(){
#94.     char szFilter[]="HPGL Plotter files(*.plt)|*.plt|Text files(*.txt)|*.
txt|| ";
#95.     CFileDialog dlg(FALSE,"plt",NULL,OFN_HIDEREADONLY | OFN_
OVERWRITEPROMPT,szFilter);
#96.     if (dlg.DoModal()== IDOK){
#97.         m_csFilePath=dlg.GetPathName();
#98.         m_Data.WritePlt(dlg.GetPathName());
#99.         AfxMessageBox("文件保存成功!");
#100.        CClientDC dc(this);
#101.        ShowStatus(&dc);
#102.     }
#103. }
#104. void CDrawDlg::OnMouseMove(UINT nFlags, CPoint point){    //输出光标坐标
#105.     CString csString;
#106.     SPoint tPoint(0,point.x, point.y);
#107.     SPoint::XY2xy(tPoint, SPoint(0, 105, m_h - 70), m_StateShow);
#108.     csString.Format("x=%04d,y=%04d",(int)tPoint.m_x-m_StateShow.m_dx,(int)
tPoint.m_y- m_StateShow.m_dy);
#109.     CClientDC  dc(this);
#110.     dc.TextOut(m_w-140, m_h-65, csString);
#111.     CDialogEx::OnMouseMove(nFlags, point);
#112. }
#113. void CDrawDlg::OnBnClickedNew(){
#114.     m_csFilePath="";
#115.     GetDlgItem(IDC_SAVE)->EnableWindow(false);
#116.     m_Data.Clear();
#117.     Invalidate();
#118.     CClientDC dc(this);
```

```
#119.     ShowStatus(&dc);
#120. }
#121. void CDrawDlg::ShowStatus(CDC * pDC){
#122.     CString csString;
#123.     csString.Format("图形总数:%04d;放大倍率:%0.2f;横向偏移:%04d;纵向偏移:%04d;文件路径:%s", m_Data.GetNum(), m_StateShow.m_r, m_StateShow.m_dx, m_StateShow.m_dy, m_csFilePath);
#124.     CFont  *pOldFont=pDC->SelectObject(&m_Font);
#125.     pDC->TextOut(10, m_h - 62, csString);
#126.     pDC->SelectObject(pOldFont);
#127. }
#128. void CDrawDlg::OnBnClickedZoomin(){
#129.     m_StateShow.m_r *= 1.2;
#130.     Invalidate();
#131. }
#132. void CDrawDlg::OnBnClickedZoomout(){
#133.     m_StateShow.m_r *= 0.8;
#134.     Invalidate();
#135. }
#136. void CDrawDlg::OnBnClickedZoomdef(){
#137.     m_StateShow.m_r=1.0;
#138.     Invalidate();
#139. }
#140. void CDrawDlg::OnBnClickedMup(){
#141.     m_StateShow.m_dy += 100;
#142.     Invalidate();
#143. }
#144. void CDrawDlg::OnBnClickedMdown(){
#145.     m_StateShow.m_dy -= 100;
#146.     Invalidate();
#147. }
#148. void CDrawDlg::OnBnClickedMl(){
#149.     m_StateShow.m_dx -= 100;
#150.     Invalidate();
#151. }
#152. void CDrawDlg::OnBnClickedMr(){
#153.     m_StateShow.m_dx += 100;
#154.     Invalidate();
#155. }
#156. void CDrawDlg::OnBnClickedViewPoint(){
#157.     GetDlgItem(IDC_VIEW_POINT)->EnableWindow(false);
#158.     GetDlgItem(IDC_HIDE_POINT)->EnableWindow(true);
#159.     m_StateShow.m_bViewPoint=true;
#160.     Invalidate();
#161. }
#162. void CDrawDlg::OnBnClickedHidePoint(){
#163.     GetDlgItem(IDC_HIDE_POINT)->EnableWindow(false);
#164.     GetDlgItem(IDC_VIEW_POINT)->EnableWindow(true);
#165.     m_StateShow.m_bViewPoint=false;
#166.     Invalidate();
#167. }
#168. void CDrawDlg::OnBnClickedDraw(){
```

```
#169.     GetDlgItem(IDC_DRAW)->EnableWindow(false);
#170.     GetDlgItem(IDC_SEL)->EnableWindow(true);
#171.     m_bDraw=true;
#172. }
#173. void CDrawDlg::OnBnClickedSel(){
#174.     GetDlgItem(IDC_SEL)->EnableWindow(false);
#175.     GetDlgItem(IDC_DRAW)->EnableWindow(true);
#176.     m_bDraw=false;
#177. }
#178. void CDrawDlg::OnBnClickedDelPoint(){
#179.     m_Data.DelPoint();
#180.     Invalidate();
#181. }
#182. void CDrawDlg::OnBnClickedDelLine(){
#183.     m_Data.DelLine();
#184.     Invalidate();
#185. }
```

4. 思考

(1) 修改案例程序，如何实现在用户退出程序时提示保存修改后的图形？

(2) 修改案例程序，如何实现移动点的功能？

(3) 修改案例程序，如何实现移动线的功能？

(4) 修改案例程序，如何实现移动插入结点的功能？

(5) 修改案例程序，如何实现用鼠标滚轮缩放显示的功能？

(6) 修改案例程序，如何实现用鼠标拖动图形显示的功能？

(7) 修改案例程序，如何防止图形显示超过绘图区域的边界？

(8) 修改案例程序，如何实现用鼠标单击曲线也可以选择指定线的功能？

第16章

编程技术基础

16.1 知识要点

16.1.1 计算机系统

1. 计算机系统的结构

1）计算机的发展历程、计算机的体系结构

第一台电子数字计算机ENIAC(Electronic Numerical Integrator And Calculator)于1946年诞生在美国宾夕法尼亚大学。ENIAC每秒可以进行5000次加法运算，使用了18 800个电子管、1500个继电器，占地170m^2，重达30t，用电功率140kW，耗资45万美元。

计算机的发展一般分为4个阶段：第一阶段(1946年—20世纪50年代后期)为电子管计算机时代；第二阶段(20世纪50年代后期—20世纪60年代中期)为晶体管计算机时代；第三阶段(20世纪60年代中期—20世纪70年代初期)为集成电路计算机时代；第四阶段(20世纪70年代初至今)为大规模集成电路计算机时代。

目前的计算机都采用了冯·诺依曼提出的“存储程序控制”原理来进行工作，因此被称为“冯·诺依曼计算机”。

冯·诺依曼计算机原理的核心是“存储程序控制”理论，其基本内容有如下3点：

(1) 计算机硬件由运算器、控制器、存储器、输入设备和输出设备5个基本部分组成，它们各自有不同的基本功能，相互配合来完成相应的工作；

(2) 计算机内部采用二进制来表示指令和数据；

(3) 采用存储程序与程序控制的方式工作。

2）计算机系统的组成

一个完整的计算机系统应包括硬件系统和软件系统两大部分。

计算机硬件是计算机系统中所有物理设备的总称，如：CPU、主存储器、辅助存储器、键盘、鼠标、显示器、打印机等。硬件是计算机进行工作的物质基础。

计算机软件是在计算机中运行的各种程序、数据及相关文档的总称。软件能够指挥和控制计算机硬件按照预定的步骤运行和工作，完成各种不同的任务。

计算机系统的基本组成可以用图16-1表示。

2. 计算机硬件系统

计算机硬件系统主要包含中央处理器、内存储器、输入输出设备，它们之间通过被称作总线的一组电子线路连接起来。

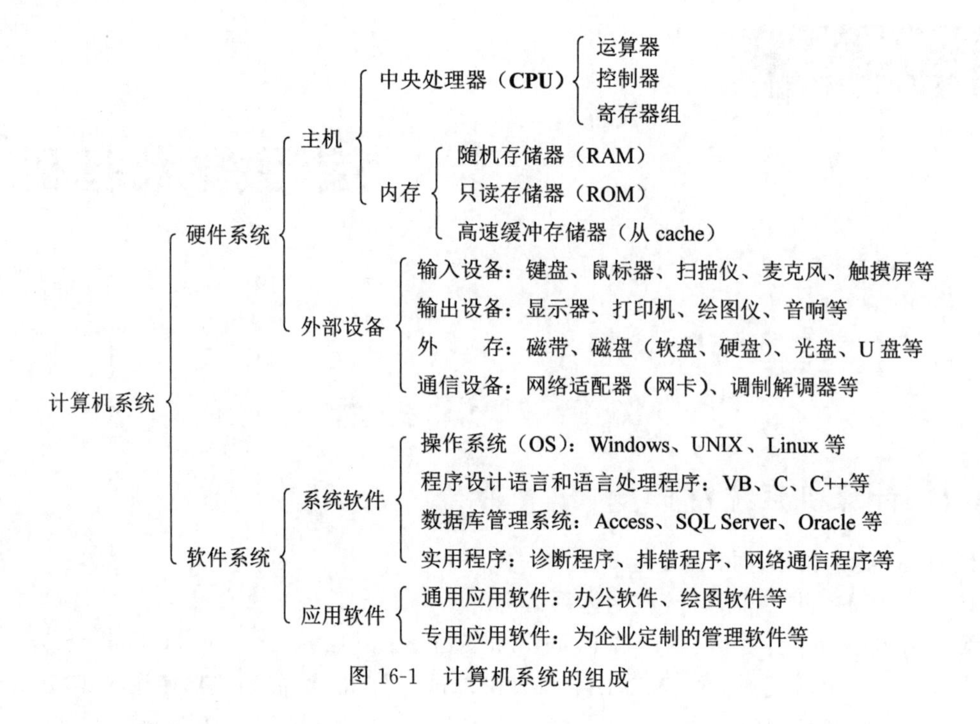

图 16-1　计算机系统的组成

1）中央处理器

中央处理器简称处理器，也叫 CPU(Central Processing Unit)，现在被做在一块集成电路芯片中，是计算机系统的核心。它主要包括运算器和控制器两个部件。运算器的主要功能就是对二进制数据进行算术运算(如加、减、乘、除等)和逻辑运算(如与、或、非等)；控制器是整个计算机系统的控制中心和指挥中心。存储器进行信息的存取，运算器进行各种运算，信息的输入输出等都是在控制器的统一指挥下协调进行的。

2）计算机的基本工作原理

计算机指令是能够被计算机识别并执行的二进制代码，它规定了计算机能完成的某种操作。一条计算机指令通常由两部分组成：操作码和操作数(地址码)。指令中的操作码指出该指令需要完成操作的类型或性质。例如，取数、加法、减法、输出等不同的操作具有不同的操作码。计算机就是根据一条指令的操作码来决定做什么样的操作。指令中的地址码用来描述该指令的操作对象，或者直接给出操作数，或者指出操作数的存储地址或寄存器地址(即寄存器名)。根据指令中操作数的性质，操作数又可以分为源操作数和目的操作数两类。

某种计算机的所有指令的集合，称为该计算机的指令系统。不同类型的计算机，其指令系统是不同的。

计算机的工作就是自动、快速地执行程序。所谓程序是解决实际问题的计算机指令的集合。

在计算机中用程序计数器(PC)来决定程序中各条指令的执行顺序。在计算机开始执行程序时，程序计数器的值为该被执行程序的第一条指令所在的内存单元地址，此后按如下步骤依次执行程序中的各指令。

(1) 取指令。按照程序计数器中的地址，从内存储器中取出当前要执行的指令送到指令寄存器。

(2) 分析指令。对指令寄存器中的指令进行分析。由译码器对指令中的操作码进行译码，将指令中的操作码转换为相应的控制信息。由指令中的地址码确定操作数存放的地址。

(3) 执行指令。由操作控制电路发出完成该操作所需要的一系列控制信息，对由源地址码所指出的源操作数做该指令所要求的操作，并将操作结果存放到由目的地址码所指出的地方。

(4) 修改程序计数器。一条指令执行完后，根据程序的要求修改程序计数器的值。

CPU 从内存取出一条指令分析并执行，一条指令执行完后，再从内存取出下一条指令分析并执行。CPU 不断地取指令、分析指令、执行指令，这就是程序的执行过程。

3) 存储器

存储器是计算机系统中的记忆设备，用来存储数据和程序。根据功能的不同，存储器一般可分为内存储器和外存储器两种。

内存储器也称主存储器、主存或内存，用来存放现行程序的指令和数据，可以直接与运算器和控制器交换信息。内存具有存取速度快、容量小的特点。内存按照工作方式，即是否能随机存取，分为随机存取存储器(Random Access Memory，RAM)和只读存储器(Read Only Memory，ROM)两类。我们通常所说的内存是指 RAM。

外存储器也称为辅助存储器、辅存或外存，用来存放需要长期保存的信息，不能直接与运算器、控制器交换信息，需要通过内存进行交换。外存储器的特点是存取速度较慢、存储容量大、成本低。外存储器有磁带、软盘、硬盘、光盘、U 盘、移动硬盘和存储卡等，其中磁带、软盘等已逐渐减少使用，甚至不用。

一个计算机系统中往往配置多种类型的存储设备，这些存储设备在存储容量、存取速度、价格等方面各不相同。通常，存取速度快的存储器成本较高，存取速度慢的存储器成本较低。为了使整个计算机系统的存储器的性能/价格比(即性价比)达到最优，计算机往往采用层状的塔式结构，如图 16-2 所示，构成一个完整的存储系统。

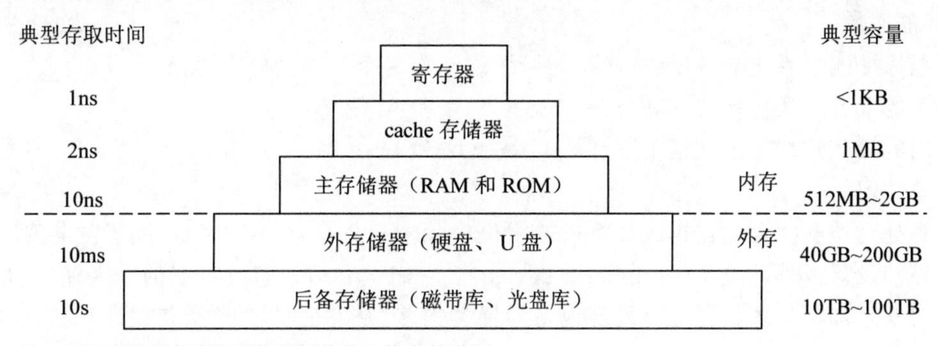

图 16-2　计算机中存储器的层次结构

4) 计算机中定点数的表示和运算

计算机中的定点数分成无符号数和带符号数，其表示范围与机器的位数相关。

(1) 无符号数的表示。

无符号数是指非负整数。机器字长的全部位数均用来表示数值的大小，相当于数的绝对值。字长为 n 位的无符号数的表示范围为 $0 \sim 2^n-1$。例如，机器为 16 位字长时可表示的最大值为 $2^{16}-1=65\ 535$，而 32 位时为 $2^{32}-1=4\ 294\ 967\ 295$。

(2) 带符号数的表示。

带符号数是指在计算机中将数的符号数码化。在计算机中，一般规定二进制的最高位为符号位，最高位为“0”时表示该数为正，为“1”时表示该数为负。这种在机器中将符号位也数码化的数称为机器数。

根据符号位和数值位的编码方法不同，机器数有原码、反码和补码3种表示。

在数的原码表示中，机器数的最高位为符号位，0表示正数，1表示负数，数值跟随其后，并以绝对值形式给出。由于原码加减法比较烦琐，需要复杂的硬件逻辑，因此，在计算机中很少被采用。

数的反码表示法规定：正数的反码和原码相同；负数的反码是对该数的原码除符号位外各位取反（即将“0”变为“1”，“1”变为“0”）。容易验证，一个数的反码的反码还是原码本身。

数的补码表示法规定：正数的补码和原码相同；负数的补码是在该数的反码的最后（即最右边）一位上加1。容易验证，一个数的补码的补码还是原码本身。

引入补码以后，计算机中带符号数的加减运算都可以用加法来实现，并且，两数的补码之“和”等于两数“和”的补码。在采用补码运算时，符号位也当作一位二进制数一起参与运算，符号位产生的进位会自然丢掉，较为简单地实现了两个定点数的加法和减法。

5) 总线

总线（bus）是连接计算机中各个部件的信息传输线，是各个部件共享的传输介质。总线上信息的传送方式分为串行传输和并行传输。计算机中CPU通过总线与内存、外设等连接。总线依据功能和实现方式的不同，可分为片内总线、系统总线和通信总线等。

(1) 片内总线：芯片内部的总线。

(2) 系统总线：计算机各部件之间的信息传输线，包括数据总线、地址总线和控制总线。

(3) 通信总线：用于计算机系统之间或计算机系统与其他系统（如控制仪表、移动通信等）之间的通信。

总线标准就是系统与各模块、模块与模块之间的一个互连的标准界面。

常用的系统总线包括ISA、EISA、VESA、PCI和AGP等。

常用的设备总线标准包括IDE、SCSI、RS-232和USB等。

6) 外部设备

中央处理器和主存储器构成计算机的主机。除主机以外，围绕着主机设置的各种硬件装置称为外部设备或外围设备（peripheral device）。它们主要用来完成数据的输入输出、成批存储以及对信息加工处理的任务。外部设备的种类很多，从它们的功能及其在计算机系统中的作用来看，可以分为5类：输入输出（Input/Output，I/O）设备、辅助存储器、终端设备、过程控制设备和脱机设备等，其中前面3类设备应用较广，下面主要介绍这3类设备。

(1) 输入输出设备。从计算机的角度出发，向计算机输入信息的外部设备称为输入设备；接收计算机输出信息的外部设备称为输出设备。输入设备有键盘、鼠标、扫描仪、数字化仪、磁卡输入设备、语音输入设备等。输出设备有显示设备、绘图机、打印输出设备等。

(2) 辅助存储器。辅助存储器是指主机以外的存储装置，又称为后援存储器或外存。目前，常见的辅助存储器有硬磁盘存储器及光盘存储器等。

(3) 终端设备。终端设备由输入输出设备和终端控制器组成，终端设备一般通过通信线路与主机相连。终端设备具有向计算机输入信息和接收计算机输出信息的能力，具有与通信线路连接的通信控制能力，有些还具有一定的数据处理能力。

3. 计算机操作系统

1）操作系统的作用

操作系统是最基本的和最核心的系统软件，也是当今计算机系统中不可缺少的组成部分，所有其他的软件都依赖于操作系统的支持。

从计算机系统的组成层次出发，操作系统是直接与硬件层相邻的第一层软件，它对硬件进行首次扩充，是其他软件运行的基础。其主要作用有以下几个方面：

(1) 管理系统资源。包括对CPU、内存储器、输入输出数据文件和其他软件资源的管理。

(2) 为用户提供资源共享的条件和环境，并对资源进行合理调度。

(3) 提供输入输出的方便环境，简化用户的输入输出工作，提供良好的用户界面。

(4) 规定用户的接口，发现、处理或报告计算机操作过程中所发生的各种错误。

由此可以看出，操作系统既是计算机系统资源的控制和管理者，又是用户和计算机系统之间的接口，当然它本身也是计算机系统的一部分。因此，概略地说，操作系统是用以控制和管理系统资源、方便用户使用计算机的程序的集合。

2）操作系统的功能与任务

如果把操作系统看成是计算机系统资源的管理者，则操作系统的功能和任务主要有以下5方面。

(1) 处理机管理。处理机(即CPU)是整个计算机硬件的核心。处理机管理的主要任务是充分发挥处理机的作用，提高它的使用效率。

处理机管理也称为进程管理。在多道程序系统的环境下，程序是并发执行的，在执行过程中它们互相制约，系统与其中各程序的状态在不断地变化，因此，系统的状态和各程序在其中活动的描述一定是动态的。程序是一个静态的概念。因此，程序本身不能刻画多道程序并发执行时的动态特性和并行特性，也就不能深刻地反映并发程序的活动规律和状态变化。

所谓进程(process)是指一个具有一定独立功能的程序关于某个数据集合的一次运行活动。简单地说，进程是可以并发执行的程序的执行过程，是控制程序管理下的基本的多道程序的单位。

一个进程的存在，除了要有程序和操作的数据这个实体外，更重要的是在创建一个进程时，还要建立一个能够描述该进程执行情况，能够反映该进程和其他进程以及系统资源的关系，能够刻画该进程在各个不同时期所处的状态的数据块，即进程控制块(Process Control Block，PCB)。

进程控制块是由系统为每个进程分别建立的，用以记录对应进程的程序和数据的存储情况，记录进程的动态信息。系统根据PCB而感知进程的存在，根据PCB中的信息对进程实施控制管理。当进程结束时，系统即收回它的PCB，进程也随之消亡。因此可以说，PCB是一个进程存在的标志。

(2) 存储器管理。存储器是计算机中最重要的资源之一，分为内存和外存。操作系统的存储管理是指对内存的管理。为了支持多任务程序运行，存储管理必须能实现内存的分配与回收、内存保护与共享、地址映射和内存扩充等功能。

(3) 设备管理。通常，用户在使用计算机时或多或少地用到输入输出操作，而这些操作都要涉及各种外部设备。设备管理的主要任务是：有效地管理各种外部设备，使这些设备充分发挥效率；并且还要给用户提供简单而易于使用的接口，以便在用户不了解设备性能的情况下，也能很方便地使用它们。

（4）文件管理。由于内存储器是有限的，因此，大部分的用户程序和数据，甚至是操作系统本身的部分以及其他系统程序的大部分，都要存放在外存储器上。文件管理的主要任务是：实现唯一地标识计算机系统中的每一组信息，以便能够对它们进行合理的访问和控制，以及有条理地组织这些信息，使用户能够方便且安全地使用它们。

文件系统是操作系统中负责文件的组织、管理和存取的一组系统程序，即管理软件资源的软件。它用统一的方式管理用户和系统信息的存储、检索、更新、共享和保护，并为用户提供一整套方便、有效的文件使用和操作方法。

为了便于对文件进行存取和管理，系统要建立一个用于存放每个文件的有关信息的文件目录。文件系统的基本功能之一，就是负责文件目录的编排、维护和检索。

根据文件目录的组织结构，可以将目录分为单级目录、二级目录、多级层次目录、无环图结构目录和图状结构目录等。

（5）用户接口。为了使用户能灵活、方便地使用计算机和操作系统，有效地组织自己的工作流程，操作系统还提供了一组友好的用户接口，使整个系统能高效地运行。这也是操作系统的一个重要功能。

3）操作系统的分类

按照操作系统在用户面前的使用环境以及访问方式，可以将操作系统分为多道批处理操作系统、分时操作系统和实时操作系统等。

（1）多道批处理操作系统。多道批处理操作系统包含“多道”和“批处理”两层意思。所谓“多道”是指在计算机内存中存入多个用户作业。所谓“批处理”是指这样一种操作方式：在外存中存入大量的后备作业，作业的运行完全由系统控制，用户与其作业之间没有交互作用，用户不能直接控制其作业的运行。通常称这种方式为批操作或脱机操作。

在多道批处理操作系统中，系统资源利用率高，作业的吞吐量大，但用户不能干预自己程序的运行，对程序的调试和排错不利。

（2）分时操作系统。允许多个联机用户同时使用一台计算机系统进行计算的操作系统称为分时操作系统（Time Sharing Operating System，TSOS）。分时操作系统把中央处理器的时间划分成时间片，轮流分配给每个联机终端用户，每个用户只能在极短时间内执行，若程序未执行完，则等待分到下次时间片时再执行。这样，系统的每个用户的每次要求都能得到快速响应，且用户感觉好像自己独占计算机。

分时操作系统具有以下特点：多路性（又称同时性，终端用户感觉上好像独占计算机）、交互性、独立性（终端用户彼此独立，互不干扰）和及时性（快速得到响应）。

（3）实时操作系统。实时操作系统（Real Time Operating Sytem，RTOS）是指当外界事件或数据产生时，系统能够接收并以足够快的速度予以处理和响应，能够控制所有任务协调一致运行。目前有 3 种典型的实时系统：过程控制系统（如工业生产自动控制、航空器飞行控制和航天器发射控制）、信息查询系统（如仓库管理系统、图书资料查询系统）和事务处理系统（如飞机或铁路订票系统、银行管理系统）。

实时操作系统分为硬实时（Hard Real-time，HRT）操作系统及软实时（Soft Real-time，SRT）操作系统。硬实时操作系统必须使任务在确定的时间内完成，而软实时操作系统能让绝大多数任务在确定时间内完成。实时操作系统一般会采用基于优先级的抢占调度方式。

(4) 网络操作系统。为了使计算机能方便地传送信息和共享网络资源，将计算机加入网络中，这样的计算机上的操作系统称网络操作系统（Network Operating System，NOS）。网络操作系统应该具备以下几项功能：网络通信、资源管理、网络管理、网络服务和通信透明性。

(5) 分布式操作系统。分布式计算机系统是指由多台分散的计算机经网络互联而成的系统。联网的每台计算机高度自治又相互协同，能在分布式系统范围内实现资源管理、任务分配及并行地运行分布式程序。系统中的资源为所有用户共享，多台机器可以互相协作来完成同一个任务（一个程序可以分布于多台计算机上并行运行）。分布式系统中的一个结点出错不影响其他结点运行。分布式计算机系统的主要优点是健壮性强、扩充容易、可靠性高、维护方便和效率较高。

用于管理分布式计算机系统的操作系统称为分布式操作系统（Distributed Operating System，DOS）。它与单机的集中式操作系统的主要区别在于资源管理、进程通信和系统结构3个方面。

(6) 嵌入式操作系统。运行于嵌入式系统之上的操作系统称为嵌入式操作系统（Embedded Operating System，EOS）。由于资源受限，微型化是嵌入式系统的重要特点；而多种多样的硬件平台使其表现出专业化的特点；由于嵌入式系统广泛应用于过程控制、数据采集、通信、信息家电等要求迅速响应的场合，实时性也是其重要特点。

嵌入式操作系统一般要求占用内存小，需要根据系统的实际硬件资源对操作系统进行裁减定制。

16.1.2 数据结构与算法

1. 算法的基本概念、算法时间复杂度及空间复杂度

1) 算法的基本概念

所谓算法是指解题方案的准确而完整的描述。

算法一般应具有以下几个基本特征：

(1) 可行性；

(2) 确定性；

(3) 有穷性；

(4) 拥有足够的情报。

综上所述，所谓算法，是指一组严谨地定义运算顺序的规则，并且每一个规则都是有效的，且是明确的，此顺序将在有限的次数下终止。

2) 算法的时间复杂度

所谓算法的时间复杂度，是指执行算法所需要的计算工作量。

算法的工作量用算法所执行的基本运算次数来度量，而算法所执行的基本运算次数是问题规模的函数，即

$$算法的工作量=f(n)$$

其中 n 是问题的规模。

3) 算法的空间复杂度

一个算法的空间复杂度一般是指执行这个算法所需要的内存空间。

一个算法所占用的存储空间包括算法程序所占的空间、输入的初始数据所占的存储空间

以及算法执行过程中所需要的额外空间。其中，额外空间包括算法程序执行过程中的工作单元以及某种数据结构所需要的附加存储空间。

2. 数据结构的定义、数据逻辑结构与存储结构、数据结构的图形表示、线性结构与非线性结构

1）数据结构的定义

数据结构作为计算机的一门学科，主要研究和讨论以下 3 方面的问题：

(1) 数据集合中各数据元素之间所固有的逻辑关系，即数据的逻辑结构；

(2) 在对数据进行处理时，各数据元素在计算机中的存储关系，即数据的存储结构；

(3) 对各种数据结构进行的运算。

2）数据的逻辑结构与存储结构

所谓数据的逻辑结构，是指反映数据元素之间逻辑关系的数据结构。

数据的逻辑结构有两个要素：一是数据元素的集合，通常记为 D；二是 D 上的关系，它反映了 D 中各数据元素之间的前后件关系，通常记为 R。即一个数据结构可表示为

$$B=(D,R)$$

其中，B 表示数据结构。为了反映 D 中各数据元素之间的前后件关系，一般用二元组来表示。

数据的逻辑结构在计算机存储空间中的存放形式称为数据的存储结构（也称数据的物理结构）。

3）数据结构的图形表示

一个数据结构除了用二元关系表示外，还可以直观地用图形表示。在数据结构的图形表示中，对于数据集合 D 中的每个数据元素用中间标有元素的方框表示，称为数据结点，简称结点；为了进一步表示各数据元素之间的前后件关系，对于关系 R 中的每一个二元组，用一条有向线段从前件结点指向后件结点。

4）线性结构与非线性结构

如果一个非空的数据结构满足下列两个条件：

(1) 有且只有一个根结点；

(2) 每一个结点最多有一个前件，也最多有一个后件。

则称该数据结构为线性结构。线性结构又称线性表。后面讨论的线性表、栈、队列都属于线性结构。

如果一个数据结构不是线性结构，则称为非线性结构。

3. 线性表及其顺序存储结构、顺序表的插入与删除运算

1）什么是线性表

线性表是由 $n(n\geqslant 0)$ 个数据元素 $a_1,a_2,\cdots,a_n$ 组成的一个有限序列，表中的每个数据元素，除了第一个外，有且只有一个前件；除了最后一个外，有且只有一个后件。线性表或是一个空表，或可以表示为

$$(a_1,a_2,\cdots,a_i,\cdots,a_n)$$

其中，$a_i(i=1,2,\cdots,n)$ 是属于数据对象的元素，通常也称其为线性表中的一个结点。

显然，线性表是一种线性结构。数据元素在线性表中的位置只取决于它们自己的序号，即数据元素之间的相对位置是线性的。

2）线性表的顺序存储结构

线性表的顺序存储是指用一组地址连续的存储单元依次存储线性表中的各个元素，通过数据元素物理存储的相邻关系来反映数据元素之间逻辑上的相邻关系。采用顺序存储结构的

线性表通常称为顺序表。

假设线性表中第一个元素的地址为 $ADR(a_1)$，每个元素占 k 个单元，线性表中第 i 个元素 a_i 在计算机中的存储地址为 $ADR(a_i)$，则

$$ADR(a_i)=ADR(a_1)+(i-1)*k$$

3）顺序表的基本运算

(1) 线性表的插入运算是指在表的第 $i(1\leqslant i\leqslant n+1)$ 个位置，插入一个新元素 x，使长度为 n 的线性表 $(a_1,\cdots,a_{i-1},a_i,\cdots,a_n)$ 变成长度为 n+1 的线性表 $(a_1,\cdots,a_{i-1},x,a_i,\cdots,a_n)$。

(2) 线性表的删除运算是指将表的第 $i(1\leqslant i\leqslant n)$ 个元素删去，使长度为 n 的线性表 $(a_1,\cdots,a_{i-1},a_i,a_{i+1},\cdots,a_n)$，变成长度为 n-1 的线性表 $(a_1,\cdots,a_{i-1},a_{i+1},\cdots,a_n)$。

4. 栈和队列的定义、栈和队列的顺序存储结构及其基本运算

1）栈定义和基本运算

栈(stack)是一种特殊的线性表，其插入与删除运算只允许在线性表的一端进行。在栈中允许插入与删除的一端为栈顶(top)，而另一端称为栈底(bottom)。位于栈顶和栈底的元素分别称为顶元和底元。当表中没有元素时，称为空栈。栈是按照先进后出或后进先出的原则组织数据的。

栈的基本运算有 3 种：入栈、退栈与读栈顶元素。入栈是指在栈顶位置插入一个新元素。退栈运算是指取出栈顶元素并赋给某个变量。读栈顶元素是指将栈顶元素赋给一个指定的变量。

2）队列的定义和基本运算

队列(queue)是另一种特殊的线性表。在这种表中，删除运算限定在表的一端进行，而插入运算则限定在表的另一端进行。约定把允许插入的一端称为队尾(rear)，把允许删除的一端称为队首(front)。位于队首和队尾的元素分别称为队首元素和队尾元素。队列是按照先进先出或后进后出的原则组织数据的。

队列主要有两种基本运算：入队运算与退队运算。往队列的队尾插入一个元素称为入队运算。从队列的排头删除一个元素称为退队运算。

5. 线性单链表、双向链表与循环链表的结构及其基本运算

1）线性单链表

线性表的链式存储结构称为线性链表。

在链式存储方式中，要求每个结点由两部分组成：一部分用于存放数据元素值，称为数据域；另一部分用于存放指针，称为指针域。其中，指针用于指向该结点的前一个或后一个结点(即前件或后件)。

线性单链表中，每一个结点只有一个指针域，由这个指针只能找到后件结点，但不能找到前件结点。

2）双向链表

对线性链表中的每个结点设置两个指针，一个(next)指向该结点的后件结点，另一个指针(prior)指向它的前件结点。这样的线性链表称为双向链表。

3）循环链表

循环链表的结构与前面所讨论的线性表相比，具有以下两个特点：

(1) 在循环链表中增加了一个表头结点，其数据域为任意值或者根据需要来设置，指针域指向线性表的第一个元素的结点。循环链表的头指针指向表头结点。

（2）循环链表中最后一个结点的指针域不为空，而是指向表头结点。即在循环链表中，所有结点的指针构成了一个环状链。

4）线性链表的基本运算

线性链表的基本运算有查找、插入与删除。

6. 树的概念、二叉树的定义及其存储结构、二叉树的遍历

1）树的基本概念

树(tree)是一种简单的非线性结构。在树结构中，每一个结点只有一个前件，称为父结点，没有前件的结点只有一个，称为树的根结点。每一个结点可以有多个后件，它们称为该结点的子结点。没有后件的结点称为叶子结点。

在树结构中，一个结点所拥有的后件个数称为该结点的度。叶子结点的度为 0。在树中，所有结点中的最大的度称为树的度。

2）二叉树的定义及其存储结构

二叉树是一种很有用的非线性结构。它不同于前面介绍的树的结构，但与树结构很相似，并且树结构的所有术语都可以用到二叉树这种数据结构上。

二叉树(binary tree)具有以下两个特点。

（1）非空二叉树只有一个根结点；

（2）每个结点最多有两棵子树，且分别称为该结点的左子树与右子树。

在计算机中，二叉树通常采用链式存储结构。

与线性链表类似，用于存储二叉树中各元素的存储结点也由两部分组成：数据域与指针域。但在二叉树中，由于每一个元素可以有两个后件(即两个子结点)，因此，用于存储二叉树的存储结点的指针域有两个：一个用于指向该结点的左子结点的存储地址，称为左指针域；另一个用于指向该结点的右子结点的存储地址，称为右指针域。

3）二叉树的性质

二叉树具有下列重要性质。

性质 1：二叉树的第 $i(i \geqslant 1)$ 层上至多有 2^{i-1} 个结点。

性质 2：深度为 $d(d \geqslant 1)$ 的二叉树至多有 2^d-1 个结点。

性质 3：对于任一非空二叉树 T，若度为 0 的结点(叶子结点)数为 n_0，度为 2 的结点数为 n_2，则有 $n_0=n_2+1$。

性质 4：具有 n 个结点的二叉树，其深度至少为 $[\mathrm{lb}n]+1$，其中 $[\mathrm{lb}n]$ 表示取 lbn 的整数部分。

4）二叉树的遍历

（1）前序遍历(DLR)。

若二叉树为空，则结束返回。否则：

① 访问根结点；

② 前序遍历左子树；

③ 前序遍历右子树。

（2）中序遍历(LDR)。

若二叉树为空，则结束返回。否则：

① 中序遍历左子树；

② 访问根结点；

③ 中序遍历右子树。

(3) 后序遍历(LRD)。

若二叉树为空,则结束返回。否则:

① 后序遍历左子树;

② 后序遍历右子树;

③ 访问根结点。

7. 顺序查找与二分法查找算法

1) 顺序查找

顺序查找又称顺序搜索。顺序查找一般是指在线性表中查找指定的元素,其基本方法如下:从线性表的第一个元素开始,依次将线性表中的元素和被查找元素进行比较,若相等则表示找到,即查找成功;若线性表中所有的元素都与被查找元素不相等,则表示线性表中没有要找的元素,即查找失败。

2) 二分法查找

二分法查找只适用于顺序存储的有序表。在此所说的有序表是指线性表中的元素按值非递减排列(即从小到大,但允许相邻元素值相等)。

设有序线性表的长度为n,被查找元素为x,则二分查找的方法如下:将x与线性表的中间项进行比较,若中间项的值等于x,则说明查找到,查找结束;若x小于中间项的值,则在线性表的前半部分(即中间项以前的部分)以相同的方法进行查找;若x大于中间项的值,则在线性表的后半部分(即中间项以后的部分)以相同的方法进行查找。这个过程一直进行到查找成功或子表长度为0(说明线性表中没有这个元素)为止。

8. 交换类排序算法、插入类排序算法、选择类排序算法

(1) 交换类排序。交换类排序法是指借助数据元素之间互相交换进行排序的方法。冒泡排序法与快速排序法都属于交换类排序方法。

(2) 插入类排序。简单插入排序和希尔排序属于插入类排序法。

(3) 选择类排序。简单选择排序和堆排序属于选择类排序法。

16.1.3　程序设计基础

1. 程序设计的方法与风格

程序设计的方法和技术的发展主要经过了结构化程序设计和面向对象的程序设计阶段。

程序设计风格是指编写程序时所表现出的特点、习惯和逻辑思路。程序是由人来编写的,为了测试和维护程序,往往需要阅读和跟踪程序,因此程序设计的风格应该强调简明和清晰,易读易懂,程序必须是可以理解的。著名的"清晰第一,效率第二"的论点已成为当今主导的程序设计风格。

2. 结构化程序设计

1) 结构化程序设计方法的主要原则

自顶向下,逐步求精,模块化,限制使用goto语句。

2) 结构化程序的基本结构与特点

结构化程序设计是程序设计的先进方法和工具。采用结构化程序设计方法编写程序,可使程序结构良好、易读、易理解、易维护。1966年,Boehm和Jacopini证明了程序设计语言仅仅使用顺序、选择和循环3种基本控制结构,就足以表达出各种其他复杂形式结构的程序设计方法。

3. 面向对象的程序设计方法

面向对象的程序设计方法涵盖对象及对象属性与方法、类、继承、多态性等基本要素。

1）对象

对象是系统中用来描述客观事物的一个实体，是构成系统的一个基本单位，它由一组表示其静态特征的属性和它可执行的一组操作组成。

通常把对对象的操作也称为方法或服务。

属性即对象所包含的信息，它在设计对象时确定，一般只能通过执行对象的操作来改变。属性值应该指的是纯粹的数据值，而不能指对象。

操作描述了对象执行的功能，若通过消息传递，还可以为其他对象使用。

对象具有如下特点：标识唯一性、分类性、多态性、封装性、模块独立性。

2）类和实例

类是具有共同属性、共同方法的对象的集合。它描述了属于该对象类型的所有对象的性质，而一个对象则是其对应类的一个实例。

类是关于对象性质的描述，它同对象一样，包括一组数据属性和在数据上的一组合法操作。

3）消息

消息是实例之间传递的信息，它请求对象执行某一处理或回答某一要求的信息，它统一了数据流和控制流。

一个消息由3部分组成：接收消息的对象的名称、消息标识符（消息名）和零个或多个参数。

4）继承

广义地说，继承是指能够直接获得已有的性质和特征，而不必重复定义它们。

继承分为单继承与多重继承。单继承是指一个类只允许有一个父类，即类等级为树形结构。多重继承是指一个类允许有多个父类。

5）多态性

对象根据所接收的消息而做出动作，同样的消息被不同的对象接收时可导致完全不同的行动，该现象称为多态性。

16.1.4 软件工程基础

1. 软件工程的基本概念、软件生命周期、软件工具与开发环境

1）软件工程的基本概念

在GB/T 11457—2006《信息技术 软件工程术语》中软件工程的定义为：应用计算机科学理论和技术以及工程管理原则和方法，按预算和进度，实现满足用户要求的软件产品的定义、开发、发布和维护的工程或进行研究的学科。

软件工程包括3个要素，即方法、工具和过程。

2）软件生命周期

将软件产品从提出、实现、使用维护到停止使用退役的过程称为软件生命周期。也就是说，软件产品从考虑其概念开始，到该软件产品不能使用为止的整个时期都属于软件生命周期。软件生命周期一般包括可行性研究与需求分析、设计、编码、测试、交付使用以及维护等活动。

3）软件开发工具与软件开发环境

软件开发工具的完善和发展将促进软件开发方法的进步和完善，促进软件开发的高速度和高质量。软件开发工具的发展是从单项工具的开发逐步向集成工具发展的，软件开发工具为软件工程方法提供了自动的或半自动的软件支撑环境。

软件开发环境（或称软件工程环境）是全面支持软件开发全过程的软件工具集合。这些软件工具按照一定的方法或模式组合起来，支持软件生命周期内的各个阶段和各项任务的完成。

2. 结构化分析方法、数据流图、数据字典、软件需求规格说明书

1）结构化分析方法

结构化方法经过30多年的发展，已经成为系统、成熟的软件开发方法之一。结构化方法包括已经形成了配套的结构化分析方法、结构化设计方法和结构化编程方法，其核心和基础是结构化程序设计理论。

2）数据流图

数据流图是描述数据处理过程的工具，是需求理解的逻辑模型的图形表示，它直接支持系统的功能建模。

数据流图从数据传递和加工的角度，来刻画数据流从输入到输出的移动变换过程。

3）数据字典

数据字典是结构化分析方法的核心。数据字典是对所有与系统相关的数据元素的一个有组织的列表，以及精确的、严格的定义，使得用户和系统分析员对于输入输出、存储成分和中间计算结果有共同的理解。

4）软件需求规格说明书

软件需求规格说明应重点描述软件的目标，软件的功能需求、性能需求、外部接口、属性及约束条件等。

3. 结构化设计方法、总体设计与详细设计

1）结构化设计方法

结构化设计方法的基本思想是将软件设计成相对独立、功能单一的模块组成的结构。

2）总体设计

软件总体设计（概要设计）的基本任务是：设计软件系统结构、设计数据结构和数据库、编写概要设计文档、评审概要设计文档。

3）详细设计

软件详细设计的任务是：为软件结构图中的每个模块确定实现算法和局部数据结构，用某种选定的表达工具表示算法和数据结构的细节。

4. 软件测试的方法

软件测试的方法和技术是多种多样的。对于软件测试方法和技术，可以从不同的角度加以分类。若从是否需要执行被测试软件的角度，可以分为静态测试和动态测试。若按照功能划分可以分为白盒测试和黑盒测试。

1）静态测试与动态测试

静态测试是指不需要运行被测程序，无须测试用例的测试，目的是通过对程序静态结构的检查，找出编译时不能发现的错误。

动态测试以执行程序并分析程序来查错。该方法是使程序有控制地运行，并从多种角度观察程序运行时的行为，以发现其中的错误。动态测试能否发现错误取决于测试用例的设计。

2）白盒测试和黑盒测试

白盒测试又称结构测试或逻辑驱动测试，其测试用例是根据程序内部的逻辑结构和执行路径来设计的。用白盒法测试时，测试者必须检查程序的内部结构，从检查程序的逻辑着手，对所有逻辑路径进行测试，得出测试数据。

黑盒测试又称功能测试或数据驱动测试，其测试用例完全是根据程序的功能说明来设计的。测试时，把程序看成一个黑盒子，测试者完全不了解，或不考虑程序的结构和处理过程，而只是在软件接口处进行测试，检查程序功能是否符合需求规格说明书中的“功能说明”、程序能否适当地接收输入数据而产生正确的输出信息，并且保持外部信息的完整性。

3）软件测试的策略

软件测试过程分为以下 4 个步骤。

第 1 步：单元测试，也称为模块测试。

第 2 步：集成测试，也称为组装测试。

第 3 步：验收测试（确认测试），也称为有效性测试。

第 4 步：系统测试。

5. 软件的调试、静态调试与动态调试

1）软件的调试

软件调试的任务是诊断和改正软件中的错误。软件调试活动包括根据错误的迹象确定程序中错误的确切性质、原因和位置，对程序进行修改，排除错误。

2）静态调试与动态调试

软件调试分为静态调试与动态调试。静态调试主要指通过人的思维来分析源程序代码和排错，是主要的调试手段，而动态调试是辅助静态调试的。

16.1.5 数据库设计基础

1. 数据库的基本概念

（1）数据库。数据库（Database，DB）是数据的集合，它具有统一的结构形式并存放于统一的存储介质内，是多种应用数据的集成，并可被多个应用程序所共享。

（2）数据库管理系统。数据库管理系统（Database Management System，DBMS）是数据库的机构，它是一种系统软件，负责数据库中的数据组织、数据操纵、数据维护、控制及保护和数据服务等。数据库中的数据是具有海量级的数据，并且其结构复杂，因此需要提供管理工具。数据库管理系统是数据库系统的核心。

（3）数据库系统。数据库系统（Database System，DBS）由如下几部分组成：数据库（数据）、数据库管理系统（软件）、数据库管理人员（人员）、系统平台之一——硬件平台（硬件）、系统平台之二——软件平台（软件）。这 5 部分构成了一个以数据库为核心的完整的运行实体，称为数据库系统。

2. 数据模型、E-R 模型

（1）数据模型。数据模型按不同的应用层次分成 3 种类型，它们是概念数据模型（conceptual data model）、逻辑数据模型（logic data model）、物理数据模型（physical data model)。较为有名的概念模型有E-R模型、扩充的E-R模型、面向对象模型及谓词模型等。

逻辑数据模型又称数据模型,它是一种面向数据库系统的模型,该模型着重于在数据库系统一级的实现。较为成熟并先后被人们大量使用过的逻辑数据模型有层次模型、网状模型、关系模型、面向对象模型等。

(2) E-R模型。长期以来被广泛使用的概念模型是E-R模型(entity-relationship model),也称为实体联系模型。

E-R模型可以用一种非常直观的图的形式表示,这种图称为E-R图(entity-relationship graph)。在E-R图中可以用不同的几何图形表示E-R模型中的三个概念与两个连接关系。

在E-R图中用矩形表示实体集,在矩形内写上该实体集的名字;用椭圆形表示属性,在椭圆形内写上该属性的名称;用菱形(里面写上联系名)表示联系。

3. 关系代数运算

(1) 插入(集合并)。

(2) 删除(集合差)。

(3) 修改。

(4) 投影(projection)运算。

(5) 选择(selection)运算。

(6) 连接运算。

4. 数据库设计方法和步骤

(1) 数据库设计的需求分析。需求分析阶段的任务是通过详细调查现实世界要处理的对象(组织、部门、企业等),充分了解原系统的工作概况,明确用户的各种需求,然后在此基础上确定新系统的功能。

分析和表达用户的需求经常采用的方法有结构化分析方法和面向对象的方法。结构化分析(Structured Analysis,SA)方法采用自顶向下、逐层分解的方式分析系统,用数据流图表达数据和处理过程的关系,数据字典对系统中数据的详尽描述,是各类数据属性的清单。

(2) 数据库概念设计。使用E-R模型与视图集成法进行设计时,需要按以下步骤进行:首先选择局部应用,然后再进行局部视图设计,最后对局部视图进行集成得到概念模式。

(3) 数据库的逻辑设计。数据库逻辑设计的主要工作是将E-R图转换为指定RDBMS中的关系模式。首先,从E-R图到关系模式的转换是比较直接的,实体与联系都可以表示成关系,E-R图中属性也可以转换为关系的属性。

(4) 数据库的物理设计。数据库物理设计的主要目标是对数据库内部物理结构进行调整并选择合理的存取路径,以提高数据库访问速度及有效地利用存储空间。

16.2　例题分析与解答

一、选择题

1. 计算机硬件系统主要包括中央处理器(CPU)、存储器和________。

A. 显示器和键盘　　　　B. 打印机和键盘

C. 显示器和鼠标　　　　D. 输入输出设备

分析:计算机的硬件系统通常由5大部分组成:输入设备、输出设备、存储器、中央处理器

(CPU)(包括运算器和控制器)。

答案:D

2. 运算器的完整功能是运行________。

A. 逻辑运算　　　　B. 算术运算和逻辑运算

C. 算术运算　　　　D. 微积分运算和逻辑运算

分析:中央处理器(CPU)主要由运算器和控制器两部分组成,运算器主要完成算术运算和逻辑运算;控制器主要是控制和协调计算机各部件自动、连续地执行各条指令。

答案:B

3. 计算机指令由两部分组成,它们是________。

A. 运算符和运算数　　　　B. 操作数和结果

C. 操作码和操作数　　　　D. 数据和字符

分析:一条指令必须包括操作码和地址码(或称操作数)两部分。

答案:C

4. 下列说法正确的是________。

A. 一般进程会伴随着其程序执行的结束而消亡

B. 一段程序会伴随着其进程结束而消亡

C. 任何进程在执行未结束时不允许被强行终止

D. 任何进程在执行未结束时都可以被强行终止

分析:进程是一个程序与其数据一道在计算机上顺利执行时所发生的活动。简单地说,进程就是一个正在执行的程序。一个程序被加载到内存,系统就创建了一个进程,程序执行结束后,该进程也就消亡了。

答案:A

5. 操作系统中的文件管理系统为用户提供的功能是________。

A. 按文件作者存取文件　　　　B. 按文件名管理文件

C. 按文件创建日期存取文件　　　　D. 按文件大小存取文件

分析:文件管理系统负责文件的存储、检索、共享和保护,并按文件名管理的方式为用户提供文件操作的方便。

答案:B

6. 下面叙述正确的是________。

A. 算法的执行效率与数据的存储结构无关

B. 算法的空间复杂度是指算法程序中指令(或语句)的条数

C. 算法的有穷性是指算法必须能在执行有限个步骤之后终止

D. 以上3种描述都不对

分析:算法的设计可以避开具体的计算机程序设计语言,但算法的实现必须借助程序设计语言中提供的数据类型及其算法。数据结构和算法是计算机科学的两个重要支柱。它们是一个不可分割的整体。算法在运行过程中需占有的存储空间的大小称为算法的空间复杂度。算法的有穷性是指一个算法必须在执行有限的步骤以后结束。

答案:C

7. 下列叙述中正确的是________。

A. 一个逻辑数据结构只能有一种存储结构

B. 数据的逻辑结构属于线性结构,存储结构属于非线性结构

C. 一个逻辑数据结构可以有多种存储结构,且各种存储结构不影响数据处理的效率

D. 一个逻辑数据结构可以有多种存储结构,且各种存储结构影响数据处理的效率

分析:一般来说,一种数据的逻辑结构根据需要可以表示成多种存储结构,常用的存储结构有顺序、链接、索引等存储结构。而采用不同的存储结构,其数据处理的效率是不同的。

答案:D

8. 在线性表的顺序存储结构中,其存储空间连续,各元素所占的字节数________。

A. 相同,元素的存储顺序与逻辑顺序一致

B. 相同,但其元素的存储顺序可以与逻辑顺序不一致

C. 不同,但元素的存储顺序与逻辑顺序一致

D. 不同,且其元素的存储顺序可以与逻辑顺序不一致

分析:线性表的顺序存储结构具有两个基本特点:①线性表中所有元素所占的存储空间是连续的。②线性表中各元素在存储空间中是按逻辑顺序依次存放的。

答案:A

9. 栈底至栈顶依次存放元素 A、B、C、D,在第 5 个元素 E 入栈前,栈中元素可以出栈,则出栈序列可能是________。

A. ABCED　　B. DBCEA　　C. CDABE　　D. DCBEA

分析:栈操作原则是"后进先出",栈底至栈顶依次存放元素 A、B、C、D,则表明这 4 个元素中 D 是最后进栈,B、C 处于中间,A 最早进栈。所以出栈时一定是先出 D,再出 C,最后出 A。

答案:D

10. 设循环队列的存储空间为 Q(1:35),初始状态为 front=rear=35。现经过一系列入队与退队运算后,front=15,rear=15,则循环队列中元素个数为________。

A. 15　　B. 16　　C. 20　　D. 0 或 35

分析:当 front<rear 时,循环队列中的元素个数为 rear-front。当 front>rear 时,循环队列中的元素个数为 N-front+rear(N 为队列循环容量)。当 front=rear 时,循环队列中的元素个数可能为空,也可能为满。所以此答案为 0 或 35。

答案:D

11. 用链表表示线性表的优点是________。

A. 便于插入和删除操作

B. 数据元素的物理顺序与逻辑顺序相同

C. 花费的存储空间较顺序存储少

D. 便于随机存取

分析:链式存储结构克服了顺序存储结构的缺点:它的结点空间可以动态申请和释放;它的数据元素的逻辑次序靠结点的指针来指示,不需要移动数据元素。故链式存储结构下的线性表便于插入和删除操作。

答案:A

12. 某二叉树共有 245 个结点,其中叶子结点有 45 个,则度为 1 的结点数为________。

A. 157　　B. 154　　C. 156　　D. 不确定

分析:本题考查知识点是二叉树的性质。在任意一棵二叉树中,二叉树的总结点个数是

度为 0 的结点加上度为 1 的结点加上度为 2 的结点，度为 0 的结点（即叶子结点）总是比度为 2 的结点多一个。故本题中度 2 的结点数为 45－1＝44，该二叉树的总度为 1 的结点数为 245－45－44＝156。所以本题答案为 C。

答案：C

13. 某二叉树的前序序列为 ABCDEFG，中序序列为 DCBAEFG，则该二叉树的后序序列为________。

A. EFGDCBA　　B. DCBEFGA　　C. BCDGFEA　　D. DCBGFEA

分析：二叉树前序遍历顺序是 DLR，即先访问根结点，然后遍历左子树，最后遍历右子树，并且遍历子树的时候也按照 DLR 的顺序递归遍历。中序遍历顺序是 LDR。后序遍历顺序是 LRD。A 是根结点，DCB 是左子树的结点，EFG 是右子树的结点。在 DCB 中，D 是 C 的左子树，C 是 B 的左子树；在 EFG 中，G 是 F 的右子树，F 是 E 的右子树。所以答案为 D。

答案：D

14. 在长度为 64 的有序线性表中进行顺序查找，最坏情况下需要比较的次数为________。

A. 63　　B. 64　　C. 6　　D. 7

分析：在进行顺序查找的过程中，如果线性表中的第一个元素就是被查找元素，则只需要做一次比较就查找成功，查找效率最高，但如果被查找的元素是线性表中的最后一个元素，或者被查找的元素根本就不在线性表中，则为了查找这个元素需要与线性表中所有的元素进行比较，这是顺序查找的最坏结果。所以对长度为 n 的线性表进行顺序查找，在最坏情况下需要比较 n 次。

答案：B

15. 下列数据结构中，能用二分法进行查找的是________。

A. 顺序存储的有序线性表　　B. 线性链表

C. 二叉链表　　D. 有序线性链表

分析：二分法查找只适用于顺序存储的有序表。在此所说的有序表是指线性表中的元素按值非递减排列（即从小到大，但允许相邻元素值相等）。

答案：A

16. 在快速排序法中，每经过一次数据交换（或移动）后________。

A. 能消除多个逆序

B. 只能消除一个逆序

C. 不会产生新的逆序

D. 消除的逆序个数一定比新产生的逆序个数多

分析：冒泡排序中，在互换两个相邻元素时只能消除一个逆序。快速排序中，一次交换可以消除多个逆序。故本题答案为 A。

答案：A

17. 对长度为 N 的线性表排序，在最坏情况下，比较次数不是 N(N－1)/2 的排序方法是________。

A. 快速排序　　B. 冒泡排序　　C. 直接插入排序　　D. 堆排序

分析：对于长度为 N 的线性表，在最坏情况下快速排序、冒泡排序和直接插入排序所需要的比较次数都为 N(N－1)/2，堆排序所需要的比较次数为 O(NlbN)。

答案：D

18. 下列选项中不属于结构化程序设计原则的是________。

A. 可封装　　B. 自顶向下　　C. 模块化　　D. 逐步求精

分析：结构化程序设计方法的主要原则可以概括为自顶向下，逐步求精，模块化，限制使用goto语句。故本题答案为A。

答案：A

19. 面向对象的开发方法中，类与对象的关系是________。

A. 抽象与具体　　B. 具体与抽象

C. 部分与整体　　D. 整体与部分

分析：现实世界中的很多事物都具有相似的性质，把具有相似的属性和操作的对象归为类，也就是说类是具有共同属性、共同方法的对象的集合，是对对象的抽象。它描述了该对象类型的所有对象的性质，而一个对象则是对应类的一个具体实例。所以本题正确答案为A。

答案：A

20. 对软件的特点，下面描述正确的是________。

A. 软件是一种物理实体

B. 软件在运行使用期间不存在老化问题

C. 软件开发、运行对计算机没有依赖性，不受计算机系统的限制

D. 软件的生产有一个明显的制作过程

分析：软件在运行期间不会因为介质的磨损而老化，只可能因为适应硬件环境及需求变化进行修改而引入错误，导致失效率升高从而软件退化，所以本题正确答案为B。

答案：B

21. 以下________是软件生命周期的主要活动阶段。

A. 需求分析　　B. 软件开发　　C. 软件确认　　D. 软件演进

分析：B、C、D项都是软件过程的基本活动，还有一个是软件规格说明。

答案：A

22. 从技术观点看，软件设计包括________。

A. 结构设计、数据设计、接口设计、程序设计

B. 结构设计、数据设计、接口设计、过程设计

C. 结构设计、数据设计、文档设计、过程设计

D. 结构设计、数据设计、文档设计、程序设计

分析：从技术观点来看，软件设计包括软件结构设计、数据设计、接口设计、过程设计。

答案：B

23. 以下________是软件测试的目的。

A. 证明程序没有错误　　B. 演示程序的正确性

C. 发现程序中的错误　　D. 改正程序中的错误

分析：Greford J.Myers 给出了软件测试的目的，具体如下。

(1) 测试是为了发现程序中的错误而执行程序的过程；

(2) 一个好的测试用例在于它能发现至今未发现的错误；

(3) 一个成功的测试是发现了至今未发现的错误的测试。

所以正确答案是C。

答案：C

24. 以下________要对接口测试。

A. 单元测试　　B. 集成测试　　C. 验收测试　　D. 系统测试

分析:集成测试也称为组装测试,是对各模块按照设计要求组装成的程序进行测试,其主要目的是发现与接口有关的错误。所以正确答案是B。

答案:B

25. 程序调试的主要任务是________。

A. 检查错误　　B. 改正错误　　C. 发现错误　　D. 以上都不是

分析:程序的调试任务是诊断和改正程序中的错误。调试主要在开发阶段进行。

答案:B

26. 以下________不是程序调试的基本步骤。

A. 分析错误原因　　B. 错误定位

C. 修改设计代码以排除错误　　D. 回归测试,防止引入新错误

分析:程序调试的基本步骤如下。

(1) 错误定位。从错误的外部表现形式入手,研究有关部分的程序,确定程序中出错位置,找出错误的内在原因。

(2) 修改设计和代码,以排除错误。

(3) 进行回归测试,防止引进新的错误。

答案:A

27. 对于数据库系统,负责定义数据库内容,决定存储结构和存取策略及安全授权等工作的是________。

A. 应用程序员　　B. 用户

C. 数据库管理员　　D. 数据库管理系统的软件设计员

分析:由于数据库的共享性,因此对数据库的规划、设计、维护、监视等需要有专人管理,称他们为数据库管理员(Database Administrator,DBA)。

答案:C

28. 设关系R和关系S的属性元数分别是3和4,关系T是R与S的笛卡儿积,即T=R×S,则关系T的属性元数是________。

A. 7　　B. 9　　C. 12　　D. 16

分析:笛卡儿积的定义是:设关系R和S的元数分别是r和s,R和S的笛卡儿积是一个(r+s)元属性的集合,每一个元组的前r个分量来自R的一个元组,后s个分量来自s的一个元组。所以关系T的属性元数是3+4=7。

答案:A

29. 将E-R图转换为关系模式时,实体与联系都可以表示成________。

A. 属性　　B. 关系　　C. 键　　D. 域

分析:E-R图由实体、实体的属性和实体之间的联系3个要素组成,关系模型的逻辑结构是一组关系模式的集合,将E-R图转换为关系模型:将实体、实体的属性和实体之间的联系转换为关系模式。

答案:B

30. 下述________不属于数据库设计的内容。

A. 数据库管理系统　　B. 数据库概念结构

C. 数据库逻辑结构　　　　　　　　D. 数据库物理结构

分析：数据库设计是确定系统所需要的数据库结构。数据库设计包括概念设计、逻辑设计和建立数据库(又称物理设计)。

答案：A

二、填空题

1. 第一代计算机使用的基本电子元件是________。

分析：第一代计算机使用的基本电子元件是电子管。

答案：电子管。

2. 带符号的二进制数11011011的反码是________，补码是________。

分析：负数的反码是对该数的原码除符号位外各位取反(即将"0"变为"1"，"1"变为"0")。11011011的反码是10100100。负数的补码是在该数的反码的最后(即最右边)一位上加1。11011011的反码10100100加1后等于10100101。

答案：10100100　10100101

3. 系统总线是计算机各部件之间的信息传输线，包括数据总线、地址总线和________。

分析：系统总线是计算机各部件之间的信息传输线，包括数据总线、地址总线和控制总线。

答案：控制总线

4. 对解题方案的准确而完整的描述称为________。

分析：所谓算法是指解题方案的准确而完整的描述。

答案：算法

5. 一个空的数据结构是按线性结构处理的，则属于________。

分析：一个空的数据结构是线性结构或是非线性结构，要根据具体情况而定。如果对数据结构的运算是按线性结构来处理的，则属于线性结构，否则属于非线性结构。

答案：线性结构

6. 循环单链表与非循环单链表的主要不同是循环单链表的尾结点指针________，而非循环单链表的尾结点指针________。

分析：循环单链表的结构与非循环单链表相比，具有以下两个特点。

(1) 在循环链表中增加了一个表头结点，其数据域为任意值或者根据需要来设置，指针域指向线性表的第一个元素的结点。循环链表的头指针指向表头结点。

(2) 循环链表中最后一个结点的指针域不为空，而是指向表头结点。即在循环链表中，所有结点的指针构成了一个环状链。

答案：指向链表头结点　指向空

7. 假设以S和X分别表示进栈和退栈操作，则对输入序列a、b、c、d、e进行一系列栈操作SSXSXSSXXX之后，得到的输出序列为________。

分析：执行一系列栈操作的过程为，SS表示a、b依次入栈，此时栈中两个元素，执行X，表示b出栈，接下来执行SX，表示c入栈后又出栈，接下来依次执行SSXX操作，表示d、e依次入栈，然后e、d依次从栈顶出栈，最后执行X操作，栈中元素a出栈。得到的输出序列为b、c、e、d、a

答案：b、c、e、d、a

8. 设二叉树中共有31个结点，其中的结点值互不相同。如果该二叉树的后序序列与中序序列相同，则该二叉树的深度为________。

分析：本题考查的是二叉树的遍历。二叉树的后序遍历为：后序遍历左子树，后序遍历右子树，访问根结点。二叉树的中序遍历为：中序遍历左子树，访问根结点，中序遍历右子树。若要该二叉树的后序序列与中序序列相同，则该二叉树每个结点均缺失了右子树，只有左子树（除叶子结点）。也就是说该二叉树的每一层只有一个结点，故该二叉树的深度为 31。

答案：31

9. 假定一组记录为(46,79,56,38,40,80)，对其进行快速排序的第一次划分后的结果为________。

分析：快速排序法的基本思想如下：从线性表中选定一个元素，设为 T，将线性表后面小于 T 的元素移到前面，而前面大于 T 的元素移到后面，结果就将线性表分成了两部分（称为两个子表），T 插入其分界线的位置处，这个过程称为线性表的分割。通过线性表的一次分割，就以 T 为分界线，将线性表分成了前后两个子表，且前面子表中的所有元素均不大于 T，而后面子表中的所有元素均不小于 T。根据快速排序的思想这组记录其进行快速排序的第一次划分后的结果为 [40,38],46,[56,79,80]

答案：[40,38],46,[56,79,80]

10. 二分法查找的存储结构仅限于________且是有序的。

分析：二分法查找也称折半查找，它是一种高效率的查找方法。但二分法查找有条件限制，要求表必须用顺序存储结构，且表中元素必须按关键字有序（升序或降序均可）。

答案：顺序存储结构

11. 在面向对象方法中，使用已经存在的类定义作为基础建立新的类定义，这样的技术称为________。

分析：继承是面向对象方法的一个主要特征。继承是使用已有的类定义作为基础建立新类的定义技术。已有的类可当作基类来引用，则新类相应地可当作派生类来引用。

答案：继承

12. 对象的基本特点包括________、分类性、多态性、封装性和模块独立性好。

分析：对象具有如下基本特点。

(1) 标识唯一性。对象是可区分的，并且由对象的内在本质来区分。

(2) 分类性。可以将具有相同属性和操作的对象抽象成类。

(3) 多态性。同一个操作可以是不同对象的行为。

(4) 封装性。从外面看只能看到对象的外部特征，无须知道数据的具体结构以及实现操作的算法。

(5) 模块独立性。面向对象是由数据及可以对这些数据施加的操作所组成的统一体。

答案：标识唯一性

13. 对象根据所接收的消息而做出动作，同样的消息被不同的对象所接收时可能导致完全不同的行为，这种现象称为________。

分析：对象根据所接收的消息而做出动作，同样的消息被不同的对象接收时可导致完全不同的行为，该现象称为多态性。

答案：多态性

14. 软件设计是软件工程的重要阶段，是一个把软件需求转换为________的过程。

分析：软件设计是软件工程的重要阶段，是一个把软件需求转换为软件表示的过程。其基本目标是用比较抽象概括的方式确定目标系统如何完成预定的任务,即软件设计是确定系统的物理模型。

答案:软件表示

15. ________是指把一个待开发的软件分解成若干小的简单的部分。

分析:模块化是指把一个待开发的软件分解成若干小的简单的部分。如高级语言中的过程、函数、子程序等。每个模块可以完成一个特定的子功能,各个模块可以按一定的方法组装起来成为一个整体,从而实现整个系统的功能。

答案:模块化

16. 数据流图采用4种符号表示________、数据流、存储文件、数据源点和终点。

分析:数据流图中的主要图形元素与说明如下。

○:加工(转换)。输入数据经过加工变换产生输出。

→:数据流。沿箭头方向传送数据的通道,一般在旁边标注数据流名。

=:存储文件(数据源)。表示处理过程中存放各种数据的文件。

□:数据的源点和终点。表示系统和环境的接口,属于系统之外的实体。

答案:加工(转换)

17. 一个数据库的数据模型至少应该包括以下3个组成部分:________、数据操作和数据的完整性约束条件。

分析:数据模型通常由数据结构、数据操作和数据的完整性约束3部分组成。其中,数据结构是对系统静态特性的描述;数据操作是对系统动态特性的描述;数据的完整性约束用以限定符合数据模型的数据库状态以及状态的变化,以保证数据的正确性、有效性和相容性。

答案:数据结构

18. 运动会中一个运动项目可以有多名运动员参加,一个运动员可以参加多个项目,则实体项目和运动员之间的联系是________。

分析:本题考查知识点是实体的联系。多对多联系表现为一个表中多条记录在相关表中同样有多条记录与其匹配,一个运动项目可以有多名运动员参赛,一个运动员可以参加多个项目,所以实体项目和运动员之间是多对多的关系。

答案:多对多

19. 在关系数据模型中,二维表的列称为属性,二维表的行称为________。

分析:一个关系是一张二维表。表中的行称为元组,一行对应一个元组,一个元组对应存储在文件中的一个记录值。

答案:元组

20. 数据库设计分为以下6个设计阶段:需求分析阶段、________、逻辑设计阶段、物理设计阶段、实施阶段、运行和维护阶段。

分析:数据库设计分为以下6个设计阶段:需求分析阶段、概念设计阶段、逻辑设计阶段、物理设计阶段、实施阶段、运行和维护阶段。

答案:概念设计阶段

16.3 本章测试

16.3.1 测试题1

一、选择题

1. 现代微型计算机中所采用的电子器件是________。

A. 电子管　　B. 晶体管

C. 小规模集成电路　　D. 大规模和超大规模集成电路

2. 通常所说的计算机的主机是指________。

A. CPU和内存　　B. CPU和硬盘

C. CPU、内存和硬盘　　D. CPU、内存与CD-ROM

3. 为了解决CPU和主存之间的速度匹配问题,应该________。

A. 在主存储器和CPU之间增加高速缓冲存储器

B. 提高主存储器访问速度

C. 扩大CPU中通用寄存器的数量

D. 扩大主存容量

4. 下列计算机中整数的表示法中,可以直接进行加减运算的是________。

A. 原码　　B. 反码　　C. 补码　　D. 偏移码

5. 裸机指的是________。

A. 没有软件系统的计算机　　B. 没有应用软件的计算机系统

C. 放在露天的计算机　　D. 缺少外部设备的计算机

6. 允许在一台主机上同时连接多台终端,且多个用户可以通过各自的终端同时交互地使用计算机的操作系统是________。

A. 分时操作系统　　B. 网络操作系统

C. 实时操作系统　　D. 分布式操作系统

7. 在并发程序执行讨程中,进程调度负责分配________。

A. CPU　　B. CPU、打印机

C. CPU、打印机、外存　　D. 所有系统资源

8. 操作系统管理进程所使用的数据结构是________。

A. 进程控制块(PCB)　　B. 文件控制块(FCB)

C. 设备控制块(DCB)　　D. 目录控制块

9. 下列选项中,完整描述计算机操作系统作用的是________。

A. 它是用户与计算机的界面

B. 它对用户存储的文件进行管理,方便用户

C. 它执行用户键入的各类命令

D. 它管理计算机系统的全部软硬件资源,合理组织计算机的工作流程,以达到充分发挥计算机资源的效率,为用户提供使用计算机的友好界面

10. 操作系统具有存储器管理功能,它可以自动"扩充"内存容量,为用户提供一个容量比实际内存大得多的________。

A. 虚拟存储器　　B. 脱机缓冲存储器
C. 高速缓冲存储器(cache)　　D. 离线后备存储器

11. 下列叙述中正确的是________。
A. 算法的执行效率与数据的存储结构无关
B. 算法的空间复杂度是指算法程序中指令(或语句)的条数
C. 算法的有穷性是指算法必须能在执行有限个步骤之后终止
D. 以上3种描述都不对

12. 下列叙述中正确的是________。
A. 一个算法的空间复杂度大,则其时间复杂度也必定大
B. 一个算法的空间复杂度大,则其时间复杂度必定小
C. 一个算法的时间复杂度大,则其空间复杂度必定小
D. 算法的时间复杂度与空间复杂度没有直接关系

13. 以下数据结构中不属于线性数据结构的是________。
A. 队列　　B. 线性表　　C. 二叉树　　D. 栈

14. 用链表表示线性表的优点是________。
A. 便于插入和删除操作。
B. 数据元素的物理顺序与逻辑顺序相同
C. 花费的存储空间较顺序存储少
D. 便于随机存储

15. 堆栈存储器存取数据的方式是________。
A. 先进先出　　B. 随机存取
C. 先进后出　　D. 不同于前3种方式

16. 下列叙述中正确的是________。
A. 队列属于非线性表　　B. 队列按“先进后出”原则组织数据
C. 队列在队尾删除数据　　D. 队列按“先进先出”原则组织数据

17. 一棵二叉树中,共有20个叶子结点与10个度为1的结点,则该二叉树中的总结点数为________。
A. 49　　B. 47　　C. 48　　D. 50

18. 下列各序列中不是堆的是________。
A. (91,85,53,36,47,30,24,12)
B. (91,85,53,47,36,30,24,12)
C. (47,91,53,85,30,12,24,36)
D. (91,85,53,47,30,12,24,36)

19. 设有2000个无序的元素,希望用最快的速度挑选出其中前15个最大的元素,最好选用________排序法。
A. 冒泡排序　　B. 快速排序　　C. 堆排序　　D. 选择排序

20. 设有序线性表的长度为n,则有序线性表中进行二分查找,最坏情况下的比较次数为________。
A. n(n−1)/2　　B. n　　C. nlbn　　D. lbn

21. 对建立良好的程序设计风格,下面描述中正确的是________。

A. 程序应力求简单、清晰、可读性好

B. 符号的命名只要符合语法

C. 充分考虑程序的执行效率

D. 程序的注释可有可无

22. 下列选项中不符合良好程序设计风格的是________。

A. 源程序要文档化　　B. 数据说明的次序要规范化

C. 避免滥用goto语句　　D. 模块设计要保证高耦合、高内聚

23. 结构化程序设计的基本原则不包括________。

A. 多态性　　B. 自顶向下　　C. 模块化　　D. 逐步求精

24. 结构化程序设计的3种基本结构是________。

A. 顺序、选择、重复　　B. 递归、嵌套、调用

C. 过程、子过程、主程序　　D. 顺序、转移、调用

25. 在面向对象方法中，不属于“对象”基本特点的是________。

A. 多态性　　B. 分类性　　C. 一致性　　D. 标识唯一性

26. 软件工程的出现主要是由于________。

A. 程序设计方法学的影响　　B. 其他工程科学的影响

C. 软件危机的出现　　D. 计算机的发展

27. 下面不属于软件需求分析阶段工作的是________。

A. 需求获取　　B. 需求计划　　C. 需求分析　　D. 需求评审

28. 下列叙述中正确的是________。

A. 软件测试的主要目的是发现程序中的错误

B. 软件测试的主要目的是确定程序中错误的位置

C. 为了提高软件测试的效率，最好由程序编制者自己来完成软件测试的工作

D. 软件测试是证明软件没有错误

29. 下列不属于结构化分析常用工具的是________。

A. 数据流图　　B. 数据字典　　C. 判定树　　D. PAD图

30. 下列工具中属于需求分析常用工具的是________。

A. PAD　　B. PFD　　C. N-S图　　D. DFD

31. 软件测试是保证软件质量的重要措施，它的实施应该是在________。

A. 程序编码阶段　　B. 软件开发全过程

C. 软件运行阶段　　D. 软件设计阶段

32. 下面属于白盒测试方法的是________。

A. 等价类划分法　　B. 逻辑覆盖

C. 边界值分析法　　D. 错误推测法

33. 为了避免流程图在描述程序逻辑时的灵活性，提出了用方框图来代替传统的程序流程图，通常也把这种图称为________。

A. PAD图　　B. 数据流图　　C. 结构图　　D. N-S图

34. 如果对一个关系实施了一种关系运算后得到了一个新的关系，但新的关系中属性个数少于原来关系中属性个数，这说明所实施的关系运算是________。

A. 选择　　B. 投影　　C. 连接　　D. 并

35. 在数据管理技术发展的3个阶段中,数据共享最好的是________。

A. 人工管理阶段　　B. 文件系统阶段

C. 数据库系统阶段　　D. 3个阶段相同

36. 在数据库设计中,将E-R图转换为关系数据模型的过程属于________。

A. 需求分析阶段　　B. 逻辑设计阶段

C. 概念设计阶段　　D. 物理设计阶段

37. 设有表示公司和员工及聘用的3张表,员工可在多家公司兼职,其中公司C(公司号,公司名,地址,注册资本,法人代表,员工数),员工S(员工号,姓名,性别,年龄,学历)聘用E(公司号,员工号,工资,工作起始时间)。其中表C的键为公司号,表S的键为员工号,则表E的键码为________。

A. 公司号,员工号　　B. 员工号,工资

C. 员工号　　D. 公司号,员工号,工资

38. 医生为病人开不同的药,而同一种药也可以由不同医生开给病人,则实体医生和实体药之间的联系是________。

A. 一对多　　B. 一对一　　C. 多对一　　D. 多对多

39. 有3个关系R、S和T如下:

R

A	B	C
a	1	2
b	2	1
c	3	1

S

A	B	C
d	3	2
c	3	1

S

A	B	C
a	1	2
b	2	1

则由关系R和S得到关系T的操作是________。

A. 选择　　B. 差　　C. 交　　D. 并

40. 一般情况下,当对关系R和S进行自然连接时,要求R和S含有一个或者多个共有的________。

A. 记录　　B. 行　　C. 属性　　D. 元组

二、填空题

1. 算法的复杂度分为时间复杂度和________两种。

2. 数据的逻辑结构有线性结构和________两大类。

3. 对线性链表中的每个结点设置两个指针,一个(next)指向该结点的后件结点,另一个指针(prior)指向它的前件结点。这样的线性链表称为________。

4. 队列中元素的进出原则是________。

5. 假定一组记录为(46,79,56,38,40,84),在冒泡排序的过程中进行第一趟排序后的结果为________。

6. 程序设计的风格总体而言,应该强调简单和________,程序必须是可理解的。

7. 采用结构化程序设计方法能够使程序易读、易理解、________和结构良好。

8. 在面向对象的程序设计中,类描述的是有相似性质的一组________。

9. ________是与程序的开发、维护和使用有关的图文资料。

10. 在面向数据流的设计方法中，一般定义了一些不同的映射方法，利用这些映射方法可以把________变换为结构图表示的软件结构。

11. 集成测试指在单元测试基础上，将所有模块按照设计要求组装成一个完整的系统进行的测试，也称为________测试。

12. 确认测试又称验收测试，指检查软件的________和性能是否与需求规格说明书中确定的指标相符合。

13. 数据模型按不同应用层次分成3种类型，它们是概念数据模型、________和物理数据模型。

14. 一个实体可以有若干________，实体以及它的所有属性构成了实体的一个完整描述，因此实体与属性间有一定的连接关系。

15. 关系模型的数据操纵就是建立在关系上的数据操纵，一般有查询、________、删除及修改4种操作。

16.3.2 测试题2

一、选择题

1. 世界上第一台计算机是1946年美国研制成功的，该计算机的英文缩写名为________。
   A. MARK-Ⅱ　B. ENIAC　C. EDSAC　D. EDVAC
2. 控制器的功能是________。
   A. 指挥、协调计算机各相关硬件工作
   B. 指挥、协调计算机各相关软件工作
   C. 指挥、协调计算机各相关硬件和软件工作
   D. 控制数据的输入和输出
3. 下列存储器中，访问速度最快的是________。
   A. 磁带　B. 磁盘　C. USB　D. 内存储器
4. 主存储器和CPU之间增加高速缓冲存储器的目的是________。
   A. 扩大主存储器的容量
   B. 扩大CPU中通用寄存器的数量
   C. 解决CPU和主存之间的速度匹配问题
   D. 既扩大主存容量又扩大CPU通用寄存器数量
5. 在计算机中，8位无符号二进制整数可表示的十进制数最大是________。
   A. 128　B. 255　C. 127　D. 256
6. 多道程序设计技术是指________。
   A. 将多个程序用多个CPU同时运行
   B. 允许多个程序同时进入内存并运行
   C. 将一个程序分成多个小程序用多个CPU运行
   D. 将一个程序分成多个小程序用一个CPU分别运行
7. 操作系统的主要功能是________。
   A. 对用户的数据文件进行管理，为用户提供管理文件方便
   B. 对计算机的所有资源进行统一控制和管理，为用户使用计算机提供方便
   C. 对源程序进行编译和运行

D. 对汇编语言程序进行翻译

8. 操作系统提供了进程管理、设备管理、文件管理和________。

A. 存储器管理　B. 通信管理　C. 用户管理　D. 数据管理

9. 文件系统中用于管理文件的是________。

A. 目录　B. 指针　C. 页表　D. 堆栈结构

10. 如果作业的逻辑地址空间大于计算机实际的内存空间,则应采用的存储管理技术是________。

A. 请求分页式存储管理　B. 分区存储管理

C. 分段式存储管理　D. 段页式存储管理

11. 算法的空间复杂度是指________。

A. 算法程序的长度　B. 算法程序中的指令条数

C. 算法程序所占的存储空间　D. 算法执行过程中所需要的存储空间

12. 在下列选项中,________不是一个算法一般应该具有的基本特征。

A. 确定性　B. 拥有足够的情报

C. 无穷性　D. 可行性

13. 下列叙述中正确的是________。

A. 循环队列属于队列的链式存储结构

B. 双向链表是二叉树的链式存储结构

C. 非线性结构只能采用链式存储结构

D. 有的非线性结构也可以采用顺序存储结构

14. 下列数据结构中,属于非线性结构的是________。

A. 双向链表　B. 循环链表　C. 二叉链表　D. 循环队列

15. 下列关于栈的叙述中正确的是________。

A. 在栈中只能插入数据　B. 在栈中只能删除数据

C. 栈是先进先出的线性表　D. 栈是先进后出的线性表

16. 下列关于线性链表的叙述中,正确的是________。

A. 各数据结点的存储空间可以不连续,但它们的存储顺序与逻辑顺序必须一致

B. 各数据结点的存储顺序与逻辑顺序可以不一致,但它们的存储空间必须连续

C. 进行插入和删除时,不需要移动表中的元素

D. 以上3种说法都不对

17. 下列关于队列的叙述中正确的是________。

A. 在队列中只能插入数据　B. 在队列中只能删除数据

C. 队列是先进先出的线性表　D. 队列是先进后出的线性表

18. 设栈的顺序存储空间为S(1∶50),初始状态为top=0。现经过一系列入栈与退栈运算后,top=20,则当前栈中的元素个数为________。

A. 30　B. 29　C. 20　D. 19

19. 一个栈的初始状态为空,现将元素A,B,C,D,E依次入栈,然后依次退栈3次,并将退栈的3个元素依次入队(原队列为空),最后将队列中的元素全部退出,则元素退队的顺序为________。

A. ABC　B. CBA　C. CDE　D. EDC

20. 一棵二叉树共有25个结点,其中5个是叶子结点,则度为1的结点数为________。

A. 16　B. 10　C. 4　D. 6

21. 下列排序方法中,最坏情况下时间复杂度最小的是________。

A. 冒泡排序　B. 快速排序　C. 堆排序　D. 直接插入排序

22. 对长度为n的线性表作快速排序,在最坏情况下,比较次数为________。

A. n　B. n−1　C. n(n−1)　D. n(n−1)/2

23. 在长度为n的顺序表中查找一个元素,假设需要查找的元素一定在表中,并且元素出现在表中每个位置上的可能性是相同的,则在平均情况下需要比较的次数为________。

A. n　B. (n+1)/2　C. 3n/4　D. n/4

24. 正确的程序注释一般包括序言性注释和________。

A. 说明性注释　B. 解析性注释　C. 功能性注释　D. 概要性注释

25. 下面对对象概念描述正确的是________。

A. 对象间的通信靠消息传递

B. 对象是名字和方法的封装体

C. 任何对象必须有继承性

D. 对象的多态性是指一个对象有多个操作

26. 在面向对象方法中,一个对象请求另一对象为其服务的方式是通过发送________。

A. 调用语句　B. 命令　C. 口令　D. 消息

27. 构成计算机软件的是________。

A. 源代码　B. 程序和数据

C. 程序和文档　D. 程序、数据及相关文档

28. 下面对软件特点的描述中不正确的是________。

A. 软件是一种逻辑实体,具有抽象性

B. 软件开发、运行对计算机系统具有依赖性

C. 软件开发涉及软件知识产权、法律及心理等社会因素

D. 软件运行存在磨损和老化问题

29. 软件需求分析阶段的工作,可以分为4个方面:需求获取、需求分析、编写需求规格说明书以及________。

A. 阶段性报告　B. 需求评审　C. 总结　D. 都不正确

30. 数据字典(DD)是定义________描述工具中的数据的工具。

A. 数据流图　B. 系统流程图　C. 程序流程图　D. 软件结构图

31. 从工程管理角度,软件设计一般分为两步完成,它们是________。

A. 概要设计与详细设计　B. 数据设计与接口设计

C. 软件结构设计与数据设计　D. 过程设计与数据设计

32. 程序流程图(PFD)中的箭头代表的是________。

A. 数据流　B. 控制流　C. 调用关系　D. 组成关系

33. 代码编写阶段可进行的软件测试是________。

A. 单元测试　B. 集成测试　C. 系统测试　D. 验收测试

34. 下面属于黑盒测试方法的是________。

A. 语句覆盖　B. 逻辑覆盖　C. 边界值分析法　D. 路径覆盖

35. 关于数据库管理阶段的特点，下列说法中错误的是________。

A. 数据真正实现了结构化

B. 数据的共享性高，冗余度低，易扩充

C. 数据独立性差

D. 数据由DBMS统一管理和控制

36. 数据库系统的三级模式不包括________。

A. 概念模式　　B. 内模式　　C. 外模式　　D. 数据模式

37. 数据库的数据模型分为________。

A. 层次、关系和网状　　B. 网状、环状和链状

C. 大型、中型和小型　　D. 线性和非线性

38. 公司中有多个部门和多名职员，每个职员只能属于一个部门，一个部门可以有多名职员，则实体部门和职员间的联系是________。

A. 1∶1联系　　B. m∶1联系

C. 1∶m联系　　D. m∶n联系

39. 将E-R图转换为关系模式时，E-R图中的属性可以表示为________。

A. 属性　　B. 键　　C. 关系　　D. 域

40. 有两个关系R和S如下：

R

A	B	C
a	1	2
b	2	1
c	3	1

S

A	B	C
c	3	1

则由关系R得到关系S的操作是________。

A. 选择　　B. 投影　　C. 自然连接　　D. 并

二、填空题

1. 算法的基本特征是可行性、确定性、________和拥有足够的情报。

2. 顺序存储方法是把逻辑上相邻的结点存储在物理位置________的存储单元中。

3. 栈的基本运算有如下3种：入栈、退栈和________。

4. 在最坏情况下，堆排序需要比较的次数为________。

5. 数据的逻辑结构有线性结构和________两大类。

6. 数据结构分为逻辑结构与存储结构，线性链表属于________。

7. 长度为n的顺序存储线性表中，当在任何位置上插入一个元素概率都相等时，插入一个元素所需移动元素的平均个数为________。

8. 当循环队列非空且队尾指针等于队头指针时，说明循环队列已满，不能进行入队运算。这种情况称为________。

9. 在先左后右的原则下，根据访问根结点的次序，二叉树的遍历可以分为3种：前序遍历、________遍历和后序遍历。

10. 设一棵二叉树的中序遍历结果为DBEAFC，前序遍历结果为ABDECF，则后序遍历结

果为________。

11. 结构化程序设计的3种基本逻辑结构为顺序、选择和________。

12. 类是一个支持集成的抽象数据类型,而对象是类的________。

13. 测试的目的是暴露错误,评价程序的可靠性;而________的目的是发现错误的位置并改正错误。

14. 一个项目具有一个项目主管,一个项目主管可管理多个项目,则实体"项目主管"与实体"项目"的联系属于________的联系。

15. 数据库管理系统常见的数据模型有________、层次模型和网状模型3种。

16.4 综合案例

16.4.1 综合案例1:顺序存储的线性表的实现和测试

1. 实验目的

(1) 掌握顺序存储线性表的建立、求表长、清空和获取表中元素。

(2) 掌握顺序存储线性表中元素的插入和删除操作。

(3) 掌握顺序存储的两个有序线性表合并的实现方法。

2. 实验内容

阅读下面实现顺序线性表的程序,程序完成建表、求表长、清空表、获取i号位置的元素、在i号位置插入元素x、删除i号位置的元素、合并两个有序表、表元素输出等功能。输入下面程序并运行程序,进行程序各功能模块的测试。

```
#1. #include <iostream>
#2. using namespace std;
#3. #define MAXSIZE 50
#4. typedef int ElemType;
#5. typedef struct SqList{
#6. ElemType elem[MAXSIZE];
#7. int length;
#8. }SqList;
#9. bool Empty(SqList L){
#10.     return L.length==0;}
#11. int ListLength(SqList L){
#12.     return L.length;
#13. }
#14. bool GetElem(SqList L,int i,ElemType &x){
#15.     if (i<1 || i>L.length) return false;
#16.     x=L.elem[i-1];
#17.     return true;
#18. }
#19. void InitList(SqList &L){
#20.     L.length=0;
#21. }
#22. void Clear(SqList &L){
#23.     L.length=0;
#24. }
```

```
#25. bool ListInsert(SqList &L, int i, ElemType e){
#26.     if (i<1 || i>L.length+1)
#27.         return false;
#28.     if (L.length==MAXSIZE)
#29.         return false;
#30.     for(int j=L.length-1;j>=i-1;j--)
#31.         L.elem[j+1]=L.elem[j];
#32.     L.elem[i-1]=e;
#33.     L.length++;
#34.     return true;
#35. }
#36. bool ListDelete(SqList &L, int i, ElemType &e){
#37.     if (i<1 || i>L.length) return false;
#38.     if (L.length==0)
#39.         return false;
#40.     e=L.elem[i-1];
#41.     for(int j=i;j<L.length;j++)
#42.         L.elem[j-1]=L.elem[j];
#43.         L.length--;
#44.     return true;
#45. }
#46. void ListTraverse(SqList L){
#47.     //
#48.     if (Empty(L)){
#49.         cout<<"当前表为空表";return;
#50.     }
#51.     cout<<"表中的元素依次为:";
#52.     for(int i=0;i<L.length;i++)
#53.         cout<<L.elem[i]<<" ";
#54.     cout<<"\n";
#55. }
#56. void merge(SqList LA,SqList LB,SqList &LC){
#57.     int i=1,j=1,k=1;
#58.     ElemType x=0,y=0;
#59.     InitList(LC);
#60.     while(i<=ListLength(LA) && j<=ListLength(LB)){
#61.         GetElem(LA,i,x);
#62.         GetElem(LB,j,y);
#63.         if(x<=y)
#64.                 {ListInsert(LC,k++,x);i++;}
#65.         else
#66.                 {ListInsert(LC,k++,y);j++;}
#67.     }
#68.     while(i<=ListLength(LA)){
#69.         GetElem(LA,i,x);
#70.         ListInsert(LC,k++,x);
#71.         i++;
#72.     }
#73.     while(j<=ListLength(LB)){
#74.         GetElem(LB,j,x);
#75.         ListInsert(LC,k++,x);
#76.         j++;
```

```
#77.     }
#78. }
#79. void print_help()
#80. {
#81.     cout << endl << "顺序存储线性表的实现命令列表:" << endl;
#82.     cout << "  H  :显示本帮助信息" << endl;
#83.     cout << "  I  :插入元素" << endl;
#84.     cout << "  R  :读取元素" << endl;
#85.     cout << "  D  :删除元素" << endl;
#86.     cout << "  P  :输出表中的所有元素"<<endl;
#87.     cout << "  L  :获取表长" << endl;
#88.     cout << "  C  :清空当前表" << endl;
#89.     cout << "  M  :合并两个有序表"<<endl;
#90.     cout << "  Q  :退出程序" << endl;
#91.     cout << endl;
#92. }
#93. void doClear(SqList &A){
#94.     Clear(A);
#95.     cout << "表中元素被清空"<< endl;
#96. }
#97. void doRetrieve(SqList A){
#98.     int i,x;
#99.     if ( Empty(A))
#100.            cout << "该表为空表" << endl;
#101.     else{
#102.           cout<<"请输入待读取元素的位置"<<endl;
#103.           cin>>i;
#104.           GetElem(A,i,x);
#105.           cout << "位置"<<i <<"的元素是:"<<x<<endl;
#106.     }
#107. }
#108. void doInsert(SqList &A){
#109.     int i,x;
#110.     cout<<"请输入待插入的位置和插入的元素:"<<endl;
#111.     if(Empty(A))
#112.         cout<<"请注意目前为一个空表,插入位置只能为 1!"<<endl;
#113.     cin>>i>>x;
#114.     if (ListInsert(A,i,x)==false)
#115.           cout<<"插入错误,请检查插入位置或检查表是否已满"<<endl;
#116.     else
#117.            cout << "在第" << i << "号位置插入元素 "<<x<<endl;
#118.     cout<<"插入后";
#119.     ListTraverse(A);
#120. }
#121. void doDelete(SqList &A){
#122.     int i,x;
#123.     cout<<"请输入待删除元素的位置"<<endl;
#124.     cin>>i;
#125.     if (Empty(A))
#126.         cout<<"表空,无法删除"<<endl;
#127.     else
#128.         if (ListDelete(A,i,x)==false)
```

```
#129.          cout<<"删除错误,请检查删除位置"<<endl;
#130.        else
#131.           cout << "在第" << i << "号位置删除了元素 "<<x<<endl;
#132.     cout<<"删除后";
#133.     ListTraverse(A);
#134. }
#135. void doMerge(){
#136.     SqList A,B,C;
#137.     int la,lb,x;
#138.     InitList(A);
#139.     InitList(B);
#140.     InitList(C);
#141.     cout<<"请输入有序表 A 表的长度"<<endl;
#142.     cin>>la;
#143.     cout<<"请以递增的次序输入有序表 A 表的元素"<<endl;
#144.     for(int i=1;i<=la;i++){
#145.          cin>>x;
#146.          ListInsert(A,i,x);
#147.      }
#148.     cout<<"请输入有序表 B 表的长度"<<endl;
#149.     cin>>lb;
#150.     cout<<"请以递增的次序输入有序表 B 表的元素"<<endl;
#151.     for(int i=1;i<=lb;i++){
#152.         cin>>x;
#153.         ListInsert(B,i,x);
#154.     }
#155.     merge(A,B,C);
#156.     cout<<"合并后"<<endl;
#157.     ListTraverse(C);
#158. }
#159. void CreatList(SqList &A,int n){
#160.     for(int i=0;i<n;i++)
#161.         A.elem[i]=2 * i+1;
#162.     A.length=n;
#163. }
#164. int main(){
#165.     SqList testListA;
#166.     char cmd;
#167.     InitList(testListA);
#168.     CreatList(testListA,5);
#169.     cout << "当前已创建了一个线性表:"<<endl;
#170.     cout<<"其内容依次为:";
#171.     ListTraverse(testListA);
#172.     cout<<"请测试对该表的操作,操作命令如下";
#173.     print_help();
#174.     do  {
#175.         cout<<endl<<"请输入命令:";
#176.         cin>>cmd;
#177.         switch ( cmd )
#178.         {
#179.           case 'H' :case 'h':
#180.                 print_help();
```

```
#181.               break;
#182.          case 'I':case 'i' :
#183.              doInsert(testListA);
#184.               break;
#185.          case 'D' :case 'd':
#186.               doDelete(testListA);
#187.               break;
#188.           case 'C' :case 'c' :
#189.               doClear(testListA);
#190.               break;
#191.           case 'R' :case 'r' :
#192.               doRetrieve(testListA);
#193.               break;
#194.           case 'L' :case 'l' :
#195.               cout <<"表的长度是" <<ListLength(testListA)<< endl;
#196.               break;
#197.          case 'M':case 'm':
#198.            doMerge();
#199.            break;
#200.          case 'P':case 'p':
#201.             ListTraverse(testListA);
#202.             break;
#203.          case 'Q' :case 'q' :
#204.             break;
#205.          default :
#206.               cout << "非法命令,请重新输入" << endl;
#207.         }
#208.     }
#209.     while( cmd != 'Q' && cmd != 'q' );
#210.     return 0;
#211. }
```

3. 实验步骤

(1) 使用 Visual Studio 2010 新建项目。

(2) 在源程序文件中添加实验内容列出的代码。

(3) 运行程序,根据程序运行后的功能菜单提示,测试各功能的模块。线性表中元素的值和元素序号为整型数据,输入数据之间可以使用空格分隔。

4. 思考

在程序中自己定义一个线性表的逆置函数 doInverse(SqList &A),并在 main()函数中调用该函数,并在 main()函数的提示菜单中增加调用线性表的逆置操作的提示项。

16.4.2 综合案例 2：单链表的实现和测试

1. 实验目的

(1) 掌握单链表建立、求表长、清空和获取表中元素。

(2) 掌握单链表的元素的插入、删除。

(3) 掌握线性表的两个有序表的合并。

(4) 掌握单链表的元素的输出。

2. 实验内容

阅读下面实现带头结点的单链表的各项功能的程序。程序完成建表、求表长、清空表、获取i号位置的元素、在i号位置插入元素x、删除i号位置的元素、合并两个有序表、表元素输出等功能,输入并运行程序进行各功能模块的测试。

```
#1. #include <malloc.h>
#2. #include <iostream>
#3. using namespace std;
#4. typedef int ElemType;
#5. typedef struct LNode{
#6. ElemType data;
#7. struct LNode * next;
#8. }LNode, * LinkList;
#9. void InitList(LinkList &L){
#10.     L=(LNode *)malloc(sizeof(LNode));
#11.     L->next=NULL;
#12. }
#13. int Empty(LinkList L){
#14.     return L==NULL;
#15. }
#16. int ListLength(LinkList L){
#17.     LNode *p=L->next;
#18.     int count=0;
#19.     while(p!=NULL){
#20.         count++;
#21.         p=p->next;
#22.     }
#23.     return count;
#24. }
#25. bool GetElem(LinkList L,int i,ElemType &x){
#26.     if (i<=0) return false;
#27.     LNode *p=L->next;
#28.     int j=1;
#29.     while(j<i){
#30.         j++;
#31.         if (p!=NULL)
#32.             p=p->next;
#33.         else
#34.             break;
#35.     }
#36.     if (!p) return false;
#37.     x=p->data;
#38.     return true;
#39. }
#40. bool ListInsert(LinkList &L, int i, ElemType x){
#41.     if (i<=0) return false;
#42.     LNode *p=L;
#43.     int j=0;
#44.     while(j<i-1){
#45.         j++;
#46.         if (p!=NULL)
```

```
#47.            p=p->next;
#48.        else
#49.            break;
#50.    }//定位 i-1 号
#51.    if (p!=NULL){
#52.        LNode *newNode=(LNode *)malloc(sizeof(LNode));
#53.        newNode->data=x;
#54.        newNode->next=p->next;
#55.        p->next=newNode;
#56.        return true;
#57.    }
#58.    else
#59.        return false;
#60.}
#61.bool ListDelete(LinkList &L, int i, ElemType &x){
#62.    LNode *p=L, *q;
#63.    if (i<1)return false;
#64.    int j=0;
#65.    while(p!=NULL &&j<i-1){
#66.        p=p->next;j++;
#67.    }
#68.    if (p!=NULL&&p->next!=NULL){
#69.        q=p->next;
#70.        x=q->data;
#71.        p->next=q->next;
#72.        free(q);
#73.        return true;
#74.    }
#75.    else
#76.        return false;
#77.}
#78.void Merge(LinkList &A,LinkList &B,LinkList &C){      //有序表的合并,合并成递增序
#79.    LNode *pa, *pb, *pc;
#80.    pa=A->next;pb=B->next;
#81.    C=pc=A;
#82.    while(pa!=NULL&&pb!=NULL)
#83.        if (pa->data<=pb->data){
#84.            pc->next=pa;
#85.            pc=pa;
#86.            pa=pa->next;
#87.        }
#88.        else{
#89.            pc->next=pb;
#90.            pc=pb;
#91.            pb=pb->next;
#92.        }
#93.    pc->next=pa?pa:pb;
#94.    free(B);
#95.}
#96.void ListTraverse(LinkList L){
#97.    LNode *p=L->next;
#98.    if (p==NULL){
```

```
#99.        cout<<"表为空"<<endl;return;}
#100.    cout<<"表中元素依次为:";
#101.    while(p!=NULL){
#102.        printf("%d ",p->data);
#103.        p=p->next;
#104.    }
#105.    printf("\n");
#106.}
#107.void Clear(LinkList &L){
#108.    LNode * p=L->next;
#109.    while(p){
#110.        L->next=p->next;
#111.        delete p;
#112.        p=L->next;
#113.    }
#114.}
#115.void CreatList(LinkList &L,int n){
#116.    LNode * newNode, * last=L;
#117.    for( int i=1;i<=n;i++){
#118.        newNode=(LNode * )malloc(sizeof(LNode));
#119.        newNode->data=2 * i-1;
#120.        newNode->next=NULL;
#121.        last->next=newNode;
#122.        last=newNode;
#123.    }
#124.}
#125.void print_help(){
#126.    cout << endl << "单链表的实现命令列表:" << endl;
#127.    cout << "  H  :显示本帮助信息" << endl;
#128.    cout << "  I  :插入元素" << endl;
#129.    cout << "  R  :读取元素" << endl;
#130.    cout << "  D  :删除元素" << endl;
#131.    cout << "  P  :输出表中的所有元素"<<endl;
#132.    cout << "  L  :获取表长" << endl;
#133.    cout << "  C  :清空当前表" << endl;
#134.    cout << "  M  :合并两个有序单链表"<<endl;
#135.    cout << "  Q  :退出程序" << endl;
#136.    cout << endl;
#137.}
#138.void doClear(LinkList &A){
#139.    Clear(A);
#140.    cout << "表中元素被清空"<< endl;
#141.}
#142.void doRetrieve(LinkList A){
#143.    int i,x;
#144.    if ( Empty(A)){
#145.        cout << "该表为空表" << endl;return;}
#146.    else{
#147.          cout<<"请输入待读取元素的位置"<<endl;
#148.          cin>>i;
#149.          GetElem(A,i,x);
#150.          cout << "位置"<<i <<"的元素是:"<<x<<endl;
```

```
#151.     }
#152. }
#153. void doInsert(LinkList &A){
#154.     int i,x;
#155.     cout<<"请输入待插入的位置和插入的元素:"<<endl;
#156.     if(Empty(A))
#157.         cout<<"请注意目前为一个空表,插入位置只能为 1!"<<endl;
#158.     cin>>i>>x;
#159.     if (ListInsert(A,i,x)==false){
#160.           cout<<"插入错误,请检查插入位置或检查表是否已满"<<endl;
#161.           return;
#162.     }
#163.     else
#164.            cout << "在第" << i << "号位置插入元素 "<<x<<endl;
#165.     cout<<"插入后";
#166.     ListTraverse(A);
#167. }
#168. void doDelete(LinkList &A){
#169.     int i,x;
#170.     cout<<"请输入待删除元素的位置"<<endl;
#171.     cin>>i;
#172.     if (Empty(A)){
#173.         cout<<"表空,无法删除"<<endl;return;}
#174.     else
#175.         if (ListDelete(A,i,x)==false){
#176.            cout<<"删除错误,请检查删除位置"<<endl;return;}
#177.         else
#178.            cout << "在第" << i << "号位置删除了元素 "<<x<<endl;
#179.     cout<<"删除后";
#180.     ListTraverse(A);
#181. }
#182. void doMerge(){
#183.     LinkList A,B,C;
#184.     int la,lb,x;
#185.     InitList(A);
#186.     InitList(B);
#187.     InitList(C);
#188.     cout<<"请输入有序表 A 表的长度"<<endl;
#189.     cin>>la;
#190.     cout<<"请以递增的次序输入有序表 A 的元素"<<endl;
#191.     for(int i=1;i<=la;i++){
#192.          cin>>x;
#193.          ListInsert(A,i,x);
#194.     }
#195.     cout<<"请输入有序表 B 的长度"<<endl;
#196.     cin>>lb;
#197.     cout<<"请以递增的次序输入有序表 B 的元素"<<endl;
#198.     for(int i=1;i<=lb;i++){
#199.        cin>>x;
#200.        ListInsert(B,i,x);
#201.     }
#202.     Merge(A,B,C);                                    //测试两个有序表合并
```

```
#203.    cout<<"合并结果";
#204.    ListTraverse(C);
#205. }
#206. int main(){
#207.    LinkList testListA;
#208.    char cmd;
#209.    InitList(testListA);                          //表的初始化
#210.    CreatList(testListA,5);
#211.    cout  << "当前已创建了一个单链表:"<< endl;
#212.    cout<<"其内容依次为:";
#213.    ListTraverse(testListA);
#214.    cout<<"请测试对该单链表的操作,操作命令如下";
#215.    print_help();
#216.    do {
#217.        cout << endl << "请输入命令:";
#218.        cin >> cmd;
#219.        switch ( cmd ){
#220.         case 'H' :case 'h':
#221.             print_help();
#222.             break;
#223.         case 'I':case 'i' :
#224.            doInsert(testListA);
#225.             break;
#226.         case 'D' :case 'd':
#227.             doDelete(testListA);
#228.             break;
#229.          case 'C' :case 'c' :
#230.             doClear(testListA);
#231.             break;
#232.          case 'R' :case 'r' :
#233.             doRetrieve(testListA);
#234.             break;
#235.          case 'L' :case 'l' :
#236.             cout << "表的长度是" <<ListLength(testListA)<< endl;
#237.             break;
#238.         case 'M':case 'm':
#239.           doMerge();
#240.           break;
#241.         case 'P':case 'p':
#242.            ListTraverse(testListA);
#243.            break;
#244.         case 'Q' :case 'q' :
#245.            break;
#246.         default :
#247.             cout << "非法命令,请重新输入" << endl;
#248.        }
#249.    }
#250.    while( cmd != 'Q' && cmd != 'q' );
#251.    return 0;
#252. }
```

3. 实验步骤

（1）使用 Visual Studio 2010 新建项目。

（2）在源程序文件中添加实验内容列出的代码。

（3）运行程序，根据程序运行后的功能菜单提示，测试各功能的模块。线性表中元素的值和元素序号为整型数据，输入数据之间可以使用空格分隔。

4. 思考

如果单链表中的元素的值为单精度浮点数，程序需要如何修改？

16.4.3 综合案例 3：栈的顺序实现和应用

1. 实验目的

（1）掌握栈的顺序实现。

（2）掌握栈的简单应用实现。

（3）掌握栈的操作特点和应用场合。

2. 实验内容

阅读下面栈的顺序实现和应用的程序。程序完成初始化空栈、入栈、出栈、读取栈顶、判别栈是否空等基本操作。利用栈完成回文字符串的判断。所谓回文字符串，就是正读和反读内容相同的字符串。利用栈完成字符串中括号是否配对的判断。假设字符串中允许出现的括号有(、)、[、]。输入并运行程序进行各功能模块的测试。

```
#1. #include <iostream>
#2. #include <string>
#3. using namespace std;
#4. #define MAXSIZE 50
#5. typedef char SElemType;
#6. typedef struct SqStack{
#7.     SElemType data[MAXSIZE];
#8.     int top;
#9. }SqStack;
#10. void InitStack(SqStack &s){
#11.     s.top=-1;
#12. }
#13. void push(SqStack &s, SElemType e){
#14.     if (s.top==MAXSIZE)
#15.         cout<<"栈满"<<endl;
#16.     s.top++;
#17.     s.data[s.top]=e;
#18. }
#19. bool GetTop(SqStack &s, SElemType &e){
#20.     if (s.top==-1)
#21.         return false;
#22.     e=s.data[s.top];
#23.     return true;
#24. }
#25. bool pop(SqStack &s, SElemType &e){
#26.     if (s.top==-1)
#27.         return false;
```

```
#28.     e=s.data[s.top];
#29.     s.top--;
#30.     return true;
#31. }
#32. bool StackEmpty(SqStack s){
#33.     return s.top==-1;
#34. }
#35. bool is_match(string a){
#36.     SqStack s;
#37.     char x;
#38.     bool match;
#39.     InitStack(s);
#40.     int n=a.length();
#41.     for(int i=0;i<n;i++)
#42.         if (a[i]=='(' ||a[i]=='[')
#43.             push(s,a[i]);
#44.         else{
#45.             if (a[i]==')' ||a[i]==']'){
#46.                 if (StackEmpty(s))return false;
#47.                 pop(s,x);
#48.                 match=((x=='('&&a[i]==')')||(x=='['&&a[i]==']'));;
#49.                 if (!match)return false;
#50.                 }
#51.             }
#52.     if (StackEmpty(s))
#53.         return true;
#54.     else
#55.     return false;
#56. }
#57. void do_is_match(){
#58.     string s;
#59.     cout<<"请输入一个字符串,程序将判别其中的括号"<<endl;
#60.     cout<<"即(、)、[、]是否左右配对"<<endl;
#61.     cin>>s;
#62.     if (is_match(s))
#63.         cout<<"括号配对";
#64.     else
#65.         cout<<"括号不配对";
#66. }
#67. bool is_huiwen(string s){
#68.     SqStack cs;
#69.     InitStack(cs);
#70.     char x;
#71.     for(int i=0;i<s.length();i++)
#72.         push(cs,s[i]);
#73.     for(int i=0;i<s.length();i++){
#74.         pop(cs,x);
#75.         if (x!=s[i])return false;
#76.         }
#77.     return true;
#78. }
#79. void do_is_huiwen(){
```

```
#80.    string s;
#81.    cout<<"请输入一个字符串,程序将判别其是否为回文字符串"<<endl;
#82.    cin>>s;
#83.    if (is_huiwen(s))
#84.        cout<<"是回文";
#85.    else
#86.        cout<<"不是回文";
#87. }
#88. void print_help(){
#89.    cout << endl << "栈的顺序实现和应用命令列表:" << endl;
#90.    cout << "  H:显示本帮助信息" << endl;
#91.    cout << "  P:回文判断" << endl;
#92.    cout << "  M:括号是否配对判别" << endl;
#93.    cout << "  Q:退出程序" << endl;
#94.    cout << endl;
#95. }
#96. int main(){
#97.    char cmd;
#98.    print_help();
#99.    do{
#100.        cout << endl << "请输入命令:";
#101.        cin >> cmd;
#102.        switch ( cmd ){
#103.          case 'H' :case 'h':
#104.              print_help();
#105.              break;
#106.         case 'P':case 'p' :
#107.             do_is_huiwen();
#108.              break;
#109.         case 'M' :case 'm':
#110.              do_is_match();
#111.              break;
#112.         case 'Q' :case 'q' :
#113.             break;
#114.         default :
#115.              cout << "非法命令,请重新输入" << endl;
#116.        }
#117.     } while( cmd != 'Q' && cmd != 'q' );
#118.     return 0;
#119. }
```

3. 实验步骤

(1) 使用 Visual Studio 2010 新建项目。

(2) 在源程序文件中添加实验内容列出的代码。

(3) 调试运行程序,根据程序运行后的功能菜单提示,测试各功能模块。

4. 思考

如果字符串中允许出现的括号还有＜、＞,程序需要如何修改?

16.4.4 综合案例4:循环队列的实现和测试

1. 实验目的

(1) 掌握循环队列顺序实现。

(2) 掌握队列判空、判满实现方法。

(3) 掌握入列操作的方法。

(4) 掌握出列操作的方法。

2. 实验内容

阅读下面实现循环队列的程序。程序完成初始化空队、入队、出队、读取队头、输出队列中所有元素等基本操作,输入并运行程序进行各功能模块的测试。

```
#1. #include <malloc.h>
#2. #include <iostream>
#3. using namespace std;
#4. #define MAXQSIZE  50                        //队列最大长度
#5. typedef int QElemType ;
#6. typedef struct {
#7.     QElemType data[MAXQSIZE];
#8.     int front;                              //指向队头位置
#9.     int rear;                               //指向队尾元素下一个位置
#10.   } SqQueue;
#11. void InitQueue(SqQueue &Q) {
#12.     Q.front=0;
#13.     Q.rear=0;
#14. }
#15. bool EnQueue(SqQueue &Q, QElemType e) {
#16.     if (Q.front==(Q.rear+1)%MAXQSIZE )
#17.         return false;
#18.     Q.data[Q.rear]=e;
#19.     Q.rear=(Q.rear+1)%MAXQSIZE;
#20.     return true;
#21. }
#22. bool DeQueue(SqQueue &Q, QElemType &e) {
#23.     if (Q.front==Q.rear)
#24.         return false;
#25.     e=Q.data[Q.front];
#26.     Q.front=(Q.front+1)%MAXQSIZE;
#27.     return true;
#28. }
#29. bool GetHead(SqQueue Q, QElemType &e) {
#30.     if (Q.front==Q.rear)
#31.         return false;
#32.     e=Q.data[Q.front];
#33.     return true;
#34. }
#35. void outQueue(SqQueue Q) {
#36.     cout<<"当前队列从队头到队尾元素依次为:";
#37.     for(int i=Q.front;i!=Q.rear;i=(i+1)%MAXQSIZE)
#38.         cout<<Q.data[i]<<" ";
#39.     cout<<endl;
#40. }
#41. void print_help() {
#42.     cout << endl << "循环队列的实现命令列表:" << endl;
#43.     cout << "  H:显示本帮助信息" << endl;
```

```
#44.     cout << "  E:入队" << endl;
#45.     cout << "  D:出队" << endl;
#46.     cout << "  G:获取队头元素值" << endl;
#47.     cout << "  P:输出从队首到队尾的所有元素值" << endl;
#48.     cout << "  Q:退出程序" << endl;
#49.     cout << endl;
#50. }
#51. int main()
#52. {
#53.     char cmd;
#54.     int x;
#55.     SqQueue Q;
#56.     InitQueue(Q);
#57.     for( int i=1;i<=5;i++){
#58.         EnQueue(Q,2*i-1);
#59.     }
#60.     cout  << "当前已创建了一个队列:"<< endl;
#61.     outQueue(Q);
#62.     cout<<"请测试对该队列的操作,操作命令如下";
#63.     print_help();
#64.     do{
#65.         cout << endl << "请输入命令:";
#66.         cin >> cmd;
#67.         switch ( cmd ){
#68.           case 'H' :case 'h':
#69.                print_help();
#70.                break;
#71.           case 'E':case 'e' :
#72.               cout<<"请输入入队元素的值:" ;
#73.               cin>>x;
#74.               EnQueue(Q,x);
#75.               outQueue(Q);
#76.               break;
#77.           case 'D' :case 'd':
#78.                DeQueue(Q,x);
#79.               cout<<"出队的元素为"<<x<<endl;
#80.               outQueue(Q);
#81.               break;
#82.           case 'G':case 'g':
#83.              GetHead(Q,x);
#84.              cout<<"队头的元素为"<<x<<endl;
#85.              cout<<"队列内容不变"<<endl;
#86.              outQueue(Q);
#87.               break;
#88.         case 'P':case 'p':
#89.              outQueue(Q);
#90.              break;
#91.         case 'Q' :case 'q' :
#92.              break;
#93.           default :
#94.                cout << "非法命令,请重新输入" << endl;
#95.         }
```

```
#96.     } while( cmd != 'Q' && cmd != 'q' );
#97.     return 0;
#98. }
```

3. 实验步骤

(1) 使用 Visual Studio 2010 新建项目。

(2) 在源程序文件中添加实验内容列出的代码。

(3) 运行程序,根据程序运行后的功能菜单提示,测试各功能模块。队中元素的值为整型数据。

4. 思考

如果队列中的元素的数据类型为单个字符,程序需要如何修改?

第17章

全国二级考试模拟题

17.1 C语言程序设计考试大纲(2022年版)

17.1.1 基本要求

1. 熟悉 Visual C++ 集成开发环境。

2. 掌握结构化程序设计的方法,具有良好的程序设计风格。

3. 掌握程序设计中简单的数据结构和算法并能阅读简单的程序。

4. 在 Visual C++ 集成环境下,能够编写简单的 C 程序,并具有基本的纠错和调试程序的能力。

17.1.2 考试内容

一、C语言程序的结构

1. 程序的构成,main()函数和其他函数。

2. 头文件,数据说明,函数的开始和结束标志以及程序中的注释。

3. 源程序的书写格式。

4. C 语言的风格。

二、数据类型及其运算

1. C 的数据类型(基本类型,构造类型,指针类型,无值类型)及其定义方法。

2. C 运算符的种类、运算优先级和结合性。

3. 不同类型数据间的转换与运算。

4. C 表达式类型(赋值表达式,算术表达式,关系表达式,逻辑表达式,条件表达式,逗号表达式)和求值规则。

三、基本语句

1. 表达式语句,空语句,复合语句。

2. 输入输出函数的调用,正确输入数据并正确设计输出格式。

四、选择结构程序设计

1. 用 if 语句实现选择结构。

2. 用 switch 语句实现多分支选择结构。

3. 选择结构的嵌套。

五、循环结构程序设计

1. for 循环结构。

2. while 和 do…while 循环结构。

3. continue 语句和 break 语句。

4. 循环的嵌套。

六、数组的定义和引用

1. 一维数组和二维数组的定义、初始化和数组元素的引用。

2. 字符串与字符数组。

七、函数

1. 库函数的正确调用。

2. 函数的定义方法。

3. 函数的类型和返回值。

4. 形式参数与实际参数,参数值的传递。

5. 函数的正确调用,嵌套调用,递归调用。

6. 局部变量和全局变量。

7. 变量的存储类别(自动,静态,寄存器,外部),变量的作用域和生存期。

八、编译预处理

1. 宏定义和调用(不带参数的宏,带参数的宏)。

2. "文件包含"处理。

九、指针

1. 地址与指针变量的概念,地址运算符与间址运算符。

2. 一维数组、二维数组和字符串的地址以及指向变量、数组、字符串、函数、结构体的指针变量的定义。通过指针引用以上各类型数据。

3. 用指针作为函数参数。

4. 返回地址值的函数。

5. 指针数组,指向指针的指针。

十、结构体(即"结构")与共同体(即"联合")

1. 用 typedef 说明一个新类型。

2. 结构体和共用体类型数据的定义和成员的引用。

3. 通过结构体构成链表,单向链表的建立,结点数据的输出、删除与插入。

十一、位运算

1. 位运算符的含义和使用。

2. 简单的位运算。

十二、文件操作

只要求缓冲文件系统(即高级磁盘 I/O 系统),对非标准缓冲文件系统(即低级磁盘 I/O 系统)不要求。

1. 文件类型指针(FILE 类型指针)。

2. 文件的打开与关闭(fopen(),fclose())。

3. 文件的读写(fputc(),fgetc(),fputs(),fgets(),fread(),fwrite(),fprintf(),fscanf()函数的应用),文件的定位(rewind(),fseek()函数的应用)。

17.1.3 考试方式

上机考试,考试时长 120 分钟,满分 100 分。

1. 题型及分值。

单项选择题 40 分(含公共基础知识部分 10 分)。

操作题 60 分(包括程序填空题、程序修改题及程序设计题)。

2. 考试环境。

操作系统：中文版 Windows 7。

开发环境：Microsoft Visual C++ 2010 学习版。

17.2 第一套试题

一、选择题

1. 对有序表进行对分查找时,要求有序表(　　)。

A. 只能顺序存储　　B. 只能链式存储
C. 可以顺序存储也可以链式存储　　D. 任何存储方式

2. 设某二叉树的后序序列为 CBA,中序序列为 ABC,则该二叉树的前序序列为(　　)。

A. BCA　　B. CBA　　C. ABC　　D. CAB

3. 设有一个商店的数据库,记录客户及其购物情况,由 3 个关系组成：商品(商品号,商品名,单价,商品类别,供应商),客户(客户号,姓名,地址,电邮,性别,身份证号),购买(客户号,商品号,购买数量),则关系购买的键为(　　)。

A. 客户号　　B. 商品号
C. 客户号,商品号　　D. 客户号,商品号,购买数量

4. 某带链栈的初始状态为 top＝bottom＝NULL,经过一系列正常的入栈与退栈操作后,top＝10,bottom＝20。该栈中的元素个数为(　　)。

A. 不确定　　B. 10　　C. 1　　D. 0

5. 设顺序表的长度为 n。下列排序方法中,最坏情况下比较次数小于 n(n－1)/2 的是(　　)。

A. 简单插入排序　　B. 快速排序　　C. 堆排序　　D. 冒泡

6. 设数据结构 B＝(D,R),其中,D＝{a,b,c,d,e,f},R＝{(f,a),(d,b),(e,d),(c,e),(a,c)},该数据结构为(　　)。

A. 线性结构　　B. 循环队列　　C. 循环链表　　D. 非线性结构

7. 设一棵树的度为 3,共有 27 个结点,其中度为 3、2、0 的结点数分别为 4、1、10。该树中度为 1 的结点数为(　　)。

A. 不可能有这样的树　　B. 13
C. 11　　D. 12

8. SQL 又称为(　　)。

A. 结构化定义语言　　B. 结构化控制语言
C. 结构化查询语言　　D. 结构化操纵语言

9. 视图设计一般有 3 种设计次序,下列不属于视图设计的是(　　)。

A. 自顶向下　　B. 由外向内　　C. 由内向外　　D. 自底向下

10. 下列不属于软件调试技术的是(　　)。

A. 强行排错法　　B. 集成测试法　　C. 回溯法　　D. 原因排除法

11. 以下叙述中错误的是(　　)。

A. 改变函数形参的值,不会改变对应实参的值

B. 函数可以返回地址值

C. 可以给指针变量赋一个整数作为地址值

D. 当在程序的开头包含头文件 stdio.h 时,可以给指针变量赋 NULL

12. 有以下函数:

```
int aaa(char * s)
{  char * t=s;
   while(* t++);
   t--;
   return(t-s);
}
```

以下关于 aaa()函数的功能叙述正确的是(　　)。

A. 求字符串 s 的长度　　B. 比较两个串的大小

C. 将串 s 复制到串 t　　D. 求字符串 s 所占字节数

13. C 语言源程序名的扩展名是(　　)。

A. .exe　　B. .c　　C. .obj　　D. .cp

14. 有以下程序:

```
#include <stdio.h>
int a=1;
int f(int c)
{  static  int a=2;
   c=c+1;
   return  (a++)+c;
}
main()
{  int i,k=0;
   for(i=0;i<2;i++){int a=3;k+=f(a);}
   k+=a;
   printf("%d\n",k);
}
```

程序的运行结果是(　　)。

A. 14　　B. 15　　C. 16　　D. 17

15. 有以下程序:

```
#include <stdio.h>
struct  tt
{  int x;
struct  tt  * y;} * p;
struct  tt  a[4]={20,a+1,15,a+2,30,a+3,17,a};
main()
{  int i;
   p=a;
   for(i=1;i<=2;i++){ printf("%d, ",p->x);p=p->y;}
}
```

程序的运行结果是(　　)。

A. 20,30,　　B. 30,17,　　C. 15,30　　D. 20,15,

16. 以下正确的字符串常量是(　　)。

A. "\\\"　　B. 'abc'　　C. Olympic　　D. ""

17. 以下关于long、int和short类型数据占用内存大小的叙述中正确的是(　　)。

A. 均占4字节

B. 根据数据的大小来决定所占内存的字节数

C. 由用户自己定义

D. 由C语言编译系统决定

18. 以下关于字符串的叙述中正确的是(　　)。

A. C语言中有字符串类型的常量和变量

B. 两个字符串中的字符个数相同时才能进行字符串大小的比较

C. 可以用关系运算符对字符串的大小进行比较

D. 空串一定比空格打头的字符串小

19. 设有以下定义：

```
union data
{   int d1;
    float  d2;}demo;
```

则下面叙述中错误的是(　　)。

A. 变量demo与成员d2所占的内存字节数相同

B. 变量demo中各成员的地址相同

C. 变量demo和各成员的地址相同

D. 若给demo.d1赋99后，demo.d2中的值是99.0

20. 设有条件表达式(EXP)? i++:j--，则以下表达式与(EXP)完全等价的是(　　)。

A. (EXP==0)　　B. (EXP!=0)

C. (EXP==1)　　D. (EXP!=1)

21. 已有定义“char c;”，程序前面已在命令中包含ctype.h文件。不能用于判断c中的字符是否为大写字母的表达式是(　　)。

A. isupper(c)　　B. 'A'<=c<='Z'

C. 'A'<=c&&c<='Z'　　D. c<=('z'-32)&&('a'-32)<=c

22. 有以下程序：

```
#include <stdio.h>
void  fun(char *t,char *s)
{  while(*t!=0)t++;
   while((*t++=*s++)!=0);
}
main()
{  char ss[10]="acc",aa[10]="bbxxyy";
   fun(ss,aa);
```

```
  printf("%s,%s\n",ss,aa);
}
```

程序的运行结果是(　　)。

A. accxyy,bbxxyy　　B. acc,bbxxyy

C. accxxyy,bbxxyy　　D. accbbxyy,bbxxyy

23. 若在定义语句“int a,b,c,*p=&c;”之后,接着执行以下选项中的语句,则能正确执行的是(　　)。

A. scanf("%d",a,b,c);　　B. scanf("%d%d%d",a,b,c);

C. scanf("%d",p);　　D. scanf("%d",&p);

24. 若变量已正确定义,有以下程序段:

```
i=0;
do  printf("d, ",i);while(i++);
printf("%d\n",i);
```

程序的运行结果是(　　)。

A. 0,0　　B. 0,1　　C. 1,1　　D. 程序进入无限循环

25. 设有定义“char p[]={'1','2','3'},*q=p”,以下不能计算出一个char型数据所占字节数的表达式是(　　)。

A. sizeof(p)　　B. sizeof(char)　　C. sizeof(*q)　　D. sizeof(p[0])

26. 以下叙述中正确的是(　　)。

A. C语言程序将从源程序中第一个函数开始执行

B. 可以在程序中由用户指定任意一个函数作为主函数,程序将从此开始执行

C. C语言规定必须用main作为主函数名,程序将从此开始执行,在此结束

D. main可作为用户标识符,用以命名任意一个函数作为主函数

27. 有以下程序:

```
#include <stdio.h>
int fun(char s[])
{  int n=0;
  while(*s<='9'&&*s>='0'){n=10*n+*s-'0';s++;}
  return(n);
}
main()
{  char s[10]={ '6','1','*','4','*','9','*','0','*'};
  printf("%d\n",fun(s));
}
```

程序的运行结果是(　　)。

A. 9　　B. 61490　　C. 61　　D. 5

28. 若变量均已正确定义并赋值,以下合法的C语言赋值语句是(　　)。

A. x=y==5;　　B. x=n%2.5;　　C. x+n=i;　　D. x=5=5+1;

29. 以下关于typedef的叙述错误的是(　　)。

A. 用 typedef 可以增加新类型

B. typedef 只是将已存在的类型用一个新的名字来代表

C. 用 typedef 可以为各种类型说明一个新名，但不能用来为变量说明一个新名

D. 用 typedef 为类型说明一个新名，通常可以增加程序的可读性

30. 在一个 C 语言程序文件中所定义的全局变量，其作用域为(　　)。

A. 所在文件的全部范围

B. 所在程序的全部范围

C. 所在函数的全部范围

D. 由具体定义位置和 extern 说明来决定范围

31. 若有定义语句“int a[2][3], * p[3];”，则以下语句正确的是(　　)。

A. p=a;　　B. p[0]=a;　　C. p[0]=&a[1][2];　D. p[1]=&a;

32. 若函数调用时的实参为变量时，以下关于函数形参和实参的叙述中正确的是(　　)。

A. 函数的实参和其对应的形参共占同一存储单元

B. 形参只是形式上的存在，不占用具体存储单元

C. 同名的实参和形参共占同一存储单元

D. 函数的形参和实参分别占用不同的存储单元

33. 若有定义语句“int a[3][6];”，按在内存中的存放顺序，a 数组的第 10 个元素是(　　)。

A. a[0][4]　　B. a[1][3]　　C. a[0][3]　　D. a[1][4]

34. 可在 C 程序中用作用户标识符的一组标识符是(　　)。

A. and
_2007　　B. Date
y-m-d　　C. Hi
123　　D. ab
case

35. 以下选项中，合法的一组 C 语言数值常量是(　　)。

A. 028
.5e-3
-0xf　　B. 12
0Xa23
4.5e0　　C. 177
4e1.5
0abc　　D. 0x8A
10,000
3.e5

36. 有以下计算公式

$$y=\begin{cases}\sqrt{x} & (x\geqslant 0)\\ \sqrt{-x} & (x\leqslant 0)\end{cases}$$

若程序前面已在命令行中包含 math.h 文件，不能够正确计算上述公式的程序段是(　　)。

A. if(x>=0)y=sqrt(x);
　　else y=sqrt(-x);

B. y=sqrt(x);
　　if(x<0)y=sqrt(-x);

C. if(x>=0)y=sqrt(x);
　　if(x<0)y=sqrt(-x);

D. y=sqrt(x>=0? x: -x);

37. 若已定义“int a[9], * p=a;”并在以后的语句中未改变 p 的值，不能表示 a[1] 地址的表达式是(　　)。

A. p+1　　B. a+1　　C. a++　　D. ++p

38. 有以下程序:

```
#include <stdio.h>
#include<string.h>
```

```
void  fun(char s[][10],int n)
{   char t;
int i,j;
   for(i=0;i<n-1;i++)
for(j=i+1;j<n;j++)
      if(s[i][0]>s[j][0]){t=s[i][0];s[i][0]=s[j][0];s[j][0]=t;}
}
main()
{  char ss[5][10]={ "bcc","bbcc", "xy","aaaacc","aabcc"};
   fun(ss,5); printf("%s,%s\n",ss[0],ss[4]);
}
```

程序的运行结果是(　　)。

A. xy,aaaacc　　B. aaaacc,xy　　C. xcc,aabcc　　D. acc,xabcc

39. 若程序中有宏定义行：#define　N　100,则以下叙述中正确的是(　　)。

A. 宏定义行中定义了标识符N的值为整数100

B. 在编译程序对C源程序进行预处理时用100替换标识符N

C. 对C源程序进行编译时用100替换标识符N

D. 在运行时用100替换标识符N

40. 有以下程序：

```
#include <stdio.h>
void  fun(char **p)
{  ++p;printf("%s\n", * p);
}
main()
{  char * a[]={"Morning", "Afternoon", "Evening", "Night"};
   fun(a);
}
```

程序的运行结果是(　　)。

A. Afternoon　　B. fternoon　　C. Morning　　D. orning

二、程序填空

下列给定程序中,函数fun()根据所给n名学生的成绩,计算出所有学生的平均成绩,把高于平均成绩的学生成绩求平均值并返回。

例如,若有成绩为50,60,70,80,90,100,55,65,75,85,95,99,则运行结果应为91.5。

请在程序的下画线处填入正确的内容并把下画线删除,使程序得出正确的结果。

注意：不要改动main()函数,不得增行或删行,也不得更改程序的结构。

```
#include  <stdio.h>
double  fun(double x[], int n)
{  int i, k=0;
   double avg=0.0, sum=0.0;
   for(i=0; i<n; i++)
      avg += x[i];
/**********************found**********************/
   avg /=  (1)   ;
```

```
    for(i=0; i<n; i++)
        if (x[i] > avg)
        {
/********************found**********************/
            (2)     += x[i];
            k++;
        }
/********************found**********************/
    return _   (3)    ;
}
main()
{  double score[12] ={50,60,70,80,90,100,55,65,75,85,95,99};
   double aa;
   aa= fun(score,12);
   printf("%f\n",aa);
}
```

三、程序修改

给定程序 MODI.C 中，函数 fun()的功能是：找出 n 的所有因子，统计因子的个数，并判断是否是“完数”。当一个数的因子之和恰好等于这个数本身时，就称这个数为“完数”。例如：6 的因子包括 1、2、3，而 6＝1＋2＋3，所以 6 是完数。如果是完数，则函数返回值为 1，否则函数返回值为 0。数组 a 中存放的是找到的因子，变量 k 存放的是因子的个数。

请改正函数 fun()中指定部位的错误，使它能得出正确的结果。

注意：不要改动 main()函数，不得增行或删行，也不得更改程序的结构。

```
#include <stdio.h>
int fun(int n, int a[], int * k)
{   int m=0, i, t;
    t=n;
/**********found**********/
    for( i=0; i<n; i++ )
       if(n%i==0)
       {  a[m]=i;  m++;  t=t - i;  }
/**********found**********/
    k=m;
/**********found**********/
    if ( t=0 ) return  1;
    else  return  0;
}
main()
{  int n , a[10], flag, i, k;
   printf("请输入一个整数:  ");
   scanf("%d",&n);
   flag=fun( n, a, &k );
   if(flag)
   {  printf(" %d 是完数,其因子是: ", n);
      for(i=0;i<k;i++) printf("  %d ", a[i]);
      printf("\n");
   }
   else    printf(" %d 不是完数.\n ", n);
```

```
  getchar();
}
```

四、程序编写

请编写函数 fun(),其功能是：判断 t 所指字符串中的字母是否由连续递增字母序列组成(字符串长度大于 2)。

例如,字符串"uvwxy"满足要求,"uvxwyz"不满足要求。

注意：部分源程序存在 PROG1.C 中,请勿改动主函数 main()和其他函数中的任何内容,仅在函数 fun()指定的部分填入所编写的若干语句。

```
#include  <stdio.h>
#include  <string.h>
void NONO();
int fun( char *t )
{


}

main()
{  char s[26];
   printf("请输入一个字母组成的字符串: ");
gets(s);
   if( fun(s))printf("%s 是由连续字母组成的字符串.\n", s );
   else   printf("%s 不是由连续字母组成的字符串!\n", s );
   NONO();
   getchar();
}

void NONO()
{/* 本函数用于打开文件,输入数据,调用函数,输出数据,关闭文件。 */
  FILE *fp, *wf ;
  int i;
  char s[26], *p;

  fp=fopen("C:\\WEXAM\\000000000000\\in.dat","r");
  wf=fopen("C:\\WEXAM\\000000000000\\out.dat","w");
  for(i=0; i < 10; i++){
    fgets(s, 26, fp);
    p=strchr(s,'\n');
    if(p) *p=0;
    if (fun(s))fprintf(wf, "%s\n", s+2);
    else  fprintf(wf, "%s\n", strrev(s));
  }
  fclose(fp);
  fclose(wf);
}
```

17.3 第二套试题

一、选择题

1. 第三范式是在第二范式的基础上消除了(　　)。

A. 非主属性对键的传递函数依赖　　B. 非主属性对键的部分函数依赖

C. 多值依赖　　D. 以上3项都不对

2. 将数据库的结构划分成多个层次,是为了提高数据库的(　　)。

A. 数据共享　　B. 数据处理并发性

C. 管理规范性　　D. 逻辑独立性和物理独立性

3. 关系数据模型的3个组成部分不包括(　　)。

A. 关系的并发控制　　B. 关系的数据操纵

C. 关系的数据结构　　D. 关系的完整性约束

4. 第二范式是在第一范式的基础上消除了(　　)。

A. 非主属性对键的部分函数依赖　　B. 非主属性对键的传递函数依赖

C. 多值依赖　　D. 以上3项都不对

5. 在计算机中,算法是指(　　)。

A. 查询方法　　B. 加工方法

C. 解题方案的准确而完整的描述　　D. 排序方法

6. 在关系表中,属性值必须是另一个表主键的有效值或空值,这样的属性是(　　)。

A. 外键　　B. 候选键

C. 主键　　D. 以上3项都不对

7. 数据库中存储的是(　　)。

A. 数据的操作　　B. 数据模型

C. 数据信息　　D. 数据以及数据之间的联系

8. 关系数据库规范化的目的是解决关系数据库中的(　　)。

A. 数据安全性和完整性保障的问题　　B. 查询速度低的问题

C. 数据操作复杂的问题　　D. 插入、删除异常和数据冗余问题

9. 下列叙述中正确的是(　　)。

A. 循环队列中有对头和队尾两个指针,因此,循环队列是非线性结构

B. 在循环队列中,只需要队头指针就能反映队列中元素的动态变化情况

C. 在循环队列中,只需要队尾指针就能反映队列中元素的动态变化情况

D. 循环队列中元素的个数是由队头指针和队尾指针共同决定的

10. 现有表示患者和医疗的关系如下：P(P＃,Pn,Pg,By),其中P＃表示患者编号,Pn为患者姓名,Pg为性别,By为出生日期;Tr(P＃,D＃,Date, Rt),其中D＃为医生编号,Date为就诊日期,Rt为诊断结果。检索1号医生处就诊且诊断结果为感冒的病人姓名的表达式是(　　)。

A. $\pi_{Pn}(\pi_{P\#}(\sigma_{D\#=1 \wedge Rt='感冒'}(Tr)) \bowtie P)$

B. $\pi_{P\#}(\sigma_{D\#=1 \wedge Rt='感冒'}(Tr))$

C. $\sigma_{D\#=1 \wedge Rt='感冒'}(Tr)$

D. $\pi_{Pn}(\sigma_{D\#=1\wedge Rt='感冒'}(Tr))$

11. 有以下程序段：

```
typedef  struct  NODE
{ int numstruct  NODE   * next;
}OLD;
```

以下叙述中正确的是(　　)。

A. 以上的说明形式非法　　B. NODE 是一个结构体类型

C. OLD 是一个结构体类型　　D. OLD 是一个结构体变量

12. 以下不能正确计算代数式$\frac{1}{3}\sin^2\left(\frac{1}{2}\right)$值的 C 语言表达式是(　　)。

A. 1/3 * sin(1/2) * sin(1/2)　　B. sin(0.5) * sin(0.5)/3

C. pow(sin(0.5),2)/3　　D. 1/3.0 * pow(sin(1.0/2),2)

13. 有以下程序段

```
#include <sdtio.h>
main()
{ char c1='1',c2='2';
c1=getchar();c2=getchar();putchar(c1);putchar(c2);
}
```

当运行时输入：a<回车>后，以下叙述正确的是(　　)。

A. 变量 c1 被赋予字符 a，c2 被赋予回车符

B. 程序将等待用户输入第 2 个字符

C. 变量 c1 被赋予字符 a，c2 中仍是原有字符 2

D. 变量 c1 被赋予字符 a，c2 将无确定值

14. 有以下程序段：

```
#include <string.h>
main()
{ char p[]={'a','b','c'},q[10]= {'a','b','c'};
printf("%d  %d\n",strlen(p), strlen(q));
}
```

以下叙述中正确的是(　　)。

A. 在给 p 和 q 数组置初值时，系统会自动添加字符串结束符，故输出的长度都为 3

B. 由于 p 数组中没有字符串结束符，长度不能确定，但 q 数组中字符长度为 3

C. 由于 q 数组中没有字符串结束符，长度不能确定，但 p 数组中字符长度为 3

D. 由于 p 和 q 数组中没有字符串结束符，故长度都不能确定

15. 有以下程序段：

```
#include <string.h>
main()
```

```
{ char a1='M',a2='m';
printf("%c\n",(a1,a2));
}
```

以下叙述中正确的是（　　）。

A. 程序输出大写字母M　　B. 程序输出小写字母m

C. 格式说明符不足，编译出错　　D. 程序运行时产生出错信息

16. 设有定义“int n1=0,n2,*p=&n2,*q=&n1;”，以下赋值语句中与“n2=n1;”语句等价的是（　　）。

A. *p=*q;　　B. p=q;　　C. *p=&n1;　　D. p=*q;

17. 有以下程序段：

```
void  sum(int a[])
{  a[0]=a[-1]+a[1];}
main()
{ int a[10]={1,2,3,4,5,6,7,8,9,10};
sum(&a[2]);
printf("%d\n",a[2]);
}
```

程序运行后的输出结果是（　　）。

A. 6　　B. 7　　C. 5　　D. 8

18. 有以下程序段：

```
void  swap1(int c0[],int c1[])
{  int t;
t=c0[0];c0[0]=c1[0];c1[0]=t;
}
void  swap2(int * c0,int * c1)
{  int t;
t= * c0; * c0= * c1]; * c1=t;
}
main()
{ int a[2]={3,5},b[2]={3,5};
swap1(a,a+1); swap1(&b[0],&b[1]);
printf("%d  %d  %d  %d \n",a[0], a[1], b[0], b[1]);
}
```

程序运行后的输出结果是（　　）。

A. 3 5 5 3　　B. 5 3 3 5　　C. 3 5 3 5　　D. 5 3 5 3

19. 以下程序的功能是进行位运算：

```
main()
{ unsigned  char a,b;
a=7^3;b=~4&3;
printf("%d  %d\n",a,b);
}
```

程序运行后的输出结果是(　　)。

A. 4 3　　B. 7 3　　C. 7 0　　D. 4 0

20. 有以下程序段:

```
int a=2;
int f(int n)
{  static  int a=3;
   int t=0;
   if(n%2){ static  int a=4;t+=a++;}
   else   (static  int a=5;t+=a++;}
   return  t+a++;
}
main()
{ int s=a,i;
for(i=0;i<3;i++)s+=f(i);
printf("%d \n",s);
```

程序运行后的输出结果是(　　)。

A. 26　　B. 28　　C. 29　　D. 24

21. 有以下程序段:

```
int n,t=1, s=0;
scanf("%d" ,&n);
do { s=s+t;t=t-2;}while(t!=n);
```

为使此程序段不陷入死循环,从键盘输入的数据应该是(　　)。

A. 任意正奇数　　B. 任意负偶数　　C. 任意正偶数　　D. 任意负奇数

22. 以下叙述中错误的是(　　)。

A. C语言中对二进制文件的访问速度比文本文件快

B. C语言中,随机文件以二进制代码形式存储数据

C. 语句"FILE　fp;"定义了一个名为fp的文件指针

D. C语言中的文本文件以ASCII码形式存储数据

23. 以下能正确定义且赋初值的语句是(　　)。

A. int n1=n2=10;　　B. char c=32;

C. float　f=f+1.1;　　D. double　x=12.3E2.5;

24. 有以下程序:

```
void  sort(int a[],int n)
{
int i,j,t;
for(i=0;i<n;i++)
for(j=i+1;j<n;j++)
   if(a[i]<a[j]){ t=a[i];a[i]};=a[j];a[j]=t;}
}
main()
{ int aa[10]={1,2,3,4,5,6,7,8,9,10},i;
```

```
sort(aa+2,5)
for(i=0;i<10;i++)printf("%d,",aa[i]);
printf("\n");
```

程序运行后的输出结果是(　　)。

A. 1,2,3,4,5,6,7,8,9,10　　B. 1,2,7,6,3,4,5,8,9,10

C. 1,2,7,6,5,4,3,8,9,10　　D. 1,2,9,8,7,6,5,4,3,10

25. 以下程序的功能是：给 r 输入数据后计算半径为 r 的圆面积 s,程序在编译时出错。

```
main()
/*Beginning*/
{ int r;float s;
scanf("%d",&r);
s=*∏*r*r;printf("s=%f\n",s);
}
```

出错的原因是(　　)。

A. 注释语句书写位置错误

B. 存放圆半径的变量 r 不应该定义为整型

C. 输出语句中格式描述符非法

D. 计算圆面积的赋值语句中使用了非法变量

26. 有以下程序：

```
main()
{ char p[]={'a','b','c'},q[]="abc";
printf("%d  %d\n",sizeof(p), sizeof(q));
}
```

程序运行后的输出结果是(　　)。

A. 4　4　　B. 3　3　　C. 3　4　　D. 4　3

27. 以下叙述中错误的是(　　)。

A. C 语句必须以分号结束

B. 复合语句在语法上被看作一条语句

C. 空语句出现在任何位置都不会影响程序运行

D. 赋值表达式末尾加分号就构成赋值语句

28. 设变量已正确定义,则以下能正确计算 f=n！ 的程序段是(　　)。

A. f=0;for(i=1;i<=n;i++)f*=i;

B. f=1;for(i=1;i<n;i++)f*=i;

C. f=1;for(i=n;i>1;i++)f*=i;

D. f=1;for(i=n;i>=2;i--)f*=i;

29. 有以下程序：

```
float  f1(float  n)
{ return  n*n;}
```

```
float  f2(float  n)
{ return  2*n;}
main()
{ float  (*p1)(float), (*p2)(float), (*t)(float),y1,y2;
p1=f1;p2=f2;
y1= p2(p1(2.0));
t=p1;p1=p2;p2=t;
y2= p2(p1(2.0));
printf("%3.0f,%3.0f\n",y1,y2);
}
```

程序运行后的输出结果是(　　)。

A. 8,16　　B. 8,8　　C. 16,16　　D. 4,8

30. 有以下程序：

```
#define  f(x)(x*x)
main()
{ int i1,i2;
i1=f(8)/f(4);i2=f(4+4)/f(2+2);
printf("%d,%d\n",i1,i2);
}
```

程序运行后的输出结果是(　　)。

A. 64,28　　B. 4,4　　C. 4,3　　D. 64,64

31. 有以下程序：

```
main()
{ int k=5,n=0;
while(k>0)
{switch(k)
  {
  default:break;
  case  1:n+=k;
  case  2:
  case  3:n+=k;
}
k--;
}
printf("%d\n",n);
}
```

程序运行后的输出结果是(　　)。

A. 0　　B. 4　　C. 6　　D. 7

32. 有以下程序：

```
#include  <string.h>
void  f(char *s,char *t)
{ char k;
```

```
  k= * s; * s= * t, * t=k;
  s++;t--;
  if( * s) f(s,t);
}
main()
{ char str[10]="abcdefg", * p;
  p=str+strlen(str)/2+1;
  f(p,p-2);
  printf("%s\n",str);
}
```

程序运行后的输出结果是(　　)。

A. abcdefg　　B. gfedcba　　C. gbcdefa　　D. abedcfg

33. 有以下程序：

```
main()
{ int a[10]={1,2,3,4,5,6,7,8,9,10}, * p=&a[3], * q=p+2;
  printf("%d\n", * p+ * q);
}
```

程序运行后的输出结果是(　　)。

A. 16　　B. 10　　C. 8　　D. 6

34. 有以下程序：

```
#include  <string.h>
struct  STU
{ char name[10];
  int num;
};
void  f(char * name,int num)
{ struct  STU s[2]={{"SunDan",20044,{"Penghua",20045}};
  num=s[0].num;
  strcpy(name, s[0].name);
}
main()
{ struct  STU s[2]={{"YangSan",20041,{"LiSiGao",20042}}, * p;
  P=&s[1];f(p->name,p->num);
  printf("%s  %d\n", p->name,p->num);
}
```

程序运行后的输出结果是(　　)。

A. SunDan 20042　　B. SunDan 20044

C. LiSiGao 20042　　D. YangSan 20041

35. 有以下程序，其中函数f()的功能是将多个字符串按字典顺序排序：

```
#include <string.h>
void  f(char * p[],int n)
{ char * t;int I,j;
```

```
  for(i=0;i<n-1;i++)
  for(j=i+1;j<n;j++)
  if(strcmp(p[i],p[j])>0){t=p[i];p[i]=p[j];p[j]=t;}
}
main()
{ char *p[5]={"abc","aabdfg","abbd","dcdbe","cd"};
  f(p,5);
  printf("%d\n",strlen(p[1]));
}
```

程序运行后的输出结果是(　　)。

A. 2　　B. 3　　C. 6　　D. 4

36. 有以下程序：

```
main()
{  int a[]={2,4,6,8,10},y=0,x,*p;
   p=&a[1];
   for(x=1;x<3;x++)y+=p[x];
   printf("%d\n",y);
}
```

程序运行后的输出结果是(　　)。

A. 10　　B. 11　　C. 14　　D. 15

37. 设有函数 fun()的定义形式为：

```
void  fun(char ch,float  x){…}
```

则以下函数 fun()的调用语句中，正确的是(　　)。

A. fun("abc",3.0);　　B. t=fun('D',16.5);

C. fun('65',3.0);　　D. fun(32,32);

38. 以下叙述中正确的是(　　)。

A. 调用 printf()函数时，必须要有输出项

B. 使用 putchar()函数时，必须在之前包含头文件 stdio.h

C. 在 C 语言中，整数可以以十二进制、八进制或十六进制的形式输出

D. 调用 getchar()函数读入字符时，可以从键盘上输入字符所对应的 ASCII 码

39. 有以下程序：

```
#include <stdio.h>
main()
{ FILE  *fp;int i,k,n;
fp=fopen("data.dat","w+");
for(i=1;i<6;i++)
{ fprintf(fp,"%d  ",i);
   if(i%3==0)fprintf(fp,"\n");
  }
rewind(fp);
fscanf(fp,"%d%d",&k,&n);printf("%d  %d",k,n);
```

```
fclose(fp);
}
```

程序运行后的输出结果是(　　)。

A. 0　0　　B. 123　45　　C. 1　4　　D. 1　2

40. 以下程序的输出结果是(　　)。

```
#include <stdio.h>
main()
{int a,b,d=241;a=d/100%9;b=(-1)&&(-1);printf("%d,%d\n",a,b);}
```

A. 6,1　　B. 6,0　　C. 2,1　　D. 2,0

二、程序填空

给定程序中,函数 fun()的作用是：不断从终端读入整数,用变量 a 统计大于 0 的个数,用变量 b 来统计小于 0 的个数,当输入 0 时结束输入,并通过形参 px 和 py 把统计的数据传回主函数进行输出。

请在程序的下画线处填入正确的内容并把下画线删除,使程序得出正确的结果。

注意：源程序存放在文件 BLANK1.C 中,不得增行或删行,也不得更改程序的结构。

```
#include  <stdio.h>
void  fun( int *px,  int *py)
{
/**********found**********/
  int  (1)   ;
  scanf( "%d", &k );
/**********found**********/
  while   (2)
  {  if (k>0 )a++;
     if(k<0 )b++;
/**********found**********/
     _ (3)   ;
  }
  *px=a;  *py=b;
}
main()
{  int x,  y;
  fun( &x, &y );
  printf("x=%d  y=%d\n", x,y );
  getchar();
}
```

三、程序修改

给定程序 modi1.c 中规定输入的字符串全部为字母,fun()函数的功能是：统计 a 所指字符串中每个字母在字符串中出现的次数(统计时不区分大小写),并将出现次数最高的字母输出(如果有多个相同,输出一个即可)。

例如,对于字符串"dadbcdbabdb",对应的输出应为 b 或 d。

请改正函数 fun()中指定部位的错误,使它能得出正确的结果。

注意：不要改动main()函数，不得增行或删行，也不得更改程序的结构。

```
#include <stdio.h>
#include <stdio.h>
#include <string.h>
void fun(char a[])
{ int b[26], i, n,max;
  for(i=0; i<26; i++)
    b[i]=0;
/**********found**********/
  n=sizeof(a);
  for(i=0; i<n; i++)
/**********found**********/
     if (a[i] >='a' || a[i]<='z')
       b[a[i] - 'a']++;
  max=0;
  for(i=1; i<26; i++)
    if (b[max] < b[i])
/**********found**********/
      i=max;
  printf("出现次数最多的字符是: %c\n", max+'a');
}
main()
{ char a[200];
  printf("请输入一个待统计的字符串: ");  scanf("%s", a);
  fun(a);
  getchar();
}
```

四、程序编写

编写函数fun()，其功能是：在一组得分中去掉一个最高分和一个最低分，然后求平均值，并通过函数返回。函数形参a指向存放得分的数组，形参n(n>2)中存放得分个数。

例如，若输入9.9 8.5 7.6 8.5 9.3 9.5 8.9 7.8 8.6 8.4共10个得分，则输出结果为：8.687500。

注意：部分源程序存在文件PROG1.C中。

请勿改动main()函数和其他函数中的任何内容，仅在函数fun()的花括号中填入语句。

```
#include <stdio.h>
void NONO();
double fun(double  a[ ] , int n)
{


}

main()
{  double  b[10],  r;    int i;
   printf("输入10个分数放入b数组中: ");
   for(i=0; i<10; i++) scanf("%lf",&b[i]);
   printf("输入的10个分数是: ");
```

```
    for(i=0; i<10; i++) printf("%4.1lf ",b[i]);     printf("\n");
    r=fun(b, 10);
    printf("去掉最高分和最低分后的平均分：%f\n", r );
    NONO();
    getchar();
}

void NONO()
{/* 本函数用于打开文件,输入数据,调用函数,输出数据,关闭文件。 */
  FILE *fp, *wf ;
  int i, j ;
  double b[10], r ;

  fp=fopen("C:\\WEXAM\\000000000000\\in.dat","r");
  wf=fopen("C:\\WEXAM\\000000000000\\out.dat","w");
  for(i=0; i < 10; i++){
    for(j=0; j < 10; j++){
      fscanf(fp, "%lf ", &b[j]);
    }
    r=fun(b, 10);
    fprintf(wf, "%f\n", r);
  }
  fclose(fp);
  fclose(wf);
}
```

17.4 第三套试题

一、选择题

1. 下面对软件描述错误的是（　　）。

   A. 程序和数据是可执行的

   B. 软件文档是与程序开发、维护和应用无关的资料

   C. 文档是不可执行的

   D. 软件是程序、数据及相关文档的集合

2. 软件测试用例包括（　　）。

   A. 输入数据和预期输出结果　　B. 测试计划和测试数据

   C. 被测试程序和测试规程　　D. 输入数据和输出数据

3. 下面对“对象”概念描述错误的是（　　）。

   A. 对象是属性和方法的封装体

   B. 对象不具有封装性

   C. 对象间的通信是靠消息传递的

   D. 一个对象是其对应类的实例

4. 对于循环队列，下列叙述中正确的是（　　）。

   A. 队头指针是固定不变的

   B. 队头指针一定大于队尾指针

C. 队头指针一定小于队尾指针

D. 队头指针可以大于队尾指针，也可以小于队尾指针

5. 设有下列二叉树：

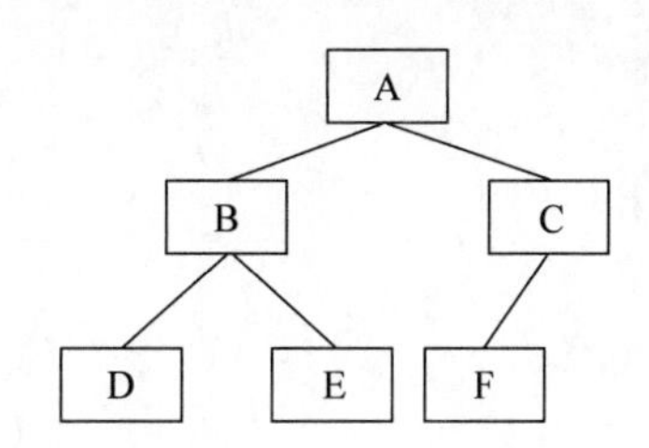

对此二叉树中序遍历的结果为(　　)。

A. ABCDEF　　B. DBEAFC　　C. ABDECF　　D. DEBFCA

6. 下列排序方法中，最坏情况下比较次数最少的是(　　)。

A. 冒泡排序　　B. 简单选择排序

C. 直接插入排序　　D. 堆排序

7. 支持子程序调用的数据结构是(　　)。

A. 栈　　B. 树　　C. 队列　　D. 二叉树

8. 算法的有穷性是指(　　)。

A. 算法程序的运行时间是有限的

B. 算法程序所处理的数据量是有限的

C. 算法程序的长度是有限的

D. 算法只能被有限的用户使用

9. 下列选项中，不是面向对象主要特征的是(　　)。

A. 封装　　B. 抽象　　C. 继承　　D. 复用

10. 下面不属于系统软件的是(　　)。

A. 编译系统　　B. 操作系统

C. 杀毒软件　　D. 数据库管理系统

11. 若有以下程序段(n所赋的是八进制)。

```
int m=32767,n=032767;
printf("%d,%o\n",m,n);
```

执行后输出结果是(　　)。

A. 32767,32767　　B. 32767,032767

C. 32767,77777　　D. 32767,077777

12. 若有以下程序段：

```
int m=0xabc,n=0xabc;
m-=n;
printf("%X\n",m);
```

执行后输出结果是(　　)。

A. 0X0　　B. 0x0　　C. 0　　D. 0XABC

13. 以下程序企图把从终端输入的字符输出到名为abc.txt的文件中，直到从终端读入字符＃号时结束输入和输出操作，但程序有错误。

```
#include <stdio.h>
main()
{  FILE * fout;char ch;
   fout=fopen('abc.txt','w');
   ch=fgetc(stdin);
   while(ch!='#')
   { fputc(ch,fout);
ch=fgetc(stdin);
}
fclose(fout);
}
```

出错的原因是(　　)。

A. 函数fopen()调用形式有误　　B. 输入文件没有关闭

C. 函数fgetc()调用形式有误　　D. 文件指针stdin没有定义

14. 有以下程序：

```
main()
{  union{ unsigned int n;
         unsigned char c;
        }ul;
   ul.c='A';
   printf("%c\n",ul.n);
```

执行后输出结果是(　　)。

A. 产生语法错　　B. 随机值

C. A　　D. 65

15. 设有如下定义：

```
struct  ss
{  char name[10];
  int age;
  char gender;
}std[3], * p=std;
```

下面各输入语句中错误的是(　　)。

A. scanf("%d",&(*p).age);　　B. scanf("%s",&std.name);

C. scanf("%c",& std[0].gender);　　D. scanf("%c",&(p->gender));

16. 有以下程序：

```
main()
{  char a,b,c, * d;
   a='\';b='\xbc';
   c='\0xab';d="\0127";
```

```
  printf("%c%c%c%c\n",a,b,c,*d);
}
```

编译时出现错误，以下叙述中正确的是(　　)。

A. 程序中只有“a='\';”语句不正确　　B. “b='\xbc';”语句不正确

C. “a="\0127";”语句不正确　　D. “a='\';”和“c='\0xab';”语句都不正确

17. 以下叙述中不正确的是(　　)。

A. C 语言中的文本文件以 ASCII 码形式存储数据

B. C 语言中对二进制位的访问速度比文本文件快

C. C 语言中，随机读写方式不使用于文本文件

D. C 语言中，顺序读写方式不使用于二进制文件

18. 以下函数的功能是：通过键盘输入数据，为数组中的所有元素赋值。

```
#define N 10
void arrin(int x[N])
{  int i=0;
   while(i<N)
     scanf("%d",________);
}
```

在下画线处应填入的是(　　)。

A. x+i　　B. &x[i+1]　　C. x+(i++)　　D. &x[++i]

19. 有以下程序：

```
int *f(int *x,int *y)
{  if(*x<*y)
     return x;
   else
     return y;
}
main()
{  int a=8,b=8,*p,*q,*r;
   p=&a;q=&b;
   r=f(p,q);
   printf("%d,%d,%d\n",*p,*q,*r);
}
```

执行后输出结果是(　　)。

A. 7,8,8　　B. 7,8,7　　C. 8,7,7　　D. 8,7,8

20. 设有如下说明：

```
typedef struct
{ int n;char c;double x;}STD;
```

则以下选项中，能正确定义结构体数组并赋初值的语句是(　　)。

A. STD　tt[2]={{1,'A',62},{2,'B',75}};

B. STD tt[2]={1,"A",62,2,"B",75};

C. struct tt[2]={{1,'A'},{2,'B'}};

D. struct tt[2]={{1,"A",62.5},{2,"B",75.0}};

21. 有以下程序：

```
main(int argc,char * argv[])
{  int n,i=0;
   while(argv[1][i]!='\0')
   { n=fun();i++;}
   printf("%d\n",n * argc);
}
int fun()
{  static int s=0;
   s+=1;
   return s;
}
```

假设程序编译、连接后生成可执行文件 exam.exe，若输入以下命令：

```
exam 123
```

则运行结果是(　　)。

A. 6　　B. 8　　C. 3　　D. 4

22. 有以下程序：

```
main()
{  int i=10,j=1;
   printf("%d,%d\n",i--,++j);
}
```

执行后输出结果是(　　)。

A. 9,2　　B. 10,2　　C. 9,1　　D. 10,1

23. 有以下程序：

```
main()
{  int i;
   for(i=0;i<3;i++)
   switch(i)
   {case 1:printf("%d",i);
    case 2:printf("%d",i);
    default:printf("%d",i);
   }
}
```

执行后输出结果是(　　)。

A. 011122　　B. 012　　C. 012020　　D. 120

24. 有以下程序：

```
main()
{   int i=1,s=0;
   do{
if(i%2){i++;continue;}
i++;
s+=i;
}while(i<7);
printf("%d",s);
}
```

执行后输出结果是(　　)。

A. 16　　B. 12　　C. 28　　D. 21

25. 有以下程序：

```
void fun(int *a,int i,int j)
{  int t;
   if(i<j)
     {  t=a[i];a[i]=a[j];a[j]=t;
fun(a,++i,--j);
}
}
main()
{   int a[]={1,2,3,4,5,6},i;
    fun(a,0,5);
    for(i=0;i<6;i++)
printf("%d ",a[i]);
}
```

执行后输出结果是(　　)。

A. 6 5 4 3 2 1　　B. 4 3 2 1 5 6

C. 4 5 6 1 2 3　　D. 1 2 3 4 5 6

26. 若有一些定义和语句：

```
#include <stdio.h>
int a=4,b=3,*p,*q,*w;
p=&a;q=&b;w=q;q=NULL;
```

则以下选项中错误的是(　　)。

A. *q=0;　　B. w=p;　　C. *p=va;　　D. *p=*w;

27. 有以下程序：

```
main()
{  char str[]="xyz",*ps=str;
   while(*ps)ps++;
   for(ps--;ps-str>=0;ps--)puts(ps);}
```

执行后输出的结果是(　　)。

A. yz
xyz　　B. z
yz　　C. z
yz
xyz　　D. x
xy
xyz

28. 阅读以下函数:

```
fun(char * s1,char * s2)
{  int i=0;
  while(s1[i]==s2[i]&&s2[i]!='\0')i++;
  return(s1[i]=='\0'&&s2[i]=='\0');
}
```

此函数的功能是(　　)。

A. 将 s2 所指字符串赋给 s1

B. 比较 s1 和 s2 所指字符串的大小,若 s1 比 s2 的大,函数值为 1,否则函数值为 0

C. 比较 s1 和 s2 所指字符串是否相等,若相等,则函数值为 1,否则函数值为 0

D. 比较 s1 和 s2 所指字符串的长度,若 s1 比 s2 的长,则函数值为 1,否则函数值为 0

29. 有以下程序:

```
void f(int x,int y)
{  int t;
  if(x<y){t=x;x=y;y=t;}
}
main()
{  int a=4,b=3,c=5;
  f(a,b);f(a,c);f(b,c);
  printf("%d,%d,%d\n",a,b,c);
}
```

执行后输出结果是(　　)。

A. 3,4,5　　B. 5,3,4　　C. 5,4,3　　D. 4,3,5

30. 有以下程序:

```
main()
{  char s[]="\n123\\";
  printf("%d,%d\n",strlen(s),sizeof(s));
}
```

执行后输出结果是(　　)。

A. 赋初值的字符串有错　　B. 6,7

C. 5,6　　D. 6,6

31. 下列关于单目运算符++、--的叙述中正确的是(　　)。

A. 它们的运算对象可以是任何变量和常量

B. 它们的运算对象可以是 char 型变量和 int 型变量,但不能是 float 型变量

C. 它们的运算对象可以是 int 变量,但不能是 double 型变量和 float 型变量

D. 它们的运算对象可以是 char 型变量、int 型变量和 float 型变量

32. 有以下程序：

```
main()
{  int m[][3]={1,4,7,2,5,8,3,6,9};
   int i,j,k=2;
   for(i=0;i<3;i++)
     { printf("%d ",m[k][i]);}
}
```

执行后输出结果是(　　)。

A. 4　5　6　　B. 2　5　8　　C. 3　6　9　　D. 7　8　9

33. 以下叙述中正确的是(　　)。

A. 全局变量的作用域一定比局部变量的作用域范围大

B. 静态(static)类别变量的生存期贯穿于整个程序的运行期间

C. 函数的形参都属于全局变量

D. 未在定义语句中赋初值的 auto 变量和 static 变量的初值都是随机值

34. 有以下程序：

```
main()
{  int a=5,b=4,c=3,d=2;
   if(a>b>c)
      printf("%d\n",d);
   else if((c-1>=d)==1)
            printf("%d\n",d+1);
        else
            printf("%d\n",d+2);
}
```

执行后输出结果是(　　)。

A. 2　　B. 3

C. 4　　D. 编译时有错，无结果

35. 若要说明一个类型名 STP，使得定义语句“STP　s;”等价于“char *s;”，以下选项中正确的是(　　)。

A. typedef　STP　char *s;　　B. typedef　*char STP;

C. typedef　STP　*char;　　D. typedef　char *STP;

36. 下列叙述中正确的是(　　)。

A. C 语言中既有逻辑类型也有集合类型

B. C 语言中没有逻辑类型但有集合类型

C. C 语言中有逻辑类型但没有集合类型

D. C 语言中既没有逻辑类型也没有集合类型

37. 在一个 C 语言程序中(　　)。

A. main()函数必须出现在所有函数之前

B. main()函数可以在任何地方出现

C. main()函数必须出现在所有函数之后

D. main()函数必须出现在固定位置

38. 有以下程序：

```
main()
{  int a[][3]={{1,2,3},{4,5,0}},(*pa)[3],i;
   pa=a;
   for(i=0;i<3;i++)
     if(i<2)pa[1][i]=pa[1][i]-1;
     else pa[1][i]=1;
   printf("%d\n",a[0][1]+a[1][1]+a[1][2]);
}
```

执行后输出结果是(　　)。

A. 7　　B. 6　　C. 8　　D. 无确定值

39. 以下能正确定义数组并正确赋初值的语句是(　　)。

A. int N=5,b[N][N];　　B. int a[1][2]={{1},{3}};

C. int c[2][]={{1,2},{3,4}};　　D. int d[3][2]={{1,2},{3,4}};

40. 有以下程序：

```
main()
{  char *s[]={"one","two","three"},*p;
   p=s[1];
   printf("%c,%s\n",*(p+1),s[0]);
}
```

执行后输出结果是(　　)。

A. n,two　　B. t,one　　C. w,one　　D. o,two

二、程序填空

给定程序 blank.c 中，函数 fun()的功能是：计算

$$f(x)=1+x+\frac{x^2}{2!}+\cdots+\frac{x^n}{n!}$$

直到$\frac{x^n}{n!}<10^{-6}$。若 x=2.5，函数值为 12.182494。

请在程序的下画线处填入正确的内容并把下画线删除，使程序得出正确的结果。

注意：不要改动 main()函数，不得增行或删行，也不得更改程序的结构。

```
#include <stdio.h>
#include <math.h>
double fun(double  x)
{  double  f, t; int n;
   /**********found**********/
f=1.0+___(1)___;
   t=x;
   n=1;
   do {
        n++;
```

```
    /**********found**********/
  t *= x/___(2)___;
  /**********found**********/
        f += ___(3)___;
    } while(fabs(t)>= 1e-6);
    return  f;
  }
  main()
  {  double  x, y;
    x=2.5;
    y=fun(x);
    printf("\nThe result is :\n");
    printf("x=%-12.6f     y=%-12.6f \n", x, y);
  }
```

三、程序修改

已知一个数列的前 3 项分别是 0,0,1,以后的各项都是其相邻的前 3 项之和。给定程序 modi.c 中函数 fun()的功能是：计算并输出该数列前 n 项的平方根之和 sum。n 的值通过形参传入。

例如,当 n=10 时,程序的输出结果应为 23.197745。

请改正函数 fun()中的错误,使它能得出正确的结果。

注意：不要改动 main()函数,不得增行或删行,也不得更改程序的结构。

```
#include <stdio.h>
#include <math.h>

/************found************/
fun(int n)
{  double  sum,  s0, s1, s2, s; int k;
   sum=1.0;
   if (n <= 2) sum=0.0;
   s0=0.0; s1=0.0; s2=1.0;
   for(k=4; k <= n; k++)
   {  s=s0+s1+s2;
      sum += sqrt(s);
      s0=s1; s1=s2; s2=s;
   }
/************found************/
   return sum
}

main()
{  int n;
   printf("Input N=");
   scanf("%d", &n);
   printf("%f\n", fun(n));
   getchar();
}
```

四、程序编写

N名学生的成绩已在主函数中放入一个带头结点的链表结构中,h指向链表的头结点。请编写函数fun(),它的功能是:求出平均分,由函数值返回。

例如:若学生的成绩是85,76,69,85,91,72,64,87,则平均分应当是78.625。

注意:部分源程序在文件prog.c中。

请勿改动main()函数和其他函数中的任何内容,仅在函数fun()的花括号中填入语句。

```
#include <stdio.h>
#include <stdlib.h>
#define  N  8
struct  slist
{  double  s;
   struct slist  *next;
};
typedef  struct slist  STREC;
double  fun( STREC *h  )
{



}

STREC * creat( double *s)
{ STREC  *h, *p, *q;   int i=0;
  h=p=(STREC*)malloc(sizeof(STREC));p->s=0;
  while(i<N)
  { q=(STREC*)malloc(sizeof(STREC));
    q->s=s[i]; i++;  p->next=q; p=q;
  }
  p->next=0;
  return  h;
}
outlist( STREC *h)
{ STREC  *p;
  p=h->next; printf("head");
  do
  { printf("->%4.1f",p->s);p=p->next;}
  while(p!=0);
  printf("\n\n");
}
main()
{  double  s[N]={85,76,69,85,91,72,64,87},ave;
   void NONO (  );
   STREC  *h;
   h=creat( s );  outlist(h);
   ave=fun( h );
   printf("ave= %6.3f\n",ave);
   NONO();
   getchar();
}
void NONO()
```

```
{/* 本函数用于打开文件,输入数据,调用函数,输出数据,关闭文件。*/
  FILE *in, *out ;
  int i,j ; double  s[N],ave;
  STREC *h ;
  in=fopen("C:\\WEXAM\\000000000000\\in.dat","r");
  out=fopen("C:\\WEXAM\\000000000000\\out.dat","w");
  for(i=0 ; i < 10 ; i++){
    for(j=0 ; j < N; j++)fscanf(in, "%lf,", &s[j]);
    h=creat( s );
    ave=fun( h );
    fprintf(out, "%6.3lf\n", ave);
  }
  fclose(in);
  fclose(out);
}
```

17.5 第四套试题

一、选择题

1. 面向对象方法中,继承是指(　　)。

A. 一组对象所具有的相似性质　　B. 一个对象具有另一个对象的性质

C. 各对象之间的共同性质　　D. 类之间共享属性和操作的机制

2. 下列叙述中正确的是(　　)。

A. 在栈中,栈中元素随栈底指针与栈顶指针的变化而动态变化

B. 在栈中,栈顶指针不变,栈中元素随栈底指针的变化而动态变化

C. 在栈中,栈底指针不变,栈中元素随栈顶指针的变化而动态变化

D. 上述3种说法都不对

3. 下面描述中,不属于软件危机表现的是(　　)。

A. 软件过程不规范　　B. 软件质量难以控制

C. 软件开发生产率低　　D. 软件成本不断提高

4. 数据库设计中反映用户对数据要求的模式是(　　)。

A. 内模式　　B. 概念模式　　C. 外模式　　D. 设计模式

5. 软件测试的目的是(　　)。

A. 执行测试用例　　B. 发现并改正程序中的错误

C. 诊断和改正程序中的错误　　D. 发现程序中的错误

6. 一个工作人员可以使用多台计算机,而一台计算机可被多个人使用,则实体工作人员、与实体计算机之间的联系是(　　)。

A. 一对一　　B. 一对多　　C. 多对多　　D. 多对一

7. 软件生命周期是指(　　)。

A. 软件产品从提出、实现、使用、维护到停止使用、退役的过程

B. 软件产品的需求分析、设计与实现

C. 软件的运行和维护

D. 软件的实现和维护

8. 下列叙述中正确的是(　　)。

A. 线性表的链式存储结构与顺序存储结构所需要的存储结构空间是相同的

B. 线性表的链式存储结构所需要的存储空间一般要多于顺序存储结构

C. 线性表的链式存储结构所需要的存储空间一般要少于顺序存储结构

D. 上述3种说法都不对

9. 层次型、网状型和关系型数据库划分原则是(　　)。

A. 记录长度　　B. 文件的大小

C. 联系的复杂程度　　D. 数据之间的联系方式

10. 有3个关系R、S和T如下:

R

A	B	C
a	1	2
b	2	1
c	3	1

S

A	D
c	4

T

A	B	C	D
c	3	1	4

则由关系R和S得到关系T的操作是(　　)。

A. 自然连接　　B. 交　　C. 投影　　D. 并

11. 以下叙述中正确的是(　　)。

A. C程序中的注释只能出现在程序的开始位置和语句的后面

B. C程序书写格式严格,要求一行内只能写一个语句

C. C程序书写格式自由,一个语句可以写在多行上

D. 用C语言编写的程序只能放在一个程序文件中

12. 在C语言中,只有在使用时才占用内存单元的变量,其存储类型是(　　)。

A. auto 和 register　　B. extern 和 register

C. auto 和 static　　D. static 和 register

13. 设变量已正确定义并赋值,以下正确的表达式是(　　)。

A. x=y*5=x+z　　B. int(15.8%5)

C. x=y+z+5,++y　　D. x=25%5.0

14. 有以下程序:

```
#include <stdio.h>
main()
{  int x=1,y=0,a=0,b=0;
   switch(x)
   {case 1:
       switch(y)
       {  case  0:a++;break;
          case  1:a++;break;
       }
case  2:a++;b++;break;
case  3:a++;b++;
}
```

```
printf("a=%d,b=%d\n",a,b);
}
```

程序的运行结果是(　　)。

A. a=1,b=0　　B. a=2,b=2　　C. a=1,b=1　　D. a=2,b=1

15. 有以下程序：

```
#include <stdio.h>
main()
{   int a[]={1,2,3,4},y, * p=&a[3];
   --p;y= * p;printf("y=%d\n",y);
}
```

程序的运行结果是(　　)。

A. y=0　　B. y=1　　C. y=2　　D. y=3

16. 以下定义语句中正确的是(　　)。

A. int a=b=0;　　B. char A=65+1,b='b';

C. float a=1, * b=&a, * c=&b;　　D. double a=0.0;b=1.1;

17. 有以下程序：

```
#include <stdio.h>
int f(int x)
{  int y;
   if(x==0||x==1)return(3);
   y=x * x-f(x-2);
   return y;
}
main()
{  int z;
   z=f(3);printf("%d\n",z);
}
```

程序的运行结果是(　　)。

A. 0　　B. 9　　C. 6　　D. 3

18. 有以下程序：

```
#include <stdio.h>
void  fun(char * a,char * b)
{  while( * a==' * ')a++;
while( * b= * a){b++;a++;}
}
main()
{  char * s="*****a * b****",t[80];
   fun(s,t);puts(t);
}
```

程序的运行结果是(　　)。

A. *****a * b　　B. a * b　　C. a * b****　　D. ab

19. 有以下程序：

```
#include <stdio.h>
main()
{  int x=8;
   for( ;x>0;x--)
   {if(x%3){printf("%d,",x--);continue;}
     printf("%d",--x);
   }
}
```

程序的运行结果是(　　)。

A. 7,4,2　　B. 8,7,5,2　　C. 9,7,6,4　　D. 8,5,4,2

20. 有以下程序：

```
#include <stdio.h>
#include <string.h>
void  fun(char * s[],int n)
{  char * t;int i,j;
   for(i=0;i<n-1;i++)
     for(j=i+1;j<n;j++)
        If(strlen(s[i])>strlen(s[j])){t=s[i];s[i]=s[j];s[j]=t;}
}
main()
{  char * ss[]={"bcc","bbcc","xy","aaaacc","aabcc"};
   fun(ss,5);printf("%s,%s\n",ss[0],ss[4]);
}
```

程序的运行结果是(　　)。

A. xy,aaaacc　　B. aaaacc,xy　　C. bcc,aabcc　　D. aabcc,bcc

21. 若变量已正确定义，有以下程序段：

```
int a=3,b=5,c=7;
if(a>b)a=b;c=a;
if(c!=a)c=b;
printf("%d,%d,%d\n",a,b,c);
```

其输出结果是(　　)。

A. 程序段有语法错　　B. 3,5,3

C. 3,5,5　　D. 3,5,7

22. 若有定义“int a[2][3];”，以下选项中对a数组元素正确引用的是(　　)。

A. a[2][! 1]　　B. a[2][3]　　C. a[0][3]　　D. a[1>2][! 1]

23. 有以下程序：

```
#include <stdio.h>
#include <string.h>
```

```
typedef  struct{ char name[9]; char gender; float score[2]; }STU;
void  f(STU a)
{   STU b={"Zhao",'m',85.0,90.0};int i;
    strcpy(a.name,b.name);
    a.gender=b.gender;
    for(i=0;i<2;i++)a.score[i]=b.score[i];
}
main()
{   STU c={"Qian",'f',95.0,92.0};
    f(c);printf("%s,%c,%2.0f,%2.0f\n",c.name,c.gender,c.score[0];c.score[1]);
}
```

程序的运行结果是(　　)。

A. Qian,f,95,92　　B. Qian,m,85,90

C. Zhao,m,95,92　　D. Zhao,m,85,90

24. 以下选项中不合法的标识符是(　　)。

A. print　　B. FOR　　C. &a　　D. _00

25. 以下叙述中错误的是(　　)。

A. 在程序中凡是以"#"开始的语句行都是预处理命令行

B. 预处理命令行的最后不能以分号表示结束

C. #define　MAX 是合法的宏定义命令行

D. C 程序对预处理命令行的处理是在程序执行的过程中进行的

26. 以下选项中不属于字符常量的是(　　)。

A. 'C'　　B. "C"　　C. '\xCC'　　D. '\072'

27. 设有定义语句"int(*f)(int);,",则以下叙述中正确的是(　　)。

A. f 是基类型为 int 的指针类型

B. f 是指向函数的指针变量,该函数具有一个 int 类型的形参

C. f 是指向 int 类型一维数组的指针变量

D. f 是函数名,该函数的返回值是基类型为 int 类型的地址

28. 有以下程序段:

```
char ch;int k;
ch='a';k=12;
printf("%c,%d,",ch,ch,k); printf("k=%d\n,",k);
```

已知字符 a 的 ASCII 十进制代码为 97,则执行上述程序段后输出结果是(　　)。

A. 因变量类型与格式描述符的类型不匹配输出无定值

B. 输出项与格式描述符个数不符,输出为零值或不定值

C. a,97,12k=12

D. a,97,k=12

29. 变量 a 中的数据用二进制表示的形式是 01011101,变量 b 中的数据用二进制表示的形式是 11110000。若要求将 a 的高 4 位取反,低 4 位不变,所要执行的运算是(　　)。

A. a^b　　B. a|b　　C. a&b　　D. a<<4

30. 已知字母 A 的 ASCII 代码值为 65,若变量 kk 为 char 型,以下不能正确判断出 kk 中

的值为大写字母的表达式是（　　）。

A. kk>='A'&&kk<='Z'

B. ！(kk>='A'||kk<='z')

C. (kk+32)>='a'&&(kk+32)<='z'

D. isalpha(kk)&&(kk<91)

31. 有以下程序：

```
#include<stdio.h>
void  fun(int *s,int n1,int s2)
{  int i,j,t;
   i=n1;j=n2;
   while(i<j){t=s[i]s[i]=s[j];s[j]=t;i++;j--;};
}
main()
{  int a[10]={1,2,3,4,5,6,7,8,9,0},k;
   fun(a,0,3);fun(a,4,9);fun(a,0,9);
   for(k=0;k<10;k++)printf("%d",a[k]);printf("\n");
}
```

程序的运行结果是（　　）。

A. 0987654321　　　　B. 4321098765

C. 5678901234　　　　D. 0987651234

32. 设有如下程序段：

```
char s[20]="Beijing",*p;
p=s;
```

则执行“p=s;”语句后，以下叙述中正确的是（　　）。

A. 可以用*p表示s[0]

B. s数组中元素的个数和p所指字符串长度相等

C. s和p都是指针变量

D. 数组s中的内容和指针变量p中的内容相同

33. 以下叙述中错误的是（　　）。

A. gets()函数用于从终端读入字符串

B. getchar()函数用于从磁盘文件读入字符

C. fputs()函数用于把字符串输出到文件

D. fwrite()函数用于以二进制形式输出数据到文件

34. 有定义语句“char s[10];”，若要从终端给s输入5个字符，错误的输入语句是（　　）。

A. gets(&s[0]);　　　　B. scanf("%s",s+1);

C. gets(s);　　　　D. scanf("%s",s[1]);

35. 以下结构体类型说明和变量定义中正确的是（　　）。

A. typedef struct
{int n;char c;}REC;

B. struct REC;
{int n;char c;};

REC t1,t2;　　　　　　　　　　REC t1,t2;

C. typedef struct REC;
{int n=0;char c='A';}t1,t2;

D. struct
{int n;char c;}REC;
REC t1,t2;

36. 以下错误的定义语句是(　　)。

A. int x[][3]={{0},{1},{1,2,3}};

B. int x[4][3]={{1,2,3},{1,2,3},{1,2,3},{1,2,3}};

C. int x[4][]={{1,2,3},{1,2,3},{1,2,3},{1,2,3}};

D. int x[][3]={1,2,3,4};

37. 有以下程序：

```
#include <stdio.h>
main()
{  int s[12]={1,2,3,4,4,3,2,1,1,1,2,3},c[5]={0},i;
   for(i=0;i<12;i++) c[s[i]]++;
  for(i=1;i<5;i++)  printf("%d",c[i]);
  printf("\n");
}
```

程序的运行结果是(　　)。

A. 1 2 3 4　　B. 2 3 4 4　　C. 4 3 3 2　　D. 1 1 2 3

38. 有以下程序：

```
#include <stdio.h>
main()
{  FILE * fp;int a [10]={1,2,3},i,n;
  fp=fopen("d1.dat","w");
  for(i=0;i<3;i++)fprintf(fp,"%d",a[i]);
  fprintf(fp," \n");
  fclose(fp);
  fp=fopen("d1.dat","r");
  fscanf(fp,"%d",&n);
  fclose(fp);
  printf("%d\n",n);
}
```

程序的运行结果是(　　)。

A. 12300　　B. 123　　C. 1　　D. 321

39. 以下不构成无限循环的语句或语句组是(　　)。

A. n=0;
do{++n;}while(n<=0);

B. n=0;
while(1){n++;}

C. n=10;
while(n);{n--;}

D. for(n=0,i=1;;i++)n+=i;

40. 当变量 c 的值不为 2、4、6 时,值也为“真”的表达式是(　　)。

A. (c==2)||(c==4)||(c==6)

B. (c>=2&&c<=6)||(c!=3)||(c!=5)

C. (c>=2&&c<=6)&&!(c%2)

D. (c>=2&&c<=6)&&(c%2!=1)

二、程序填空

给定如下程序，函数fun()的功能是：将形参s所指字符串中的所有字母字符顺序前移，其他字符顺序后移，处理后新字符串的首地址作为函数值返回。

例如，s所指字符串为"asd123fgh543df"，处理后新字符串为"asdfghdf123543"。

请在程序的下画线处填入正确的内容并把下画线删除，使程序得出正确的结果。

注意：不要改动main()函数，不得增行或删行，也不得更改程序的结构。

```
#include  <stdio.h>
#include  <stdlib.h>
#include  <string.h>
char * fun(char * s)
{ int i, j, k, n; char *p, *t;
  n=strlen(s)+1;
  t=(char*)malloc(n*sizeof(char));
  p=(char*)malloc(n*sizeof(char));
  j=0; k=0;
  for(i=0; i<n; i++)
  {  if(((s[i]>='a')&&(s[i]<='z'))||((s[i]>='A')&&(s[i]<='Z'))){
/**********found**********/
       t[j]=___(1)___; j++;}
     else
     {  p[k]=s[i]; k++; }
  }
/**********found**********/
  for(i=0; i<___(2)___; i++)t[j+i]=p[i];
/**********found**********/
  t[j+k]=___(3)___;
  return  t;
}
main()
{  char s[80];
   printf("Please input:");  scanf("%s",s);
   printf("\nThe result is:%s\n",fun(s));
   getchar();
}
```

三、程序修改

给定程序modi1.c中函数fun()的功能是：给一维数组a输入任意4个整数，并按下例的规律输出。例如输入1、2、3、4，程序运行后将输出以下方阵。

```
4 1 2 3
3 4 1 2
2 3 4 1
1 2 3 4
```

请改正函数fun()中指定部位的错误，使它能得出正确的结果。

注意：不要改动 main()函数，不得增行或删行，也不得更改程序的结构。

```
#include <stdio.h>
#define    M    4
/**************found**************/
void fun(int a)
{  int i,j,k,m;
   printf("Enter 4 number: ");
   for(i=0; i<M; i++)scanf("%d",&a[i]);
   printf("\n\nThe result:\n\n");
   for(i=M;i>0;i--)
   {  k=a[M-1];
      for(j=M-1;j>0;j--)
/**************found**************/
         aa[j]=a[j-1];
      a[0]=k;
      for(m=0; m<M; m++)printf("%d  ",a[m]);
      printf("\n");
   }
   getchar();
}
main()
{  int a[M];
   fun(a); printf("\n\n");
   getchar();
}
```

四、程序编写

编写程序，实现矩阵(3 行 3 列)的转置(即行列互换)。

例如，输入下面的矩阵：

```
100  200  300
400  500  600
700  800  900
```

程序输出：

```
100  400  700
200  500  800
300  600  900
```

部分源程序存在如下所示的程序中，请勿改动 main()函数和其他函数中的任何内容，仅在函数 fun()的花括号中填入语句。

```
#include <stdio.h>
void fun(int array[3][3])
{



}
```

```
main()
{
   int i,j;
   int array[3][3]={{100,200,300},{400,500,600},{700,800,900}};

   for(i=0;i<3;i++)
   {   for(j=0;j<3;j++)
       printf("%7d",array[i][j]);
       printf("\n");
   }
   fun(array);
   printf("Converted array:\n");
   for(i=0;i<3;i++)
   {   for(j=0;j<3;j++)
       printf("%7d",array[i][j]);
       printf("\n");
   }
   getchar();
}
```

17.6 第五套试题

一、选择题

1. 表示学生选修课程的关系模式是SC(S#,C#,G)，其中S#为学号，C#为课程号，G为成绩，检索选修了课程号为2的课且成绩不及格的学生学号的表达式是(　　)。

A. $\sigma_{C\#=2 \wedge G<60}(SC)$　　B. $\sigma_{G<60}(SC)$

C. $\pi_{S\#}(\sigma_{C\#=2 \wedge G<60}(SC))$　　D. $\pi_{S\#}(\sigma_{C\#=2}(SC))$

2. 在关系数据库设计中，关系模式设计属于(　　)。

A. 需求分析　　B. 概念设计　　C. 物理设计　　D. 逻辑设计

3. 学生选修课程的关系模式是SC(S#,C#,G)，其中S#为学号，C#为课程号，G为成绩，学号为20的学生所选课程中成绩及格的全部课号为(　　)。

A. $\pi_{C\#}(\sigma_{S\#=20 \wedge G>=60}(SC))$　　B. $\sigma_{G>=60}(SC)$

C. $\sigma_{S\#=2 \wedge G>=60}(SC)$　　D. $\pi_{C\#}(\sigma S_{\#=20}(SC))$

4. 生产每种产品需要多种零件，则实体产品和零件间的联系是(　　)。

A. 多对一　　B. 一对多　　C. 多对多　　D. 一对一

5. 下列数据结构中，能够按照“先进后出”原则存取数据的是(　　)。

A. 循环队列　　B. 栈　　C. 队列　　D. 二叉树

6. 数据模型包括数据结构、数据完整性约束和(　　)。

A. 关系运算　　B. 数据类型　　C. 数据操作　　D. 查询

7. 某二叉树有5个度为2的结点，则该二叉树中的叶子结点数是(　　)。

A. 10　　B. 8　　C. 6　　D. 4

8. 下列叙述中正确的是(　　)。

A. 算法的效率只与问题的规模有关，而与数据的存储结构无关

B. 算法的时间复杂度是指执行算法所需要的计算工作量

C. 数据的逻辑结构与存储结构是一一对应的

D. 算法的时间复杂度与空间复杂度一定相关

9. 按照传统的数据模型分类，数据库系统可分为(　　)。

A. 层次、网状和关系　　B. 大型、中型和小型

C. 西文、中文和兼容　　D. 数据、图形和多媒体

10. 下列数据结构中，能用二分法进行查找的是(　　)。

A. 顺序存储的有序线性表　　B. 线性链表

C. 二叉链表　　D. 有序线性链表

11. 若有表达式(w)? (－－x)：(＋＋y)，则其中与 w 等价的表达式是(　　)。

A. w＝＝1　　B. w＝＝0　　C. w!＝1　　D. w!＝0

12. 若变量已正确定义为 int 型，要通过语句“scanf("%d,%d,%d",&a,&b,&c);”给 a 赋值 1、给 b 赋值 2、给 c 赋值 3，以下输入形式中错误的是(　　)(□代表一个空格符)。

A. □□□1,2,3＜回车＞　　B. 1□2□3＜回车＞

C. 1,□□□2,□□□3＜回车＞　　D. 1,2,3＜回车＞

13. 以下选项中不能作为 C 语言合法常量的是(　　)。

A. 'cd'　　B. 0.1e＋6　　C. "\a"　　D. '\011'

14. 若有定义语句“char s[10]＝"1234567\0\0";”，则 strlen(s)的值是(　　)。

A. 7　　B. 8　　C. 8　　D. 10

15. 有以下程序：

```
#include <stdio.h>
struct  st
{ int x,y;}  data[2]={1,10,2,20};
main()
{  struct  st *p=data;
   printf("%d,",p->y);printf("%d\n",((++p)->x);
}
```

程序的运行结果是(　　)。

A. 10,1　　B. 20,1　　C. 10,2　　D. 20,2

16. 以下叙述中错误的是(　　)。

A. 用户定义的函数中可以没有 return 语句

B. 用户定义的函数中可以有多个 return 语句，以便可以调用一次返回多个函数值

C. 用户定义的函数中若没有 return 语句，则应当定义函数为 void 类型

D. 函数的 return 语句中可以没有表达式

17. 有以下程序：

```
#include <stdio.h>
void fun(int a,int b)
{  int a;
   t=a;a=b;b=t;
}
```

```
main()
{  int c[10]={1,2,3,4,5,6,7,8,9,0},i;
   for(i=0;i<10;i+=2)fun(c[i],c[i+1]);
   for(i=0;i<10;i++)printf("%d,",c[i]);
   printf("\n");
}
```

程序的运行结果是（　　）。

A. 1,2,3,4,5,6,7,8,9,0,　　B. 2,1,4,3,6,5,8,7,0,9,

C. 0,9,8,7,6,5,4,3,2,1,　　D. 0,1,2,3,4,5,6,7,8,9,

18. 计算机能直接执行的程序是（　　）。

A. 源程序　　B. 目标程序　　C. 汇编程序　　D. 可执行程序

19. 以下选项中正确的定义语句是（　　）。

A. double a;b;　　B. double a=b=7;

C. double a=7,b=7;　　D. double,a,b;

20. 函数调用语句“func(f2(v1,v2),(v3,v4,v5),(v6,max(v7,v8)));”中，func()函数的实参个数是（　　）。

A. 3　　B. 4　　C. 5　　D. 8

21. 若有定义语句“int m[ ]={5,4,3,2,1},i=4;”，则下面对 m 数组元素的引用中错误的是（　　）。

A. m[−−i]　　B. m[2*2]　　C. m[m[0]]　　D. m[m[i]]

22. 有以下程序：

```
#include<stdio.h>
main()
{  int i=5;
   do
   {  if(i%3==1)
        If(i%5==2){printf("*%d",i);break;}
      i++;
}while(i!=0);
printf("\n");
}
```

程序的运行结果是（　　）。

A. *7　　B. *3*5　　C. *5　　D. *2*6

23. 以下不能正确表示代数式$\frac{2ab}{cd}$的C语言表达式是（　　）。

A. 2*a*b/c/d　　B. a*b/c/d*2　　C. a/c/d*b*2　　D. 2*a*b*c*d

24. 有以下程序：

```
#include <stdio.h>
int fun(int (*s)[4],int n,int k)
{  int m,i;
   m=s[0][k];
```

```
    for(i=1;i<n;i++)if(s[i][k]>m)m=s[i][k];
    return m;
}
main()
{   int a[4][4]={1,2,3,4},(11,12,13,14),{21,22,23,24},{31,32,33,34}};
    printf("%d\n",fun(a,4,0));
}
```

程序的运行结果是(　　)。

A. 4　　B. 34　　C. 31　　D. 32

25. 有以下程序：

```
#include <stdio.h>
main()
{   FILE *pf;
char *s1="China", *s2="Beijing";
pf=fopen("abc.dat","wb+");
fwrite(s2,7,1,pf);
rewind(pf);
fwrite(s1,5,1,pf);
fclose(pf);
}
```

以上程序执行后，abc.dat 文件的内容是(　　)。

A. China　　B. Chinang　　C. ChinaBeijing　　D. BeijingChina

26. 假定已建立以下链表结构，且指针 p 和指针 q 已指向如图所示的结点：

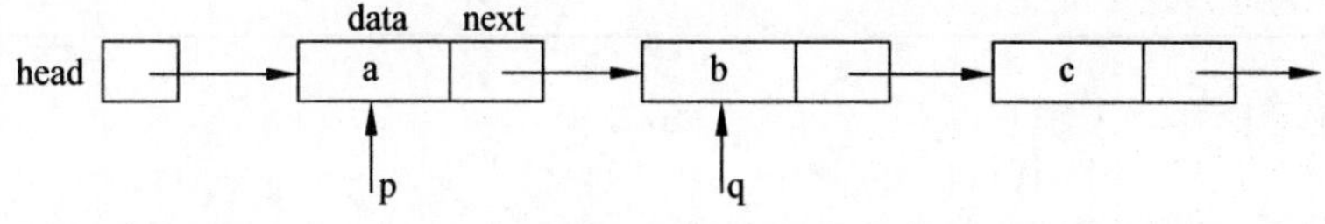

则以下选项中可将 q 所指结点从链表中删除并释放该结点的语句组是(　　)。

A. (*p).next=(*q).next;free(p);

B. p=q->next;free(q);

C. p=q;free(q);

D. p->next=q->next;free(q);

27. 有以下程序：

```
#include <stdio.h>
int fun(int a,int b)
{   if(b==0) return a;
    else return(fun(--a,--b));
}
main()
{ printf("%d\n",fun(4,2));}
```

程序的运行结果是(　　)。

A. 1　　B. 2　　C. 3　　D. 4

28. 有以下程序：

```
#include <stdio.h>
#define N 4
void fun(int a[][N],int b[])
{  int i;
   for(i=0;i<N;i++)b[i]=a[i][i];
}
main()
{  int x[][N]={{1,2,3},{4},{5,6,7,8},{9,10}},y[N],i;
   fun(x,y);
   for(i=0;i<N;i++)printf("%d,",y[i];}
   printf("\n");
}
```

程序的运行结果是(　　)。

A. 1,2,3,4,　　B. 1,0,7,0,　　C. 1,4,7,9,　　D. 3,4,8,10,

29. 有以下程序：

```
#include <stdio.h>
main()
{  int x=1,y=2,z=3;
   if(x>y)
     if(y<z)printf("%d",++z;}
     else  printf("%d",++y;}
   printf("%\n",x++);
}
```

程序的运行结果是(　　)。

A. 331　　B. 41　　C. 2　　D. 1

30. C源程序中不能表示的数制是(　　)。

A. 二进制　　B. 八进制　　C. 十进制　　D. 十六进制

31. 有以下程序：

```
#include <stdio.h>
main()
{  int i,j;
   for(i=3;i>=1;i--)
   {  for(j=1;j>=2;j++)printf("%d",i+j)'
      printf("%\n");
   }
}
```

程序的运行结果是(　　)。

A.
```
2 3 4
3 4 5
```

B.
```
4 3 2
5 4 3
```

C.
```
2 3
3 4
4 5
```

D.
```
4 5
3 4
2 3
```

32. 有以下程序：

```
#include <stdio.h>
#include <stdlib.h>
int fun(int n)
{  int *p;
  p=(int*)malloc(sizeof(int));
   *p=n;return *p;
}
main()
{  int a;
  a=fun(10);printf("%d\n",a+fun(10));
}
```

程序的运行结果是(　　)。

A. 0　　B. 10　　C. 20　　D. 出错

33. 有以下程序：

```
#include <stdio.h>
void  fun(int z[],int n)
{  int i,t;
  for(i=0;i<n/2;i++){t=a[i];a[i]=b[n-1-i];a[n-1-i]=t;}
}
main()
{  int k[10]={1,2,3,4,5,6,7,8,9,10},i;
  fun(k,5);
  for(i=2;i<8;i++)printf("%d",k[i]);
  printf("\n");
}
```

程序的运行结果是(　　)。

A. 345678　　B. 876543　　C. 1098765　　D. 321678

34. 有以下程序：

```
#include <stdio.h>
main()
{   struct  STU{ char name[9];char gender;double score[2];};
    struct  STU a={ "Zhao",'m',85.0,90.0},b={"Qian",'f,' 95.0,92.0};
    b=a;
    printf("%s,%c,%2.0f,%2.0f \n",b.name,b.gender,b.score[0],b.score[1]);
}
```

程序的运行结果是(　　)。

A. Qian,f,95,92　　B. Qian,m,85,90　　C. Zhao,f,85,90　　D. Zhao,m,85,90

35. 以下叙述中正确的是(　　)。

A. C 程序的基本组成单位是语句

B. C 程序中的每一行只能写一条语句

C. 简单C语句必须以分号结束

D. C语句必须在一行内写完

36. 以下关于宏的叙述中正确的是(　　)。

A. 宏名必须用大写字母表示

B. 宏定义必须位于源程序中所有语句之前

C. 宏替换没有数据类型限制

D. 宏调用比函数调用耗费时间

37. 若有定义语句“double x[5]={1.0,2.0,3.0,4.0,5.0}, * p= x;”则错误引用x数组元素的是(　　)。

A. * p　　B. x[5]　　C. * (p+1)　　D. * x

38. 有以下程序:

```
int a,b,c;
a=1;b=5;c=3;
if(a>b)a=b;b=c;c=a;
printf("a=%d b=%d c=%d\n",a,b,c);
```

程序的运行结果是(　　)。

A. a=1 b=5 c=1　　B. a=1 b=5 c=3

C. a=1 b=3 c=1　　D. a=5 b=3 c=5

39. 有以下程序:

```
#include <stdio.h>
main()
{   char a=4;
    printf("%d\n",a=a<<1);
}
```

程序的运行结果是(　　)。

A. 40　　B. 16　　C. 8　　D. 4

40. 执行以下程序段后,w的值为(　　)。

```
int w='A',x=14,y=15;
w=((x||y)&&(w<'a'));
```

A. -1　　B. NULL　　C. 1　　D. 0

二、程序填空

给定如下程序,对于函数void fun(int * dt,int n),传递给形参dt整型数组名、传递给形参n该数组的数据个数,函数的功能是在数组中找出值最小的元素并将其与第1个元素交换。

如原数组数据为30,20,15,64,86,28,则经函数处理后为15,20,30,64,86,28。

请在程序的下画线处填入正确的内容并把下画线删除,使程序得出正确的结果。

注意:源程序存放在文件BLANK.C中,不得增行或删行,也不得更改程序的结构。

```
#include <stdio.h>
void fun(int * dt,int n)
{
    int i,m,t;
/*********************found**********************/
    __(1)__;
    for(i=1;i<n;i++)
/*********************found**********************/
        if(__(2)__)
            m=i;
    t=dt[0];
/*********************found**********************/
    __(3)__
    dt[m]=t;
}
main()
{
    int a[10]={ 30,20,15,64,85,28 };
    int i,n=6;
    for(i=0;i<n;i++)
        printf("%4d",a[i]);
    printf("\n");
    fun(a,n);
    for(i=0;i<n;i++)
        printf("%4d",a[i]);
    printf("\n");
}
```

三、程序修改

给定程序 modi.c 中，函数 fun()将字符串 s1 和 s2 交叉合并形成新字符串 s3，合并方法为：先取 s1 的第 1 个字符存入 s3，再取 s2 的第 1 个字符存入 s3，以后以此类推；若 s1 和 s2 的长度不等时，较长字符串多出的字符顺序放在新生成的 s3 后。

例如，当 s1 为"123456789"，s2 为"abcdefghijk"时，输出结果应该是：1a2b3c4d5e6f7g8h9ijk。

请改正函数 fun()中指定部位的错误，使它能得出正确的结果。

注意：不要改动 main()函数，不得增行或删行，也不得更改程序的结构。

```
#include <stdio.h>
#include <string.h>
void fun( char * s1, char * s2, char * s3)
{   int i,j;
/*********************found**********************/
    for(i=0, j=0; (s1[i] != '\0')&& (s2[i] != '\0'); i++, j=j+1)
    {   s3[j]=s1[i];
        s3[j+1]=s2[i];
    }
    if (s2[i] != '\0')
```

```
    {   for(; s2[i] != '\0'; i++, j++)
/*********************found*********************/
            s3[i]=s2[j];
    }
    else if (s1[i] != '\0')
    {   for(; s1[i] != '\0'; i++, j++)
            s3[j]=s1[i];
    }
/*********************found*********************/
    s3[j-1]='\0';
}
void main()
{   char s1[128], s2[128], s3[255];
    printf("Please input string1:");
    gets(s1);
    printf("Please input string2:");
    gets(s2);
    fun(s1,s2,s3);
    printf("string:%s\n", s3);
}
```

四、程序编写

编写函数 fun()，其功能是：求 n(n<10000)以内的所有四叶玫瑰数并逐个存放到 result 所指的数组中，四叶玫瑰数的个数作为函数值返回。

如果一个4位正整数等于其各个数字的4次方之和，则称该数为四叶玫瑰数。

例如，1634=1*1*1*1+6*6*6*6+3*3*3*3+4*4*4*4，因此1634就是一个四叶玫瑰数。

注意：部分源程序存在文件 PROG.C 中。

请勿改动 main()函数和其他函数中的任何内容，仅在函数 fun()的花括号中填入语句。

```
#include <stdio.h>
int fun(int n, int result[])
{


}
main()
{
    int result[10], n, i;
    void NONO(int result[], int n);
    n=fun(9999, result);
    for(i=0; i<n; i++)printf("%d\n", result[i]);
    NONO(result, n);
}

void NONO(int result[], int n)
{/* 本函数用于打开文件，输入数据，调用函数，输出数据，关闭文件。 */
    FILE * fp ;
```

```
    int i;

    fp=fopen("C:\\WEXAM\\000000000000\\out.dat","w");
    fprintf(fp, "%d\n", n);
    for(i=0; i<n; i++)fprintf(fp, "%d\n", result[i]);
    fclose(fp);
}
```

附录 A

参考答案

第 1 章

一、选择题

1. C　2. B　3. A　4. D　5. D　6. D

二、填空题

1. 函数　2. 32　3. main　4. 编译　5. scanf()

6. printf()　7. 编译程序　8. 语法错误　9. 语法

第 2 章

一、选择题

1. C　2. A　3. A　4. D　5. A　6. A　7. D　8. D　9. D　10. B　11. B　12. A

二、填空题

1. 7

2. a&00000000

3. 3

4. sqrt(fabs(pow(y,x)+log(y)))

5. fabs(pow(x,3.0)+log10(x))

6. −60

第 3 章

一、选择题

1. D　2. B,C　3. A　4. C　5. A　6. B　7. B　8. B　9. A　10. A

二、填空题

1. 3.140000,3.142

2. 【1】scanf("%d%f%f%c%c",&a,&b,&x,&c1,&c2);【2】36.512.6aA

第 4 章

一、选择题

1. D 2. C 3. C 4. B 5. B 6. B

二、填空题

1.【1】0【2】1 2. 1

3.【1】&&【2】||【3】! 4. 0

第 5 章

一、选择题

1. C 2. D 3. C 4. A 5.【1】C 【2】A 6. B 7. A 8.【1】B 【2】C 9. D 10. B 11. B

二、填空题

1.【1】c!='\n' 【2】c>='0'&&c<='9'

2.【1】float 【2】pi+1.0/(i*i)

3.【1】x1>0 【2】x1/2-2

4.【1】m=n 【2】m%n

5. 2*x+4*y==90

6. sgn=-sgn

7.【1】&a,&b 【2】fabs(b-a)/n 【3】sin(i)*cos(i)

8.【1】e=1.0 【2】new>=1e-6

9.【1】m=0,i=1 【2】m+=i

10.【1】1000-i*50-j*20 【2】k>=0

第 6 章

一、选择题

1. C 2. A 3. A 4. B 5. B 6. C 7. D 8. A 9. D 10. A
11. C 12. B 13. D 14. C 15. A 16. A

二、填空题

1. 按行存放

2.【1】0 【2】4

3.【1】0 【2】6

4.【1】j<=2 【2】b[j][i]=a[i][j] 【3】i<=2

5.【1】break【2】i==5

6.【1】i-1 【2】a[j+1]=a[j] 【3】a[j+1]

7.【1】a[i]>b[j] 【2】i<3 【3】j<5

8. 6 1 2 3 4 5

5 6 1 2 3 4

4 5 6 1 2 3

3 4 5 6 1 2

2 3 4 5 6 1

1 2 3 4 5 6

9. 600

10. 【1】strlen(t) 【2】t[k]＝＝c

11. 【1】str[0] 【2】strcpy(s,str[1]) 【3】s

第7章

一、选择题

1. B 2. D 3. D 4. C 5. D 6. B 7. A 8. A 9. D 10. B

11. C 12. D 13. B 14. C 15. B 16. A 17.【1】A 【2】B 18. C 19. A 20. D 21. C 22. B 23. A 24. D

二、填空题

1. main()函数

2. 【1】函数说明 【2】函数体

3. 自动(auto)

4. 【1】x＋y,x－y 【2】z＋y,z－y

5. f(r) * f(n)＜0

6. 1010

7. 【1】j＝1 【2】y＞＝1 【3】－－y(或 y－－)

8. 【1】y＞x&&y＞z 【2】j%x1＝＝0&&j%x2＝＝0&&j%x3＝＝0

9. temp!＝0

10. sum＝6

11. 【1】age(n－1)＋2 【2】age(5)

12. 是否调用函数本身

13. 【1】a[i] 【2】a[10－i]

第8章

一、选择题

1. A 2. B 3. B 4. C 5. A

6. D 7. C 8. D 9. A 10. 【1】B 【2】B 【3】C

11. 【1】A 【2】D 12. 【1】B 【2】A 【3】A 13. A

二、填空题

1. 【1】指针变量 【2】变量类型

2. 【1】首地址 【2】元素的首地址

3. 【1】字符类型 【2】首地址【3】第一个字符的地址

4.【1】&x　【2】y　【3】&y[0]　【4】&y[3]　【5】y+3

5.【1】下标法　【2】指针法

6.【1】字符数组　【2】字符指针

7. 首地址

8.【1】*min>b　【2】min=&c【3】*min

9. 12345how do you do

10. 8

11. 110

12. 71

13. printf("%s\n",name[i]);

14.【1】p=&ch;　【2】scanf("%c",p);　【3】*p='a';　【4】printf("%c",*p);

15.【1】s=p+3;　【2】s=s-2　【3】a[4]　【4】*(s+1)

第 9 章

一、选择题

1. A　2. C　3. A　4. D　5. D　6. D　7. C　8. B　9.【1】B　【2】B　10. B　11. C

二、填空题

1.【1】共用体　【2】枚举

2. struct st 或 ex

3.【1】2　【2】3

4. 10,x

5.【1】max= person[i].age　【2】min= person[i].age　【3】&&

6.【1】&rec->s[i]　【2】sum+rec->s[i];　【3】(*(s+k)).s[i]

7.【1】结构体　【2】位数

第 10 章

一、选择题

1. A　2.　3. B　4. D

二、填空题

1.【1】宏定义　【2】文件包含

2.【1】3　【2】4

3. 9 10 11 12

4. 100010

5. 11

6. MIN

7. 0 1 1

8. 10,10,1　2. 5

第 11 章

一、选择题

1. D　2. D　3. D　4.【1】B　【2】D　【3】B　5. D

二、填空题

1.【1】p－＞next　【2】p－＞data＜m

2.【1】struct list　【2】(struct list *)　【3】returnh　【4】p－＞data

3.【1】struct list *　【2】q　【3】printf("%d\n",p－＞data);

第 12 章

一、选择题

1. A　2. D　3. C　4. B　5. B　6. C　7. D

二、填空题

1.【1】ASCII 文件　【2】二进制文件　【3】记录式文件　【4】字节流文件

2.【1】fscanf()　【2】fprintf()　【3】磁盘文件　【4】rewind()　【5】fseek()

3.【1】"r"　【2】(! feof(fp))　【3】fgetc(fp)

4.【1】顺序　【2】随机

5.【1】ASCII 码　【2】二进制位

第 13 章

测试题 1

一、选择题

1. A　2. D　3. B　4. A　5. B　6. D　7. B　8. A　9. D　10. D

二、填空题

1. bool　2. 300100200　3. 508080　208080

4. 15　50　5. EFGH　20.6　6. 指针为空　2

三、判断题

1. 错　2. 对　3. 错　4. 错　5. 对　6. 对　7. 错　8. 对　9. 错　10. 对

测试题 2

一、选择题

1. C　2. C　3. D　4. B　5. D　6. A　7. A　8. D　9. B　10. C

二、填空题

1. inline　2. 500　3. 200　201

4. 10　20　5. 5　－1　6. 发生异常　－1

三、判断题

1. 对　2. 错　3. 对　4. 错　5. 错　6. 错　7. 对　8. 对　9. 错　10. 对

第 14 章

测试题 1

一、选择题

1. D　2. C　3. B　4. B　5. B　6. A　7. A　8. D　9. D　10. A

二、填空题

1. operator　2. 10　15　3. 7　10　4. 6　12　5. 5　10　60

三、判断题

1. 对　2. 错　3. 对　4. 对　5. 错　6. 对　7. 错　8. 错　9. 对　10. 错

测试题 2

一、选择题

1. A　2. B　3. C　4. A　5. D　6. C　7. D　8. C　9. D　10. C

二、填空题

1. const　2. 0　10　3. 11　9　4. 3　8　5. 0　1　5

三、判断题

1. 错　2. 对　3. 错　4. 对　5. 错　6. 对　7. 对　8. 错　9. 对　10. 错

第 15 章

测试题 1

一、选择题

1. C　2. B　3. C　4. C　5. A　6. D　7. B　8. D　9. A　10. D

二、填空题

1. 消息　2. 应用程序框架　3. 资源编辑器　4. CDialogEx　5. 初始化
6. 事件处理程序　7. CGdiObject　8. 位图　9. ID　10. OnChar

三、简答题

1. 在对话框窗口(0,10)的位置显示资源 ID 为 IDB_BITMAP_01 的位图。

2. 在创建对话框窗口后立即将 ID 为 IDC_EDIT1 的控件设置为禁用状态。

3. 当用户在对话框窗口右击,鼠标右键弹起时,会弹出消息窗口显示弹起时鼠标的坐标。

4. 当用户按下按钮 Button1 奇数次,启动定时器,按下按钮 Button1 偶数次,则关闭定时器;当接到定时器消息,在窗口内绘制亮度高低、低高渐变的灰白矩形。

5. #4 行改为: static CFont MyFont;

6. #4 行改为: COLORREF OldColor,NewColor=RGB(255,255,0);

7. #5 行改为: BITMAP bm;

8. #3 行改为: SetTimer(1,1000,NULL);

9. #3 行改为: Invalidate();

10. “求表面积”事件处理程序:

```
#1. void CMyTestDlg::OnBnClickedButton1(){
#2.     //TODO:在此添加控件通知处理程序代码
#3.     UpdateData();
#4.     m_r=3.14 * m_x * m_x * 2+2 * 3.14 * m_x * m_y;
#5.     UpdateData(FALSE);
#6. }
```

“求体积”事件处理程序:

```
#1. void CMyTestDlg::OnBnClickedButton2(){
#2.     //TODO:在此添加控件通知处理程序代码
#3.     UpdateData();
#4.     m_r=3.14 * m_x * m_x * m_y;
#5.     UpdateData(FALSE);
#6. }
```

测试题 2

一、选择题

1. D 2. C 3. B 4. C 5. A 6. B 7. C 8. B 9. D 10. D

二、填空题

1. 标准化 2. Unicode 3. 对话框模板 4. 事件处理程序 5. OnPaint()

6. CEdit 7. CDC 8. 窗口变化 9. ASCII 10. OnClose()

三、简答题

1. 绘制一倒置蓝色等腰三角形,顶点坐标依次为(10,10)、(110,110)、(210,10)。

2. 在创建对话框窗口后立即将 ID 为 IDC_EDIT1 的控件隐藏。

3. 当用户在对话框窗口双击鼠标左键,提示用户是否退出程序,单击“确定”按钮即可退出。

4. 重载对话框窗口类的 PreTranslateMessage()函数,将键盘消息发往对话框窗口;当用户按下键盘字符键,会弹出消息窗口显示用户刚刚按下的字符。

5. #4 行改为:UpdateData(FALSE);

6. #4 行改为:dc.TextOut(point.x, point.y,"在鼠标处使用 TextOut 输出");

7. #4 行改为:pOldBrush=dc.SelectObject(&NewBrush);

8. #10 行改为:CBitmap * pOldBitmap=MemDC.SelectObject(&bmp);

9. #04 行代码移入 BOOL CMyTestDlg::OnInitDialog()函数中。

10. “求表面积”事件处理程序:

```
#1. void CMyTestDlg::OnBnClickedButton1(){
#2.     //TODO:在此添加控件通知处理程序代码
#3.     UpdateData();
#4.     m_r=( m_x * m_y+m_x * m_z+m_y * m_z ) * 2;
#5.     UpdateData(FALSE);
#6. }
```

"求体积"事件处理程序：

```
#1. void CMyTestDlg::OnBnClickedButton2(){
#2.     //TODO:在此添加控件通知处理程序代码
#3.     UpdateData();
#4.     m_r=m_x * m_y * m_z;
#5.     UpdateData(FALSE);
#6. }
```

第16章

测试题1

一、选择题

1. D 2. A 3. A 4. C 5. A 6. A 7. A 8. A 9. D 10. A
11. C 12. D 13. C 14. A 15. C 16. D 17. A 18. C 19. C 20. D
21. A 22. D 23. A 24. A 25. C 26. C 27. B 28. A 29. D 30. D
31. B 32. B 33. D 34. B 35. C 36. B 37. A 38. D 39. B 40. C

二、填空题

1. 空间复杂度 2. 非线性结构 3. 双向链表 4. 先进先出
5. (46,56,38,40,79,84) 6. 清晰 7. 易维护 8. 对象
9. 文档 10. 数据流图 11. 组装 12. 功能
13. 逻辑数据模型 14. 属性 15. 插入

测试题2

一、选择题

1. B 2. A 3. D 4. C 5. B 6. B 7. B 8. A 9. A 10. A
11. D 12. C 13. D 14. C 15. D 16. C 17. C 18. C 19. D 20. A
21. C 22. D 23. B 24. C 25. A 26. D 27. D 28. D 29. B 30. A
31. A 32. B 33. A 34. C 35. C 36. D 37. A 38. C 39. A 40. A

二、填空题

1. 有穷性 2. 相邻 3. 读栈顶元素 4. O(nlbn) 5. 非线性结构
6. 存储结构 7. n/ 28. 上溢 9. 中序 10. DEBFCA
11. 重复(或循环) 12. 实例 13. 调试 14. 一对多 15. 关系模型

第17章

第一套试题

一、选择题

1. A 2. C 3. C 4. A 5. C 6. A 7. D 8. C 9. B 10. B

11. C　12. A　13. B　14. A　15. D　16. D　17. D　18. D　19. D　20. B
21. B　22. D　23. C　24. B　25. A　26. C　27. D　28. A　29. A　30. D
31. C　32. D　33. B　34. A　35. B　36. B　37. C　38. D　39. B　40. A

二、程序填空

(1) n

解析：第一个 for 循环遍历所有数并求和，将和赋值给变量 avg，题目要求进行平均值的比较，所以第一个空所在语句应该求平均值，因此第一个空为成绩的总数 n。

(2) sum

解析：第二个 for 循环是找出大于平均值的成绩和个数，所以第二个空所在语句应该是求和，为 sum。“k++;”语句是记录大于平均成绩的成绩个数。

(3) sum/k

解析：题目要求返回高于平均成绩的学生的平均成绩，所以第三个空为 sum/k。

三、程序修改

1. for(i=0;i<n;i++)应改为 for(i=1;i<n;i++)

解析：fun()函数中的 for 循环语句用来找出 n 的因子，并将其存放在数组中，由于因子从整数 1 开始计算，因此 for(i=0;i<n;i++)应改为 for(i=1;i<n;i++)。

2. k=m;应该为 * k=m;

解析：k 是一个指针变量，在赋值时需要在前面加上说明符，所以 k=m;应该为 * k=m;。

3. t=0 应改为 t==0

解析：if 的作用是，当 t 为 0 时，即 n 正好等于各因子之和时，函数返回值为 1。这里“=”是赋值运算符，所以 t=0 应改为 t==0。

四、程序编写

解题思路：对于一个任意输入的字符串，fun()函数中的形参指针 t 指向它的第一个元素的地址，首先对数组中的第一个元素与第二个元素进行比较，如果第二个字符的 ASCII 码比第一个字符的 ASCII 大 1，则这两个字符连续递增；同理对第二个元素和第三个元素进行比较，直到将倒数第二个元素和最后一个元素进行比较。如果一直符合条件，则返回非零的 int 型整数；如果中间有一处不符合，则结束循环，返回值为 0。

参考答案：

```
int fun(char * t)
{  int k=0,i=0;
   while(t[i+1])
     {  if(t[i+1]==t[i]+1)
          { k++;
           i++;
          }
        else
{ k=0;
break;
}
       }
return k;
```

```
}
```

第二套试题

一、选择题

1. A　2. D　3. A　4. D　5. C　6. D　7. D　8. D　9. D　10. A
11. C　12. A　13. A　14. B　15. B　16. A　17. A　18. D　19. A　20. C
21. D　22. C　23. B　24. C　25. D　26. C　27. C　28. D　29. A　30. A
31. D　32. B　33. B　34. A　35. D　36. C　37. D　38. B　39. D　40. C

二、程序填空

(1) a=0,b=0,k

解析：fun()函数中，首先需要定义 a,b,k，由于变量 a 和 b 在下面的运行语句中有自增操作，因此需要赋初值，所以第一空填“a=0,b=0,k”。

(2) k

解析：第二空是 while 循环条件，题目要求中提到当输入 0 时结束输入，所以当 k 不等于 0 时，即执行 while 语句，故第二空填 k 或其他等价形式。

(3) scanf("%d", &k)

解析：题目要求不断从终端读入整数，直到输入 0 时结束，所以当 k 不为 0 时，需要继续输入整数，故第三空填 scanf("%d", &k)。

三、程序修改

1. n=strlen(a);

解析：判断字符数组的长度应该用 strlen()函数。

2. if(a[i]>='a'&&a[i]<='z');

解析：根据题意，两个判断条件应该同时存在，所以用逻辑与“&&”。

3. max=i;

四、程序编写

解题思路：首先可以通过 for 循环语句遍历数组 a 中元素，找出最大值和最小值，并求出数组 a 中所以元素之和。然后将所得的和减去最大值和最小值，以便求出所需的平均值。

参考答案：

```
double fun(double  a[ ], int n)
{
  double min,max,s,avg;
  int i;
  min=a[0];
  max=a[0];
  s=0.0;
  avg=0.0;
  for(i=0;i<n;i++)
  {  if(min>a[i])
        min=a[i];
     if(max<a[i])
        max=a[i];
```

```
    s+=a[i];
  }
  avg=(s-min-max)/(n-2);
  return  avg;
  }
```

第三套试题

一、选择题

1. B　2. A　3. B　4. D　5. B　6. D　7. A　8. A　9. C　10. C
11. A　12. C　13. A　14. C　15. B　16. D　17. D　18. C　19. B　20. A
21. A　22. B　23. A　24. A　25. A　26. A　27. C　28. C　29. D　30. C
31. D　32. C　33. B　34. B　35. D　36. D　37. B　38. A　39. D　40. A

二、程序填空

（1）x

（2）n

（3）n

三、程序修改

1. fun(int n)改为 float fun(int n)

解析：C语言规定，凡不加类型说明的函数，一律自动按整型处理。根据题意，函数返回值为实型。

2. return sum 改为 return sum;

四、程序编写

参考答案：

```
double  fun(STREC  *h)
{  STREC  *p;
   double aver=0;
   p=h->next;
   while(p!=0)
     { aver=aver+p->s;
      p=p->next;
     }
   aver=aver/N;
   return aver;
}
```

第四套试题

一、选择题

1. D　2. C　3. A　4. C　5. D　6. C　7. A　8. B　9. D　10. A
11. C　12. A　13. C　14. D　15. D　16. B　17. C　18. C　19. D　20. A
21. B　22. D　23. A　24. C　25. D　26. B　27. B　28. D　29. A　30. B
31. C　32. A　33. B　34. D　35. A　36. C　37. C　38. B　39. A　40. B

二、程序填空

(1) *(s+i)或与此语句相同功能的语句

(2) k

(3) 0

三、程序修改

1. 函数名 void fun(int a)应改为 fun(int *a)

2. aa[j]=a[j-1]应改为 a[j]=a[j-1]

四、程序编写

参考答案:

```
void fun(int array[3][3])
{ int i,j;int b[3][3];
for(i=0;i<3;i++)
   for(j=0;j<3;j++)
     b[j][i]=array[i][j];
for(i=0;i<3;i++)
   for(j=0;j<3;j++)
      array[i][j]=b[i][j];
}
```

第五套试题

一、选择题

1. C	2. D	3. A	4. C	5. B	6. C	7. C	8. B	9. A	10. A
11. D	12. B	13. A	14. A	15. C	16. B	17. A	18. D	19. C	20. A
21. C	22. A	23. D	24. C	25. B	26. D	27. B	28. B	29. D	30. A
31. D	32. C	33. D	34. D	35. C	36. C	37. B	38. A	39. C	40. C

二、程序填空

(1) m=0

(2) dt[i]<dt[m]

(3) dt[0]=dt[m]

三、程序修改

1. j=j+2

解析：for 循环的作用是遍历 s1 和 s2，条件是 s1 和 s2 都没有到结尾，若其中一个到结尾，则退出循环，循环体中是按题目要求给 s3 赋值，每循环一次，s3 赋两个值，所以其下标 j 的步长应将 j=j+1 修改为 j=j+2。

2. s3[j]=s2[i];

解析：for 循环结束后，判断 s1、s2 是哪一个先到结尾的，本题判断的是 s2，若 s2 没到结尾，则把 s2 余下的依次赋给 s3；否则是 s1 没到结尾，将 s1 余下的依次赋给 s3，即 s3[j]=s1[i]。同理需修改的"s3[i]=s2[j];"应改为"s3[j]=s2[i];"。

3. s3[j]='\0';

解析：给 s3 赋字符串结束标准 0 或'\0'，位置应为最后一个字符的下一位，即 j。所以

“s3[j－1]='\0';”应该改成“s3[j]='\0';”

四、程序编写

参考答案：

```
{ int i,j,k=0,s;
  for(i=1000;i<n;i++)
   {s=0;j=i;
    while(j>0)
      {s+=(j%10) * (j%10) * (j%10) * (j%10);
       j=j/10;}
    if(s==i)result[k++]=i;
   }
  return k;
}
```

参考文献

[1] 王朝晖,凌云,周克兰,等.C/C++案例教程[M].北京:清华大学出版社,2019.

[2] 谭浩强.C程序设计[M].3版.北京:清华大学出版社,2005.

[3] 郭来德,吕宝志,常东超. C语言程序设计[M].北京:清华大学出版社,2010.

[4] 杨路明.C语言程序设计教程[M].北京:北京邮电大学出版社,2005.

[5] 牛志成,徐立辉,刘冬莉.C语言程序设计[M].北京:清华大学出版社,2009.

[6] 何钦铭,颜晖.C语言程序设计[M].北京:高等教育出版社,2008.

[7] 田淑清.全国计算机等级考试二级教程——C语言程序设计[M].北京:高等教育出版社,2009.

[8] 常东超,高文来.大学计算机基础教程[M].北京:高等教育出版社,2009.

[9] 常东超,高文来.大学计算机基础实践教程[M].北京:高等教育出版社,2009.

[10] 张志强.Windows编程技术[M].北京:机械工业出版社,2003.

[11] 张志强,周克兰.C语言程序设计[M].北京:清华大学出版社,2011.

[12] 张志强,张博文. Visual C++高级编程技术[M].北京:机械工业出版社,2016.

[13] 张志强.计算机等级考试(C语言)试卷汇编与解析[M].苏州:苏州大学出版社,2017.

[14] 张志强.计算机等级考试(Visual C++)试卷汇编与解析[M].苏州:苏州大学出版社,2017.

[15] ECKEL B. Thinking in C++[M].Upper Saddle River: Prentice Hall,Inc.,1995.

[16] PAPPAS C H,MURRAY W H. The Visual C++ Handbook[M].New York: McGraw-Hill,1995.

图书资源支持

感谢您一直以来对清华版图书的支持和爱护。为了配合本书的使用，本书提供配套的资源，有需求的读者请扫描下方的"书圈"微信公众号二维码，在图书专区下载，也可以拨打电话或发送电子邮件咨询。

如果您在使用本书的过程中遇到了什么问题，或者有相关图书出版计划，也请您发邮件告诉我们，以便我们更好地为您服务。

我们的联系方式：

地　　址：北京市海淀区双清路学研大厦 A 座 714

邮　　编：100084

电　　话：010-83470236　010-83470237

客服邮箱：2301891038@qq.com

QQ：2301891038（请写明您的单位和姓名）

资源下载：关注公众号"书圈"下载配套资源。

资源下载、样书申请

书圈

图书案例

清华计算机学堂

观看课程直播